本书研究获国家自然科学基金项目（41971261、42101297）支持

闽台资源环境承载能力与区域发展耦合机理及调控

伍世代　王佳韡　孙　阳　著

科学出版社

北京

内 容 简 介

本书在全面梳理国内外相关理论和研究进展、福建与台湾学者对资源环境与区域发展的既有研究的基础上，创新性构建一个基于闽台特殊相似性与差异性的比较分析框架，以全面系统地揭示闽台资源环境与区域发展耦合协调与内在机制。本书对深入分析南方山地丘陵地区乃至不同地域的人地互馈关系与交互机理等都具有重要的理论价值，同时对如何面对南方山地丘陵地区的人地矛盾，利用闽台同源性的生态文化资源，借鉴闽台差序性的区域发展政策，提高两岸居民的福祉，探索永续性的发展道路，促进闽台资源环境共同体永续发展、两岸社会经济深度融合发展，以及建立两岸联防联控与互鉴机制等具有重要的实践意义。

本书可供地理学、环境科学、生态学及管理学相关领域的研究人员、政府工作人员以及高等院校相关专业学生阅读、参考。

图书在版编目(CIP)数据

闽台资源环境承载能力与区域发展耦合机理及调控 / 伍世代，王佳韡，孙阳著 . -- 北京：科学出版社，2025. 6. -- ISBN 978-7-03-082435-6

I . X321.25；F127.5

中国国家版本馆 CIP 数据核字第 2025TA6072 号

责任编辑：林　剑 / 责任校对：樊雅琼
责任印制：徐晓晨 / 封面设计：无极书装

科学出版社 出版
北京东黄城根北街 16 号
邮政编码：100717
http://www.sciencep.com

北京九州迅驰传媒文化有限公司印刷
科学出版社发行　各地新华书店经销

*

2025 年 6 月第　一　版　　开本：720×1000　1/16
2025 年 6 月第一次印刷　　印张：14 3/4
字数：300 000
定价：188.00 元
（如有印装质量问题，我社负责调换）

前　言

　　区域资源环境承载能力评估是优化国土空间开发和可持续发展的科学基础，也是生态文明建设的实践指导。当前，国内外研究关注区域发展过程中的要素交互耦合作用和功能关联，但对基于区域资源环境承载力的环境经济要素耦合机理和潜在风险调控机制研究不足，特别是需要加强闽台区域研究案例的分析与收集，以丰富我国跨海区域协同发展实践与生态文明理论样本。鉴于此，本书以闽台区域环境经济要素的交互作用与调控为研究对象，综合运用承载力理论、突变理论、ANNCA 模型与 GIS 分析工具等理论和技术开展研究，研究内容包括：①基于基础要素和专项评价，构建闽台城乡资源环境承载力综合评估框架；②评估闽台区域城乡社会经济与资源环境的要素耦合关系、承载力空间差异与相互制约效应；③识别闽台区域城乡发展要素交互胁迫的病理致因和风险特征，建立病理风险预警系统；④探讨区域社会经济与资源环境要素的空间情景博弈过程，构建闽台区域城乡协调发展智慧管理平台。

　　本书的前言、第 1～5 章由王佳韡完成，第 6～8 章由伍世代和孙阳共同完成，图表由王佳韡和孙阳共同完成。

　　自 2012 年以来，我们一直把同城化和主体功能区作为主攻方向，并持续至今。目前，先后已有 4 位青年老师、5 位博士生和 6 位硕士生参与这一科研方向。

　　感谢陆玉麒、李永实、王强、曾月娥、李为、王佳韡、林小标等多位教师在撰写和审稿过程中给予的热心帮助。感谢一起参与课题的陈斯琪、伍博炜、黄逸敏、李国煜、杨浩、刘慧灵等博士（生）以及魏玮、叶尚钰、屈纳、张敏、黄斯喆、刘慧灵、盛敏、施雯婷、任梦珂、熊弘正、王一帅、田兰馨等硕士（生）在野外调查、数据分析、图表制作、文字润色等方面给予的帮助。

　　本书在国家自然科学基金项目（41971261、42101297）的支持下完成，在此表示感谢。本书写作过程参考了大量文献，在此向所有文献著者表示感谢。正如真理总是相对的，目前我们的一些认识还有待于进一步的实践检验，因此书中难免存在一些不足，亟待我们后续研究的加强和完善，在此也恳请读者批评指正。

伍世代

2024 年 10 月

目 录

前言

第1章 绪论 ·· 1
  1.1 研究背景 ·· 1
  1.2 研究区域 ·· 3

第2章 相关概念、理论与研究进展 ·· 7
  2.1 概念界定 ·· 7
  2.2 理论基础 ··· 16
  2.3 国内外研究进展 ··· 29
  2.4 研究述评 ··· 50

第3章 资源环境耦合诊断的理论分析框架 ······································· 53
  3.1 研究分析思路 ·· 53
  3.2 研究方法 ··· 58

第4章 福建资源环境系统与区域发展系统耦合协调分析 ······················ 79
  4.1 福建资源环境承载能力评价 ··· 79
  4.2 福建区域发展水平评价 ·· 93
  4.3 福建资源环境系统与区域发展系统耦合协调度时空分异 ·········· 96
  4.4 福建资源环境系统与区域发展系统耦合影响因素识别 ············ 103

第5章 台湾资源环境系统与区域发展系统耦合协调分析 ····················· 127
  5.1 台湾资源环境承载能力评价 ·· 127
  5.2 台湾区域发展水平评价 ··· 136
  5.3 台湾资源环境系统与区域发展系统耦合协调度时空分异 ········· 141
  5.4 台湾资源环境系统与区域发展系统耦合影响因素识别 ············ 150

第6章 闽台资源环境系统与区域发展系统耦合协调对比 ····················· 179
  6.1 闽台资源环境系统与区域发展系统耦合时空对比 ·················· 179

iii

6.2 闽台资源环境系统与区域发展系统耦合影响因子分区对比 ……… 183
6.3 闽台不同地域功能资源环境系统与区域发展系统耦合
　　机制及对比 ……………………………………………………… 203

第 7 章　政策启示：闽台分区优化与联防联控策略 ……………………… 212
7.1 协调区优化策略 ………………………………………………… 212
7.2 失调区调控策略 ………………………………………………… 214
7.3 闽台联防联控策略与互鉴预警机制 …………………………… 216

第 8 章　结论与讨论 ………………………………………………………… 219
8.1 主要研究结论 …………………………………………………… 219
8.2 研究特色与创新点 ……………………………………………… 221
8.3 研究不足与后续研究方向 ……………………………………… 222

参考文献 ……………………………………………………………………… 224

第1章 绪 论

1.1 研究背景

1.1.1 "人类世"时代下人地关系面临新挑战

21世纪以来,人类社会经历了重大技术变革,与此同时,气候变化、环境污染等全球性问题不断蔓延或恶化,在人类活动的强烈影响下,全球资源环境面临前所未有的压力,严重威胁包括人类在内所有生物的生存,地球终结了过去气候相对稳定、适宜人类生存的全新世时代,进入到了由人类活动驱动的时代——人类世(Anthropocene)。

人类世的步入意味着人类陷入空前的"生存困境"(姜礼福,2020),人类成为影响地球系统的决定性力量,给地球环境带来不可逆的改变。这样的困境为人类提供了思维重大转变的契机:一方面,人类需要用"全球思维/星球思维"(Global/Planetary Thinking)代替"全球化思维"(Globalization Thinking),通过打破不同民族、不同国家、不同政治体制、不同资源管理方式等的研究界限,将研究区域视作一个有机生命体,对地球系统进行统筹研究;另一方面,人类需要扩展既有时空视角,统筹过去与未来,兼顾在地性与全球化,深刻理解人类面临的严峻挑战和未来命运,厘清全球化和人类世在时空特征上的本质差异。

总之,人类世的步入要求地理学研究者重新设定研究基点,以地球史为经,以整个地球空间为纬,统筹不同政体、不同民族等的差异,重新思考和审视人地关系。因此,面对新的"生存困境",如何加强全球治理,探索人类命运共同体和地球命运共同体的建构,实现全球一体化协调发展和共生共赢,成为当前全人类面临的新挑战。

1.1.2 中国高质量发展对资源环境提出新要求

改革开放以来,中国取得了经济高速增长和大规模工业化、城市化的辉煌成就,各类资源与空间的开发利用程度不断加深,呈现出高强度的国土空间开发态势,也引发了单位经济产出的资源消耗量过大、国土开发和建设布局无序和混乱等问题。资源环境保护力度与国土空间开发强度不相匹配,经济社会发展与资源、生态、环境之间的矛盾日益严重。

在这种矛盾下,决策者认识到按照资源环境条件统筹国土空间规划建设的紧迫性和重要意义。从《中华人民共和国国民经济和社会发展第十一个五年规划纲要》规划纲要明确提出"根据资源环境承载能力……统筹考虑未来我国人口分布、经济布局、国土利用和城镇化格局"开始,尤其在2008年汶川特大地震发生后,科学认知区域的资源环境承载能力被逐步推广到越来越多的社会经济发展规划和国土空间规划中,资源环境承载能力评价在国土空间开发、区域发展等过程中的基础性地位不断被强化。2020年,自然资源部印发《资源环境承载能力和国土空间开发适宜性评价指南(试行)》(以下简称《"双评价"技术指南》),确立区域资源环境承载能力的客观评价对国土空间规划、完善空间治理、区域发展等方面的基础支撑地位。资源环境承载能力的综合评价已被视为规划决策的重要依据,在优化国土空间开发格局和促进可持续发展等方面发挥重要作用。国家对资源环境承载能力评价工作之重视、需求之迫切,显而易见。

1.1.3 人民对美好生活的向往推动区域发展方式转变

20世纪以来,全球经历了工业化的高速发展,但过度粗放的发展模式也加剧了社会矛盾和环境问题,居民福祉持续受到损害。随着对区域发展与资源环境相互关系的认识不断深入,人们逐渐意识到区域发展不仅是经济-资源-环境的可持续发展,更是民生福祉的体现。2001年,联合国"千年生态系统评估"启动,正式将生态系统及其服务与人类福祉相联系。

不断增进人民福祉一直是中国深入推进改革开放的一项重要目标。随着中国全面建成小康社会战略的逐步推进,中国已从1990年的低人类发展梯队跃升为2015年的高人类发展梯队,人民生活条件和人类福祉都得到明显改善,在享受资源环境惠益的基础上,人民生活水平与幸福感得到极大提升,中国社会的主要矛盾已经转化为"人民日益增长的美好生活需要和不平衡不充分的发展之间的矛盾"。

当前,提高民生福祉是中国区域经济社会发展的基本出发点和落脚点,区域发展归根到底是为了提高人民福祉。以最小的资源环境消耗实现人类福祉最大化,是提高人类福祉产出绩效的核心内涵,也是可持续发展的根本要求。因此,在中国目前经济实现快速增长的背景下,如何在发展与保护之间找到平衡点,如何从单一的以经济发展作为主线的方针策略转换到提高区域可持续发展的理念上来，如何以实现高质量为主要抓手，引领区域高质量发展和缔造高品质生活，满足人民日益增长的美好生活需求、提升人民群众的幸福感，把人民福祉作为区域发展的最终目标等，都是当前亟须解决的问题。

1.1.4 国际格局影响下台海区域发展面临挑战与机遇

当前，我国正在构建以国内大循环为主体、国内国际双循环相互促进的新发展格局，区域之间协同、合作的意愿日趋强烈。

当下福建承担全方位推进高质量发展的重大历史使命和重大政治责任。福建省先后出台《福建省国民经济和社会发展第十四个五年规划和二〇三五年远景目标纲要》《福建省"十四五"生态环境保护专项规划》《福建省"十四五"自然资源规划》《福建省"十四五"生态省建设专项规划》等文件，提出"探索闽台生态环境领域标准共通""研究共通制约因素与政策瓶颈""推进闽台在灾害预警、防范、营救等方面合作""加强生态环境科研交流""深化闽台区域合作""积极探索海峡两岸融合发展新路"等多领域"深化闽台生态环境协同保护"，以及"让良好的生态环境成为两岸同胞最普惠的福祉"。

闽台隔海相望，同根同源，协同发展是促进两岸合作共赢的基础。在以上挑战与机遇之下，将福建与台湾进行对比，探讨闽台资源环境与区域发展影响因素，构建闽台资源环境与区域发展耦合机制，深化闽台生态环境协同保护，能够在进行对比分析的基础上，探索建立闽台环境污染联防联控合作机制，通过维持较高水平的生态环境、基础设施等区域发展层面与土地、矿产、海洋等自然资源层面的刚性需求，探索台海两岸融合发展新路径。

1.2 研究区域

福建与台湾均毗邻南海，占据"五缘"优势。两省"地缘"相近，一衣带水、隔海相望；"血缘"相亲，据调查台湾的汉族人口中，福建移民占83%，福建移民到达台湾后，福建的语言文化流入了台湾，全台湾约有75%的人讲闽南话；"文缘"相近，福建的儒家思想、宗教信仰和风俗习惯也广泛传播于台湾各地，随着两岸文化交流日益频繁，海峡两岸逐渐形成一个共同的文化区域；"商缘"相广，两省商业贸易往来密切、频繁；"法缘"悠久，在历史上很长的一段时期，台湾属于福建管辖范围。"五缘"优势的存在，成为闽台在资源环境、区域发展等多方面交流互往的基础。

1.2.1 闽台自然环境同源

福建与台湾一衣带水,隔海相望。两地具有相似的地理、环境、资源:闽台同属于暖热多雨的亚热带(热带)海洋性季风气候;具有同样为多山地少平原的地貌结构;河流水文条件相似,表现为流程短、水流急;植被群落以阔叶林及针阔混交林为主,植物种类繁多;土壤资源以富铝化土壤为主,两地的自然地理特征相似。

相似的自然地理特征导致闽台两地人地矛盾同样也具有相似性:两地同属于南方红壤区(南方山地丘陵区),该区域资源紧约束性、生态环境优势与生态脆弱叠加性,导致该区域人地矛盾具有特异性,闽台部分经济发展的相对滞后区同时为生态功能保育区与生态敏感脆弱区,人口密度大,人均耕地少,农业开发程度高,山丘区坡耕地以及经济林和速生丰产林林下水土流失严重,局部地区存在侵蚀劣地和崩岗,水网地区存在河岸坍塌、河道淤积,以及水体富营养化等问题,所面临的人地问题类同,且矛盾同样突出。

1.2.2 闽台在区域发展方式与发展水平上具有差异性

闽台区域发展阶段具有差异性。福建正处于工业化中期发展阶段,而台湾已进入后工业化发展阶段。2010~2019年,福建 GDP 经过十年的追赶,已经在2019年与台湾实现持平,但是在人均 GDP 上闽台依然存在较大差距(图1-1和图1-2)。

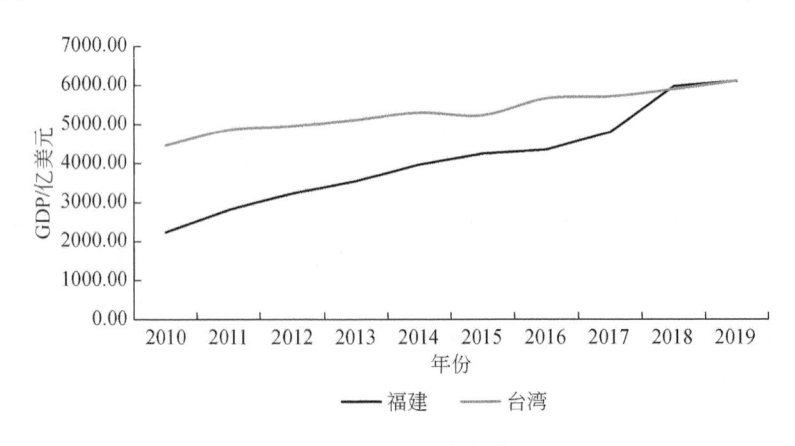

图 1-1　2010~2019 年闽台 GDP

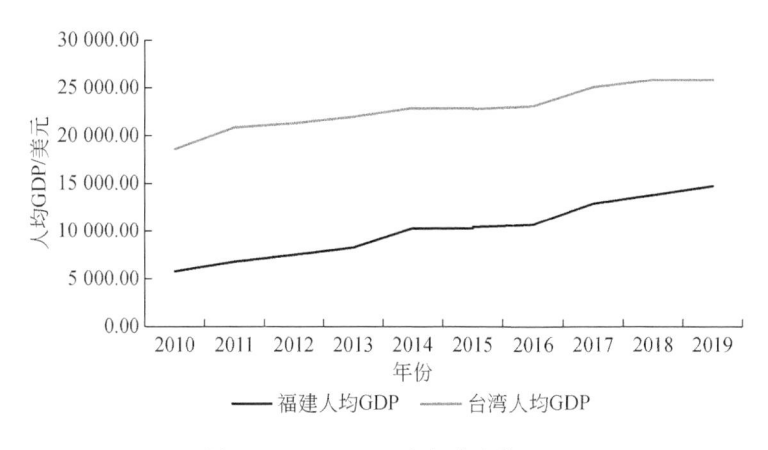

图 1-2　2010~2019 年闽台人均 GDP

闽台区域发展动力具有差异性（表 1-1）。福建正处于工业化中期发展阶段，电子信息业、石化工业、机械工业为福建主导产业。台湾为海岛型社会，资源和市场都十分有限，有限的资源与市场使得台湾经济发展动力较大依赖制造业的"出口导向"，外需是影响台湾经济发展的重要因素。

表 1-1　闽台区域发展方式与发展水平对比

项目	福建	台湾
区域发展阶段	工业化中期发展阶段	后工业化发展阶段
区域发展动力	工业	电子信息产业等制造业的出口导向
社会经济体制	政府在宏观领域发挥主导作用	"计划"在形式上依然存在，但其功能已式微

闽台社会经济体制具有差异性。台湾与福建在发展过程中都经历了与赶超型发展战略相依存的政府主导型经济体制，但最终闽台走向了两种不同的社会经济体制。福建为社会主义市场经济体制，重视发展商品经济，以市场为主导，同时明确政府与市场的边界，政府发挥作用范围主要是在宏观领域，市场发挥作用范围主要是在微观领域，打造适应市场经济要求的效能政府和服务型政府。台湾自 1986 年提出"自由化、国际化、制度化"的经济发展战略后，经济体制开始大幅度改革，当前演变为发展意义上以自由化为主旨的、民间和政府共同推动的市场化经济体制，台湾经济发展中的"计划"虽然在形式上依然存在，但其功能已式微。

综上所述，闽台天然具有同源性的生态文化资源，与差异化的区域发展阶段、发展动力、社会经济体制，这使得闽台成为人文-自然复合系统的演化研究的典型区域。通过对比闽台资源环境系统与区域发展系统耦合协调过程中各因子影响机制，凝练共同特征、对比差异特性，取长补短，互惠互鉴，最终实现提高两岸居民福祉、探索台海两岸永续性发展的最终目标。

第 2 章　相关概念、理论与研究进展

2.1 概念界定

2.1.1 资源环境承载能力

2.1.1.1 资源环境承载能力概念

资源环境承载能力（Resource Environment Carrying Capability）的概念是由"承载力"一词逐步演变发展而来。无论是"曹冲称象"或是"老人称象"等典故，均反映出"承载力"的概念自古存在，但是从人类生存的环境角度提出的"承载力"思想，一般认为起源于18世纪的托马斯·罗伯特·马尔萨斯（Thomas Robert Malthus）的人口论。自此，"承载力"概念开始不断在生态学、人口学等学科领域的研究中被采用与接受。

此后，大量专家和学者都对资源环境承载能力的内涵及其本质进行了卓有成效的研究，主要有两个应用领域：在应用生态学中，承载力概念用于特定栖息地、生态系统，如牧场、野生动物的管理以及旅游管理等领域；在人类生态学中，承载力用来讨论人口增加、消费水平提高的生态影响和限制。

随着承载力概念和思想的应用越来越广泛，"资源环境承载能力"被赋予了丰富的含义，形成了不同层次、不同内涵的承载能力概念（表2-1）。从时间演变来看，资源环境承载能力经历以"承载力"为起点，从"资源承载力"到"环境承载能力"再到"资源环境承载能力"的演进，其承载体从非生命系统，到自然系统，再到人类系统的扩展（图2-1）。作为承载力派生出的综合性概念，资源环境承载能力的形成大致始于20世纪90年代前后，而代表性事件则为1987年2月世界环境与发展委员会出版的《我们共同的未来》与1992年6月联合国环境与发展大会通过的《里约环境与发展宣言》和《21世纪议程》。20世纪90年代以来，全球可持续发展的理念促使资源环境承载能力真正从概念、理论、科学研究走向管理实践，成为可持续发展的基础与核心内容之一。在我国，尽管

表 2-1 资源环境承载能力概念辨析

承载能力	概念	承载体	定义	时间	来源
资源承载力	生态承载力	自然系统	特定栖息地最大限度所能承载的某个物种的种群数量，且不对所依赖的生态系统构成长期破坏并减少该物种未来承载相应数量的能力	20世纪20年代首次提出	封志明等总结
	人口承载力		单位面积空间上能容纳多少人（不考虑粮食支持），而并非指单位面积或区域自然资源所能承载或养活的人口数量	1943年	Aldo Leopold
	土地承载力		在特定土地利用情形下，即未引起土地退化，一定土地面积上所能永久维持的最大人口数量	1949年	William Allan
	水资源承载力		多少水供养多少人的问题	1985年	施雅风
	环境承载力		容纳特定活动的能力，而不造成难以接受的影响	1991年	封志明等总结
			在某一时期，某种状态或条件下，某种生物资源以及大气环境、水环境、土地资源、海洋生物资源等方面综合因素之为资源与环境所能承受的人类活动的阈值	20世纪90年代	《福建湄洲湾开发区环境规划综合研究总报告》
资源环境承载能力	资源与环境综合承载力	人类系统	一个包括大气资源、水资源、土地资源、海洋生物资源以及大气环境、水环境等方面综合因素解释自净能力为承载体的自然基础的人类活动的支持能力	2014年	刘殿生
	资源环境承载能力		一定区域内资源环境条件对人类生产生活的功能适宜程度和规模保障度，以维持人地协调可持续为前提，是承载人类生活生产活动的自然资源上限、环境容量极限和生态服务功能底线的总和	2015年	樊杰等
			一定国土空间内自然资源、环境容量、生态服务功能对人类活动的综合支撑水平	2019年	
			基于特定发展阶段、经济技术水平、生产生活方式和生态保护目标，一定地域范围内资源环境要素能够支撑农业生产、城镇建设等人类活动的最大合理规模	2020年	

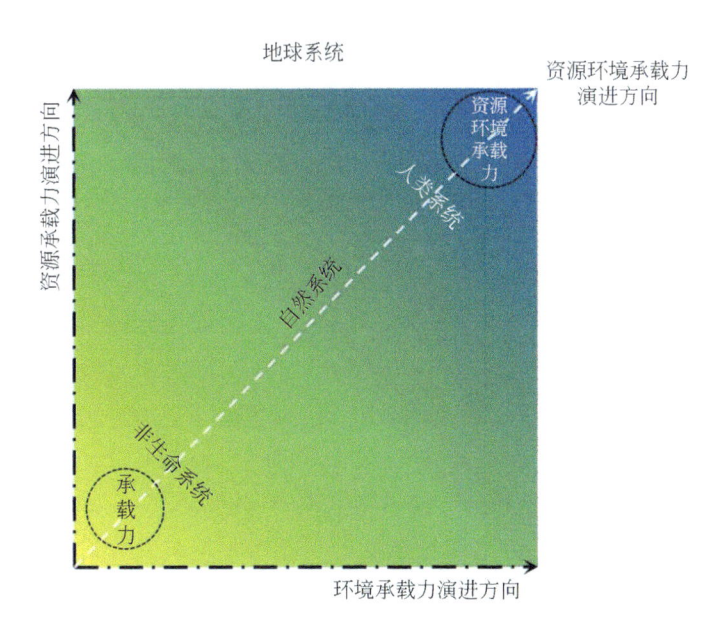

图 2-1 从承载力、资源承载力和环境承载力到资源环境承载能力的演进框架

资料来源：封志明等，2017

1995 年就已经有"资源与环境综合承载力"的论述，但是相关内容还停留在概念层面，有时只是简单、机械地将生态承载力、资源承载力与环境承载力等概念融合在一起。直至 2008 年发布《国家汶川地震灾后恢复重建总体规划》发布后，资源环境承载能力逐步成为优化国土空间开发格局的重要基础工作，资源环境承载能力的定义逐步精准与系统。

综上可知：①从时间演进与概念更替上不难看出，一般认为资源环境承载能力是从分类到综合的资源承载力与环境承载力（容量）的统称，是承载力、生态承载力、资源（土地、水）承载力与环境承载力（或环境容量）的延伸与发展，是对资源承载力、环境容量、生态承载力等概念与内涵的集成表达，因此关于资源环境承载能力是一个涵盖资源和环境要素的综合承载力概念已成共识；②虽然诸位学者的研究视角不同，但都是基于自然系统对人类系统的综合支撑能力；③由于本研究为资源环境与区域发展的耦合协调对比，经济发展与技术进步造成的资源环境承载能力的改变与区域发展水平评价部分重叠，且本研究以闽台为研究区域，进行对比分析的重要起点为闽台自然资源本底的相似性。

出于对以上的综合考量，本研究定义的资源环境承载能力为：一定国土空间内自然资源系统各功能对人类活动的综合支撑水平。该"能力"是仅对自然资源禀赋和生态环境本底进行的综合评价，不包括因经济发展、技术进步、人口流动等因素造成的后天习得的"能力"，用以表征资源环境系统的健康水平，即资源环境承载能力越高，资源环境系统中各功能对人类活动的综合支撑水平越高。

2.1.1.2 基于功能指向的资源环境承载能力

地球表层同时存在着自然地理系统与社会经济系统两大系统，对于任一区域，都具有生态服务功能、人类生产生活功能等多种功能属性，其本质区别在于自然综合条件以及对人类生产生活活动指向的不同。

地域功能性是人地关系地域系统理论的精髓之一。地域功能生成机理的解析成为揭示地域功能演化规律、完善现代地域功能理论的重要内容。地域功能格局演变驱动因素的研究引起越来越多的关注，区域资源环境承载能力理论体系和应用技术逐步完善。在区域的多种功能属性中，城镇、农业、生态三类功能用地的不同空间配置将产生差异显著的空间效益，探索可持续发展框架下最优的空间组织方案是地域功能优化分区的核心所在。国际上可供借鉴的有关地域功能优化分区的研究，除了地理学本身有关自然地理分区、人文地理分区及综合地理分区等研究外，还包括两个方面：一类是立足于土地科学的土地（利用）系统研究，如可持续农业生产系统的空间配置、城镇扩张及合理发展边界的识别，或是农田系统与城镇扩张的冲突及合理性分析等，其本质是满足耕种或建设适宜性程度整体最优的土地配置方案；另一类是立足于生态学的生态系统服务分区研究，如自然保护地划定、生态功能区划等，其假设前提是不同地块在生态系统中承担着水源涵养、防沙固土、保护生物多样性等不同生态服务功能，追求生态服务功能价值整体最大化目标。

国内对功能区较为成熟的划分是2010年起，以中国人文与经济地理学者为主的研究团队研制的中国首张国土空间综合开发保护前景图——中国主体功能区划开启。中国主体功能区划以城市化、农业安全、生态安全、遗产保护四类地域功能为主体功能，以县级行政区为基础单元，以期实现国家层面国土开发保护的有序性、可持续性。此后，"三区三线"的划定进一步界定县级行政单元内部地块的功能，将主体功能降尺度传导，规范主体功能行为，推动主体功能区规划更加有效实施。目前，通过"双评价"科学认知国土空间格局分异的自然规律和社会经济规律，划分"三区三线"，已经成为国土空间规划的基础性工作。国内有关的地域功能优化分区的相关研究主要包括地域功能及其空间结构的识别、"三生空间"分类、红线划定与管制等。

根据已有理论基础及国内外对地域功能的研究，本研究定义基于功能指向的资源环境承载能力，是由生态保护功能、城镇建设功能、农业生产功能组成的资源环境承载能力。其中，生态保护功能导向的资源环境承载能力对生态系统十分重要，关系全国或较大范围区域的生态安全，需保持并提高生态产品供给能力的区域，这些区域以生态保护功能导向的资源环境承载能力为主导。城镇建设功能指向的资源环境承载能力是综合实力较强，能体现省域综合竞争力，带动经济发展，内在经济联系紧密，区域一体化基础较好，科技创新实力较强的城市化地区，这些区域以城镇建设功能导向的资源环境承载能力为主导。农业生产功能指向的资源环境承载能力是具备较好的农业生产条件，以提供农产品为主体功能，以提供生态产品、服务产品和工业品为辅助功能的区域，这些区域以农业生产功能导向的资源环境承载能力为主导。

2.1.2 区域发展

运用文献计量统计工具，在知网期刊库内 SCI、EI、CSSCI（含扩展版）收录期刊，知网学位论文库，华艺学术文献数据库①内 TSSCI、THCI②收录期刊，台湾博硕士论文知识加值系统③内搜索 2010~2019 年以"区域""发展""评价""永续""评估""竞争力"等为关键词的期刊论文及学位论文，筛选出满足相关性、前沿性、时效性、权威性的高水平文献共计 872 篇，从这些文献中整理出区域发展水平评价体系的常用权威指标，获得区域发展水平评价体系底层指标库（表 2-2）。

表 2-2 闽台区域发展水平相关研究常见评价指标

评价层面		评价指标
经济层面	经济体量	GDP、人均 GDP、GRP、人均财政收入、金融机构本外币各项存贷款余额、居民可支配收入、恩格尔系数等；粮食总产量、全社会固定资产投资、工业固定资产投资额、批发零售业销售额、住宿餐饮业销售额等；海洋渔业总产值、海水产品总量、港口货物吞吐量等海洋经济指标；旅游产业收入、游客数量、旅游外汇收入等旅游经济指标；每户平均薪资
	经济结构	三次产业占 GDP 比例、三次产业增加值、三次产业从业人员比例、新兴经济增加值占 GDP 的比例、公路货运量等产业统计指标；进出口总额、外商投资总额、实际利用外资、出口依存度、进口依存度等对外贸易指标

---

① 华艺学术文献数据库为台湾地区最大的学术数据库。
② 台湾人文及社会科学核心期刊（简称人社核心期刊）。其中，归属人文学领域者，为台湾人文学引文索引（Taiwan Humanities Citation Index，THCI）；归属社会科学领域者，为台湾社会科学引文索引（Taiwan Social Science Citation Index，TSSCI）。
③ 台湾博硕士论文知识加值系统为台湾图书馆受台湾教育部门委托，免费供大众使用的学位论文在线服务系统。

续表

评价层面		评价指标
经济层面	经济效益	劳动参与率、劳动力人口数、全社会劳动生产率、失业率等劳动力指标；政策倾斜、科技企业孵化水平；单位土地面积GDP、每百家企业拥有网站数、厂商家数
	经济提质	研发经费投入比、人均高技术产业总产值差距、万人平均研发人员数量差距、人均研发支出差距、就业人员受过高等教育的比例、专利申请数、发表科技论文数、国家或行业标准数等创新能力指标
人口层面	人口总量	年底常住人口、年底户籍人口
	人口增长	人口自然增长率
	人口分布	城镇化率、人口密度等
社会层面	公共基础设施	公共汽车（捷运）数量、公路里程、道路密度、通勤时间、交通开发等交通运输指标；移动电话年末用户率、电信业务量占总人口比例、上网率（使用电脑或其他设备）等通信指标；每万人卫生技术人员数、每万人医疗机构床位数、养老院机构数等医疗卫生指标；广播人口覆盖率；自来水普及率；公共设施面积
	社会福祉设施	公共图书馆图书藏量、文化支出占政府财政支出比例、各类文艺展演活动次数、人均公园绿地面积等文娱休闲设施指标；教育文化娱乐占居民生活消费支出比例、人均住房面积、每千人拥有机动车数、市区居民消费价格指数等居民幸福水平指标
	社会保障	社会保障与就业支出占财政支出比例、社会保障参保人数（或救济人数）占常住人口比例、社会保障投入水平、教育支出占政府财政支出比例、环境保护支出占政府财政支出比例、特殊教育在校生等政府投入指标；调解纠纷总数等社会安定指标

在以上闽台区域发展水平相关研究常见评价指标库的基础上，综合考虑构建原则、闽台现有的权威统计资料、闽台区域发展方式、发展目标与特点、指标认可度等，对底层指标进行剔除与筛选。

2.1.2.1 区域人口发展层面

对区域发展问题的思考最初源自人口快速增长与有限资源之间的矛盾。中国是世界人口大国，如何在有限的生存空间克服人口爆炸难题更加严峻，因此区域人口是衡量闽台区域发展水平的重要层面。根据表2-2，年底常住人口、年底户籍人口、人口自然增长率、城镇化率、人口密度等为闽台学界近十年常用的区域人口发展水平评价指标。指标筛选思路如下。

（1）闽台人口迁徙流动频繁，以年底常住人口为指标表征区域人口总量最为适宜。但目前台湾人口相关调查或统计多以户籍登记资料为基础，台湾10年更新一次的人口普查信息（最新一次为2020年）不足以应对非普查年（本书研究时段）常住人口资料的需求，根据台湾统计主管部门研究报告，设籍县市与常住县市的一致性（人籍一致）在台北市、高雄市、新北市、台中市、台南市、桃园市六大城市偏低，且常住人口少于户籍人口，差值约为13.3%，其他县市人籍一致则大多在90%以上（如苗栗县与花莲县）。因此，福建采用年底常住人口表征区域人口总量水平，台湾采用年底户籍人口表征区域人口总量水平，其中六大城市的户籍人口用人籍一致差值进行修正。

（2）闽台对城镇化（台湾称都市化）定义各不相同。大陆通常认为城镇化率为城镇人口与总人口的比值，且城镇与非城镇通过明显行政区划进行区别。但台湾对城镇化有多种释义：一方面，根据《台湾统计地区标准分类》，对城镇化的定义包括聚居地、都市化地区、都会区等多种分类，且台湾统计机构对"都市化率"未有明确统计数据；另一方面，台湾学术界对"都市化程度"也尚未有统一定义，如曾国雄等（1986）认为都市化程度由地区人口、经济、教育文化、住宅水平、环境卫生、医疗保健等多方面共同决定；而谢仁和和曹淑琳（2016）则采用民众从事休闲、娱乐、文化及教育支出占家庭总支出比例作为衡量都市化程度的方法。因此，城镇化率不适合作为衡量闽台人口集聚水平的评价指标，本研究选用人口密度表征人口集聚水平。

2.1.2.2 区域经济发展层面

追求区域经济发展依然是人类发展必要的目标之一，官方或权威第三方发布的统计资料依然将GDP及相关数据作为衡量区域经济的主要指标，成为区域发展指标体系中的重要组成部分。结合闽台统计指标，对区域经济发展水平层面指标选择思路如下。

（1）闽台统计部门对区域经济的统计角度有差异。福建统计部门对区域经济统计采用GDP、全社会固定资产投资等指标，从区域生产水平的角度反映区域经济总量水平；台湾市县统计部门则以工厂登记家数、厂房面积、商业登记家数、商业登记资本额等统计指标，从区域经济景气水平的角度反映区域经济总量水平，二者评价角度不同。因此，GDP、全社会固定资产投资等指标无法作为闽台区域发展水平的评价指标。

（2）旅游经济指标、海洋经济指标、粮食总产量等指标虽然能够从某一产业或行业侧面反映区域经济总体水平，但各个地区主导产业不一致，某一产业或行业的发展水平无法代表该区域经济总体水平。因此，海洋经济指标、旅游经济指标、粮食总产量指标均不适合作为评价闽台区域经济总量的指标。

在其他衡量区域经济的指标中，根据既有研究，福建与台湾财政收支与经济增长的动态变化规律基本一致，即财政收入增长和财政支出增长均在一定程度上促进经济增长，因此人均财政收入能够作为衡量闽台区域经济发展水平的评价指标之一；金融机构年末本外币存款余额是区域经济发展的结果，而贷款余额更多地反映了金融机构对当地经济的支持力度，是经济增长的原因，因此相较于"存款余额"，采用金融机构年末本外币贷款余额（台湾称"金融机构年末本外币放款余额"）这一指标作为衡量闽台区域经济发展水平的指标更为合适。

投资、消费和出口长期以来被认为是经济增长的"三驾马车"。由于金融集聚通过影响固定资产投资的路径，进而对区域经济增长产生重要影响，因此固定资产投资额能够一定程度反映区域经济增长情况；最终消费支出是拉动一个国家或地区经济增长的基本动力，其中批发和零售业与住宿餐饮业是社会化大生产过程中的重要环节，是决定经济运行速度、质量和效益的引导性力量；出口情况是反映地区经济水平的非常重要的指标，尤其对于处于经济全球化背景下以及出口导向工业化发展模式的台湾。因此，人均财政收入、金融机构年末本外币贷款余额（台湾称"金融机构年末本外币放款余额"）、进出口总额适宜作为评价闽台区域经济发展水平的指标。

经济结构一般从宏观至微观可以分为区域结构、产业结构和企业结构等，在探讨区域经济发展水平的经济结构时，一般以产业结构进行分类，然后采用产业结构合理化和产业结构高级化衡量产业结构。本研究参考克拉克定律，采用非农业产值比例作为产业结构升级的度量，并结合底层指标、闽台现有产业特色及闽台既有统计资料，选取第二、第三产业从业人员比例表征非农业产值比例，选取公路货运量反映物流业发展水平，从侧面反映闽台区域经济结构水平。

现有文献采用劳动力参与的相关指标（如劳动参与率、失业率等）或投入产出比值（如单位土地面积GDP）反映区域经济发展效益。此外，由于大陆的社会主义市场经济体制，政策倾斜的相关指标成为与台湾迥异的提高区域经济效益的一种方式。因此，综合考虑闽台共有统计数据，最终选用失业率指标，从劳动力参与角度评价区域经济效益。

2.1.2.3 区域基础设施层面

基础设施一般包括交通、通信、供水供电、园林绿化、环境保护、文化教育、卫生事业等市政公用工程设施和公共生活服务设施等。通常以公共汽车（捷运[①]）数量、公路里程、道路密度、通勤时间等反映交通运输水平，以电信业务

[①] 台湾地区城市轨道交通系统简称为捷运。

量占总人口比例反映电信通信水平，以自来水普及率、供电普及率反映供水供电水平，以人均公园绿地面积反映园林绿化水平，以垃圾清运率反映环境保护水平，以入学率、年末大学生数等反映文化教育水平，以每万人卫生技术人员数、每万人医疗机构床位数、养老院机构数等反映卫生事业水平；此外，也有学者通过公共设施面积直接反映区域基础设施水平。

2.1.2.4 区域社会福祉层面

人类对于福祉的认识先后经历了古代朴素理性主义、近代古典主义和现代行为主义的三次浪潮，并分别从伦理道德的探索、公平与效率的纷争、心理行为的探视等社会、利益和心理三个层面逐步推进了对社会福祉的感知。虽然许多与福祉相关的术语已经被广泛应用于许多相关研究之中，如生活标准、人类发展、福利、效用、繁荣、需求满足、能力、贫困和幸福等，但不同学科对福祉研究的侧重点不同，从社会层面对福祉的探索侧重生活质量、福祉、健康、福利、繁荣、贫困等，从利益层面对福祉的探索侧重效用、需求满足等，从心理层面对福祉的探索侧重研究幸福感。

与生活质量一样，许多与福祉相关的不同术语已经被广泛应用于许多相关研究之中。不同学科围绕上述术语进行的相应研究侧重点不尽相同，因此通过对福祉概念多层次的内涵进行梳理，促进对福祉概念的理解（表2-3）。

表2-3 福祉概念层次

提出人	提出时间	划分层次	划分依据
Derek Parfit	1984	①快乐主义；②欲望理论；③客观清单理论	快乐与满足
Carol Ryff	1995	①自我接受；②生活目的；③环境控制；④自主；⑤个人发展；⑥和他人的积极关系	人类发展理论、临床心理和心理健康
Kahneman	1999	①外部条件；②主观福祉；③持续心情水平；④瞬时情感状态、暂时快乐或疼痛；⑤生物化学的、行为的神经基础	强调了生物化学和神经基础层面
Bruno S Frey 和 Alois Stutzer	2006	①主观福祉，个人对其生活满意度和幸福度的指数；②客观福祉，通过脑电波或快乐测量仪等先进技术手段的记录来获取	只从人的生理、心理两种属性出发来界定人的福祉
Robert L Kahn 和 Thomas Juste	2002	①生活满意与否；②健康和能力；③积极功能的复合指标（客观的清单条目）	受到医学保健领域对福祉的研究和能力理论的影响

不难发现，上述几种对福祉概念层次的表述由于研究目的的不同和学科视野的

差异，内容各有不同。除生理神经研究视野之外，其余研究的共同点都是基于福祉研究的四个传统，经济学研究传统、医学保健研究传统、心理学研究传统和社会学研究传统。其中，经济学研究关注收入和资源、消费和效用与福祉的关系；心理学研究侧重将效用作为满足或幸福、快乐等主观感知；医学保健研究认为健康是福祉的重要组成要素；社会学研究主要关注客观清单理论，注重社会因素对福祉的影响，认为一个人的效用可以用收入来反映的这种对福祉的理解只会使福祉的概念缩减为富裕和富有。结合本研究视角与内容，本研究中的福祉包含经济学、医学保健、社会学对福祉的认知。

根据上文梳理，可从内容上将福祉分为主观福祉与客观福祉两个层面。其中，主观福祉更倾向以社会成员的评价、体验等来具体体现，受社会心理因素的影响难以描述；而客观福祉则更多地偏向于以各生活领域的政策制度、资源分配情况来具体体现，可以从物质或社会属性进行表达，且客观清单理论是研究福祉的一个可行的概念层次，社会学、地理学以及政策研究大都是从福祉的客观清单开展福祉研究，围绕福祉研究，各学科之间不断进行交叉与合作。

此外，根据《中华人民共和国国民经济和社会发展第十四个五年规划和2035年远景目标纲要》，对"十四五"时期国民经济和社会发展主要目标中的"民生福祉"的目标及"增进民生福祉提升共建共治共享水平"的具体措施可知，"福祉"为社会经济发展中创造出的社会财富的分配过程中，不同社会阶层人群按劳分配、合理享有的发展成果。

综上所述，提出本研究对福祉的理解，即福祉是一种社会客观给予闽台居民的来自经济学、医学保健、社会学角度的政策制度、资源分配情况、文化娱乐消费情况等，采用客观清单的形式进行综合评价。闽台福祉层面的指标构建从闽台物质生活层面（如居民可支配收入、恩格尔系数、公共图书馆图书藏量、各类文艺展演活动次数、教育支出占政府财政支出比例等）和精神生活层面（教育文化娱乐占居民生活消费支出比例等）两个方面展开评价。

2.2 理论基础

理论基础是指能够为研究内容提供一般规律或者主要规律，并能够为研究内容的应用性研究提供一定的指导意义和共同理论的基础性理论。为了更好地对本研究的理论与实践进行指导，必须对基础理论体系加以分析。

研究闽台资源环境与区域发展耦合需要综合多学科的研究成果来支撑和指导。本章以系统论为发端，梳理人地关系理论、可持续发展理论、资源环境承载能力相关理论、地域功能理论、福祉理论、区域发展相关理论，并结合研究内容与研究区域特异性，对耦合、资源环境承载能力、区域发展水平等概念进行解释与说明，具体关系见图2-2。

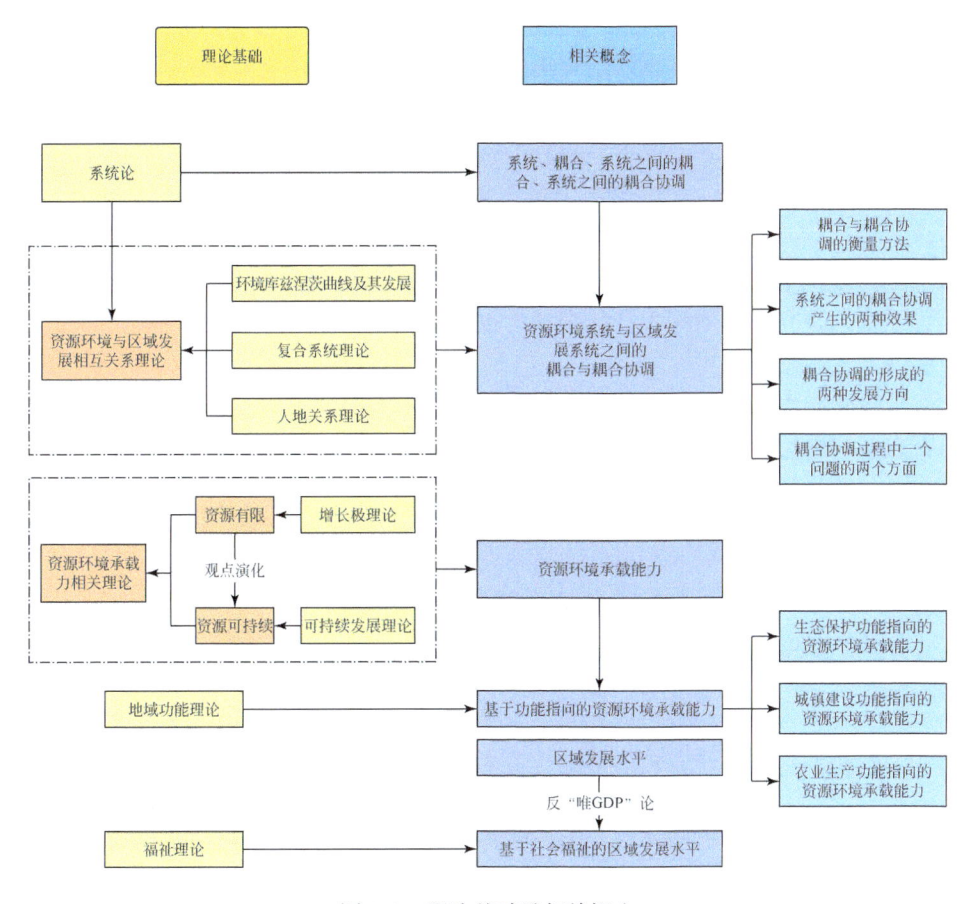

图2-2 理论基础及相关概念

2.2.1 系统论

系统的思想不管在东方还是在西方都有悠久的历史。人与自然万物相生相容、相互联系的系统思维，在自然生态环境不断恶化、自然资源日益枯竭的今天，尤其是面对工业文明带来的严峻的生态环境问题的背景下尤其重要。虽然系统的思想自古存在，但直到20世纪50年代以后，系统概念的科学内涵才逐渐被明确地阐述，并被广泛应用于工程技术、经济、管理等领域，逐渐发展成为一种理论。

系统论是研究客观现实系统的共同的特征、本质、原理及基本规律的科学。其中的基本思想、基本理论和主要方法广泛适用于社会、经济和生态系统。

现代意义上的系统论是采用一定的研究方法（如数理统计方法和逻辑学）研究一般系统动力学基本规律的理论。该理论从系统的角度分析客观事物和现象之间的相互关系、相互作用的本质性特征和内在规律，为解决现代社会、经济和科学技术等方面的复杂问题提供较好的指导。

系统论的基本概念和原理由美籍奥地利生物学家贝塔朗菲（Bertalanffy）于1945年在其《关于一般系统论》一文中提出，其核心观点是把研究对象看作一个系统，分析系统的结构与功能，研究系统、要素、环境之间的相互作用关系。随着系统论研究的不断深入，地理学者也认识到地理学的研究对象及研究核心本质上就是地理系统。

由于闽台资源环境与区域发展受多种因素影响，这些因素互相交织共同促进闽台资源环境与区域发展的变化，因此本研究采用系统论的思维，将闽台看成两个复杂巨系统，资源环境与区域发展是巨系统内部两个子系统，资源环境承载能力各影响因子与区域发展水平各评价指标分别为闽台资源环境与区域发展子系统内部的影响因素。

2.2.2 资源环境与区域发展相互关系理论

2.2.2.1 环境库兹涅茨曲线及其发展

关于环境库兹涅茨曲线（Environmental Kuznets Curve，EKC）假设的最早研究是 Grossman 和 Krueger（1991）、Shafik 和 Bandyopadhyay（1992）及 Panayotou（1993）。1991 年，Grossman 和 Krueger 对全球环境监测系统（Global Environmental Monitoring System，GEMS）的城市大气质量数据做了分析，发现 SO_2 和烟尘符合倒 U 形曲线关系（Grossman and Krueger, 1991）。1992 年，Shafik 和 Bandyopadhyay 根据世界银行提供的数据，使用 3 种不同的方程形式（线性对数、对数平方和对数立方）去拟合各项环境指标与人均 GDP 的关系（Shafik and Bandyopadhyay, 1992）。1993 年，Panayotou 借用 1955 年 Kuznets 界定的人均收入水平与收入不均等之间的倒 U 形曲线，首次将这种环境质量与人均收入水平间的关系称为环境库兹涅茨曲线（EKC）（Panayotou, 1993）（图 2-3）。EKC 揭示出区域经济与区域环境污染的相互关系：当一个国家经济发展水平较低的时候，环境污染的程度较轻，但是随着人均收入的增加，环境污染由低趋高，环境恶化程度随经济的增长而加剧；当经济发展达到一定水平后（临界点或称"拐点"），随着人均收入的进一步增加，环境污染又由高趋低，其环境污染的程度逐渐减缓，环境质量逐渐得到改善。

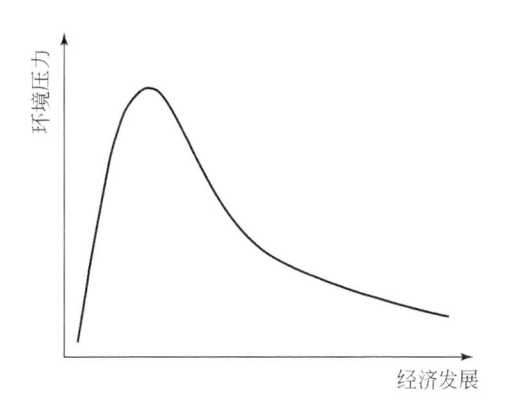

图 2-3　环境库兹涅茨曲线

资料来源：Panayotou，1993

EKC 提出后，众多学者从经济结构、市场机制、收入需求弹性、科技水平、国际贸易和政府政策等视角对 EKC 形成的动因进行了研究，大大丰富了人们对 EKC 形成机理的认识。随着研究深入，众多学者意识到资源环境与区域经济的相互关系并非单一的倒 U 形曲线，还出现 N 形、同步型、U 形等多种类型（图 2-4）。

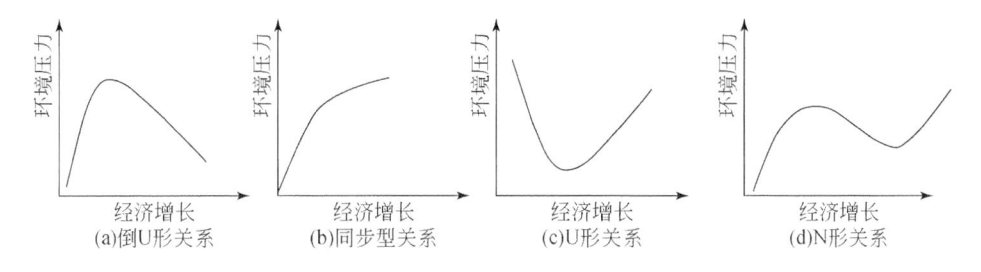

图 2-4　环境压力和经济增长之间四种关系

资料来源：李玉文等，2005

EKC 及其发展变化说明，资源环境与区域发展存在相互关系，但是受到经济结构、区域发展方式、消费结构、资源利用方式、经济政策或环境政策等多种因素的影响，资源环境与区域发展相互关系的表现也各不相同。这为闽台资源环境与区域发展耦合机理的提出与对比分析提供成立的基点。

2.2.2.2　复合系统理论

20 世纪 80 年代，马世骏与王如松（1984）在国际上首先提出"人类社会与其赖以发展的生态环境构成经济-社会-自然复合生态系统",这一观点得到国际社会的广泛认可。社会-经济-自然复合生态系统理论自此广泛应用于研究复杂系统内部要素以及这些要素之间的相互作用。马世骏认为社会、经济和自然互为影响互为制约,具体来看,社会是经济的上层建筑,经济是社会的基础,同时经济又是社会与自然联系的媒介;自然是经济社会的基础,也是生态系统的基础;社会、经济和自然是三个不同性质的系统,它们有各自的结构、功能和发展规律等特征。因此,应当将社会、经济和自然作为整体研究,而不应割裂三者关系,孤立地分析各自的问题。社会-经济-自然这个复合的生态系统的存在依赖于社会属性与自然属性的冲突和博弈。基于社会-经济-自然复合生态系统中对现代系统理论基本原理的运用,蕴含着的唯物辩证法的分析视角,以及对生态整体性的把握,自然资源的可持续性对社会利益和经济可持续的重要程度逐步得到认可并应用于具体实践。

综上,系统论不仅为人地系统研究规律特征研究提供了定性的理论指导,同时能够通过科学的、精确的数学方法模拟系统演变机制以及发展变化的过程,为相关研究提供了定量的数学分析手段,具有较好的理论与实践指导性。社会-经济-自然复合生态系统论进一步说明"人"属性系统与"地"属性系统之间既包含系统内部子系统的相互关系与影响因素,也包含系统与系统之间的相互关系与影响因素。

闽台作为典型南方山地丘陵地区,也是台海两岸区域发展战略的典型区,是人地矛盾突出的复杂巨系统,其研究需要系统论的科学指导。在复合系统理论的指导下,首先需明确资源环境与区域发展的耦合协调关系,是由多个子系统、多个指标构成的,彼此之间是相互作用的、相互制约的,要科学客观地反映资源环境与区域发展间的相互关系,需要从整体上把握评价指标的海选与遴选;其次,资源环境与区域发展各自指标体系建构时须消除多重共线性,为资源环境与区域发展耦合协调度类型划分提供依据;最后,并非单一的资源环境承载能力高或其区域发展系统发展良好,资源环境与区域发展即耦合协调,也并非区域发展水平低的地区,资源环境与区域发展即呈现耦合失调结果。

2.2.2.3 人地关系理论

人地关系是人类社会及其活动与自然地理环境之间的交互作用,是与人类发展演化相伴而生的一对基本关系。人类自诞生以来就以各种方式、不同程度地作用和影响着地球,是地球环境变化的第三大驱动因素。人地关系一直是地理学的研究核心,始终贯穿整个地理的发展阶段。

吴传钧(1991)较早提出研究人地关系的人地系统理论,指出"人地系统是由地理环境和人类社会两个子系统交错构成的复杂的开放的巨系统，内部具有一定的结构和功能机制"，将地理学基础研究引向基于地域系统、探究人地关系、实现可持续发展的学科方向上。吴传钧基于对人地关系思想和相关理论的科学解析，首先建立了完整的人地关系认知体系，并将这一体系置于特定的地域系统进行要素分析、机理解析、功能探析，形成了人地关系地域系统学说，进而构建了由系统结构、动力机制、时空格局、优化调控等内容组成的理论体系，通过探究不同层次的人地关系类型、时空分异及其变化规律，探明人地系统各要素相互影响、系统协调模式及其调控途径，直接服务于人地系统协调与可持续发展实践。

刘彦随（2020）在"人地关系地域系统理论"的基础上提出人地关系地域系统（Human-earth Relationship Regional System，HERRS）理论模式。该模式包括人地关系认知、人地关系地域系统、人地系统协调3个循序渐进的有机组成部分（图2-5）。

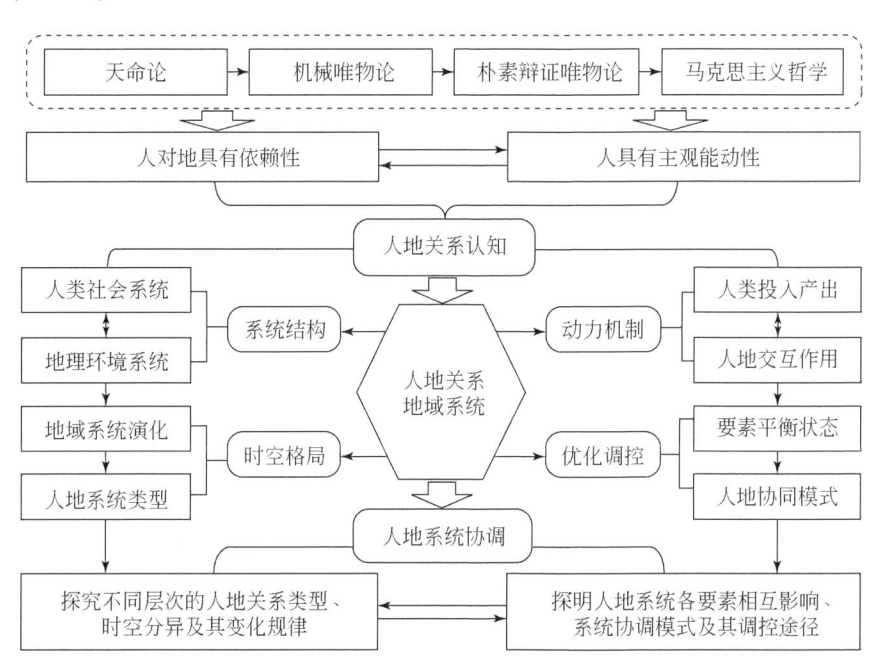

图 2-5 人地关系地域系统理论模式

资料来源：刘彦随，2020

协调人地关系是人地系统研究的中心目标，需要从空间结构、时间过程、组织演变、整体效应、协同互补等方面去认识全局或者区域的人地关系的优化与调控方式。地域综合体体现了地理学综合性和区域性的特点，是人地关系系统的概念模型，由人地关系地域系统地理状况、过程、功能、外界驱动力、优化与调控

5方面构成。随着 RS、GIS、计量模型和大数据方法的广泛应用,人地关系的内涵不断丰富,从传统的单要素宏观研究向中微观资源环境综合要素转变。例如,刘彦随(2020)在吴传钧"人地关系地域系统理论"的基础上进一步梳理了人地关系地域系统理论模式(HERRS),该模式包括人地关系认知、人地系统理论、人地系统协调三个循序渐进的有机组成部分。改革开放以来,沿海地区成为我国经济重心,长时间地向海洋进军促使人海关系地域系统成为人地地域系统的扩张和延伸。20世纪90年代中期以来,人地关系地域系统的理论应用与区域可持续发展战略研究有机结合,更加关注地球表层一定地域的人口、资源、环境与发展的系统协调模式和途径研究,以及人地关系地域系统的非线性特征、可持续性发展状态和能力评价分析。进入21世纪,全球环境变化及其区域响应、区域可持续发展和人地关系机理调控,成为人地系统研究的前沿领域。人地关系地域系统理论科学解析了自然和人文要素交织作用于地理环境整体的基本属性及其动态规律,进而指导了对人地关系复杂性、人地系统可持续性等理论问题的探讨和定量模拟研究。2012年,国际科学理事会(International Council for Science,ICSU)和国际社会科学理事会(International Social Science Council,ISSC)发起的"未来地球计划"(Future Earth),2015年联合国发布的"2030年全球可持续发展议程",大大促进了自然科学与社会科学的交叉融合,促使人地系统研究更加聚焦地球表层环境变化、可持续发展目标与人地系统耦合过程及其地域模式。以此为标志,现代人地关系及其服务支撑国家战略的专业理论研究和科技需求日益旺盛。面对日益复杂的地表系统,还有学者提出发展"地理协同论",促进地理学研究从"人-地关系"转向"人-地协同",实现世界的可持续发展。随着全球气候环境变化和人类科技水平的进步,人地系统的演化更加复杂、开放。为推动新时期人地系统健康发展,需要从创新驱动、供给侧结构性改革、人口均衡发展、市场化生态补偿等路径协调人地和谐共生。

福建和台湾不仅各为一个相对独立的地理单元,也是一个独立的地域综合体,不同地域功能区的人地地域系统作用机制差异明显。因此,研究闽台资源环境与区域发展耦合关系需要在人地关系地域系统理论的基础上,考虑自然环境生态保护的约束,也要满足区域发展的合理需求,协调资源环境与区域发展两大系统,实现二者耦合协调发展。

2.2.3 资源环境承载能力相关理论

2.2.3.1 资源有限——增长极限理论

1972年,由罗马俱乐部 Meadows 等所著的报告《增长的极限》(*The Limits to*

Growth），最早提出经济增长极限的概念，并指出，如果维持现有的人口增长率和资源消耗速度不变，那么由于世界粮食短缺，或者资源耗竭，或者污染严重，世界人口和工业生产能力将会发生突然和无法控制的崩溃，并提出人类在现行政策和趋势保持不变的情况下，社会发展将会达到"增长的极限"。这在世界上引起巨大的反响，越来越多的专家学者加入到关于发展与资源环境关系问题讨论的行列中，增长极限理论融入多学科研究视角，揭示无限制的人口增长和生产消费，最终导致生态系统服务功能耗竭，经济系统趋于停滞或崩溃的情景。由此，强调地球承载极限的客观存在，而发展的出路则在于保持生态和经济的稳定可持续，协调好人口-资源-环境-生态-经济-社会发展之间的关系。

《增长的极限》所提到的人口经济增长和资源环境开发利用的上限，被认为是识别资源环境承载状态的理论拐点（图2-6）。根据承载体（资源环境）与承载对象（某一地域承载的区域发展）的匹配关系，确定具有预警价值的分界点，从而划分不可逆、超载、临界超载3种类型，成为资源环境承载能力客观存在的理论基础。

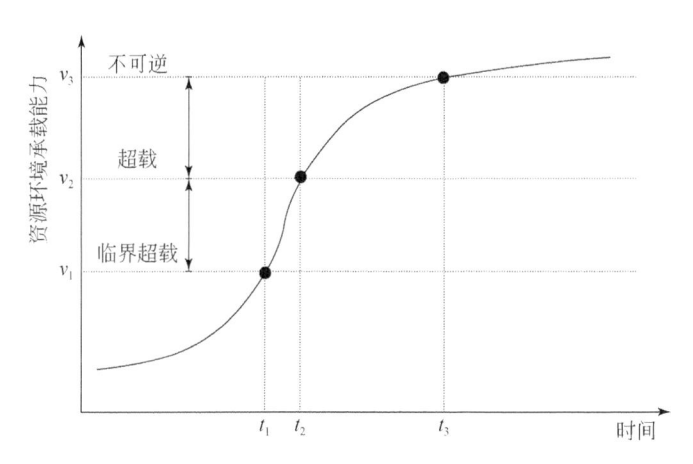

图 2-6 资源环境承载能力监测预警拐点
资料来源：樊杰等，2015

2.2.3.2 资源可持续——可持续发展理论

发展是人类一直以来追求的目标，对于自身未来发展的关心和诉求一直是永恒的话题，同时也是各个国家政策制定者和决策者关心的目标。要保证经济"没有极限地发展"，必须走可持续发展道路，这已成为全世界有识之士的共识和世界各国的战略选择。伴随着发展带来的地球危机以及对传统发展观的反思，如何以有限的资源谋求无限的发展逐渐成为影响区域发展的发展观。由此，可持续发展观点被提出。

1) 可持续发展内涵

可持续发展是一种全新的社会发展模式，它涵盖了人类生产生活的方方面面，有着丰富而深刻的思想内涵。其概念最早可以追溯到 1980 年的《世界自然保护大纲》。Brown 于 1981 年再次提到了这一概念，并认为可持续发展的关键在于控制人口增长、保护自然资源和开发可再生能源。联合国环境与发展委员会 1987 年的《我们共同的未来》将可持续发展定义为"在不损害后代满足其需求能力的前提下，满足当前需求的发展"。该定义包括两个基本概念：一是"需要"的概念；二是"限制"的概念，即由于技术状况和社会组织对生态满足现在和将来需要的能力施加限制，但这种限制不是绝对的。人们对技术和社会组织进行的管理和改善，已经开辟了经济发展新时代的道路。

1992 年，联合国召开联合国环境与发展大会，与会国家及国际组织以"可持续发展"为指导思想，从资源管理、生态保护、科学技术、国际合作、动员群众参与等方面进行了广泛讨论，第一次把"可持续发展"从理论推向行动，强调社会、经济、资源与生态的协调发展，追求人与自然之间的和谐，核心思想是经济发展应建立在生态持续、社会公正和人民福利不断提高的基础上。

2) 包含可持续发展理念的相关理论

1987 年，巴比尔（Barbier）等人发表了一系列的经济、生态可持续发展的文章，引起了国际社会的关注。同年，Brundtland（1987）在联合国环境与发展大会上正式提出可持续发展的理念。研究重点是在这个时候经济发展如何适应人类社会，满足生态的承载力，促进人口、生态和资源与经济增长协调发展。1992 年的联合国环境与发展大会上，《21 世纪议程》获得一致通过，标志着可持续发展步入实践。自此，可持续发展理念一直处于不断探索之中，形成了一系列的基本理论。可持续发展的目标是建立和创造一个可持续发展的社会、经济和生态，核心是科技和教育的可持续发展。

全球可持续发展理论的建立与完善，主要通过四个维度阐明其本质特征，力图把当代与后代、区域与全球、空间与时间、环境与发展、效率与公平等有机地统一起来。经济学方向，一直把"科技进步贡献率抵消或克服投资边际效益递减率"作为衡量可持续发展的重要指标和基本手段；社会学方向，一直把"经济效率与社会公平取得合理的平衡"作为可持续发展的重要判据和基本诉求；生态学方向，一直把"环境承载力与经济发展之间取得合理的平衡"作为可持续发展的重要指标和基本原则；系统学方向，将可持续发展作为自然-经济-社会复杂巨系统的运行轨迹，以综合协同的观点，探索可持续发展的本源和演化规律，将其"发展度、协调度、持续度在系统内的逻辑自洽"作为可持续发展理论的重心，有序地演绎了可持续发展的时空耦合规则并揭示出各要素之间互相制约、互相作用的关系，建立了"人与自然"关系、"人与人"关系的统一解释基础。

从思想进化上看，可持续发展包括三个方面，即人与自然共同进化的思想、世代伦理思想和效率与公平的意识形态目标，抛弃过去"零增长"（过分注重环保），以及过分强调经济增长的激进思想，主张"既要生存，又要发展"。这一思想内涵对指导闽台资源环境与区域发展耦合协调具有重要意义：闽台在保护资源环境的同时注重区域的持续发展，对提出台海两岸区域发展战略也具有重要指导意义。

3) 可持续发展中国实践

中国作为全球最大的发展中国家，致力于积极推动可持续发展。在1992年联合国环境与发展大会召开后不久，中国即着手制定国家级21世纪议程，在国家科委和国家计委组织下，由52个部门以及300余名专家参加的研究编制队伍，在联合国开发计划署（The United Nations Development Programme, UNDP）的积极支持下，经过近两年的努力，国务院于1994年3月审议通过《中国21世纪议程——中国21世纪人口、环境与发展白皮书》（简称《中国21世纪议程》），确立了中国可持续发展的总体战略框架和各领域主要目标。自此以后中国逐步探索具有中国特色的可持续发展道路，取得了举世瞩目的成就，对全球可持续发展做出了重要贡献（表2-4）。

表2-4 中国可持续发展具体实践

年份	内容	提出的文件或会议
1994	确立了中国可持续发展的总体战略框架和各领域主要目标	《中国21世纪议程》
1995	提出"必须把社会全面发展放在重要战略地位，实现经济与社会相互协调和可持续发展"	《中共中央关于制定国民经济和社会发展"九五"计划和2010年远景目标的建议》
1996	明确提出了中国在经济和社会发展中实施可持续发展战略的重大决策	《中华人民共和国国民经济和社会发展"九五"计划和2010年远景目标纲要》
2003	"坚持以人为本，树立全面、协调、可持续的发展观，促进经济社会和人的全面发展"	中国共产党第十六届中央委员会第三次全体会议
2003	明确了21世纪初我国实施可持续发展战略的目标、基本原则、重点领域及保障措施	《中国21世纪初可持续发展行动纲要》
2016	"五位一体"总体布局和"创新、协调、绿色、开放、共享"新发展理念，进一步深化可持续发展战略实施，加强生态文明建设，就推动形成人与自然和谐发展现代化建设新格局进行了系统部署	中国共产党第十八次全国代表大会

续表

年份	内容	提出的文件或会议
2016	建设 10 个左右国家可持续发展议程创新示范区，打造一批可复制的可持续发展现实样板	《二十国集团落实 2030 年可持续发展议程行动计划》《中国落实 2030 年可持续发展议程国别方案》《中国落实 2030 年可持续发展议程创新示范区建设方案》
2021	将碳达峰、碳中和目标纳入社会主义现代化强国建设总体战略和目标，促进经济社会可持续的高质量发展	《2020 中国可持续发展报告：探索迈向碳中和之路》

综上可知，人类对发展的理解从增长有限转为以有限资源实现可持续发展。基于系统论与人地关系理论的可持续发展理论指的是"人"系统与"地"系统的可持续发展。根据对可持续发展内涵的梳理及中国可持续发展的实践与目标，确定闽台资源环境系统与区域发展系统的耦合协调是以闽台资源环境系统与区域发展系统可持续发展为最终目标的耦合协调。

2.2.4 地域功能理论

2.2.4.1 现代地域功能理论起源

地域功能是指一定地域在背景区域内、在自然生态系统可持续发展和人类生产生活活动中所履行的职能和发挥的作用，具有主观认知、多样构成、相互作用、空间变异和时间演变五个基本属性。

现代地域功能理论是人地关系地域系统理论的深入与发展。其学术思想萌芽于 19 世纪西方近代地理学的区域研究和区划实践。从法国的区域研究到德国的景观学派和英国的区划工作，都包含着地球表层不同区域应当承担不同功能、人类社会应按照用途（功能）进行国土空间管理的思想。但是在这个发展阶段，受客观条件和基本资料的限制，区域研究和区划方案大多是专家集成的定性工作，数据和科学方法支撑相对较弱。

现代地域功能理论学术思想在 20 世纪的地理学研究和区域开发实践中得到了传承和发展。自然地理地域分异理论、人地关系地域系统理论、区位论和空间结构理论、可持续发展理论的提出加深了对陆地表层功能分异规律的认识，为现代地域功能理论的产生奠定了坚实的基础。美国的土地利用规划、苏联的农业区划和经济区划、德国的空间规划以及我国在 20 世纪 20 年代开始的部门区划，都有力地推动了区划技术和方法的提升。但是这个阶段的研究存在两个缺陷：一是对区划理论与方法缺乏深入的探讨，没有建立起严密的空间分异理论和方法；二是以单要素为主的部门自然区划居多，综合功能区划研究相对不足。

2.2.4.2 现代地域功能理论

中国地理学者经过深入的学术思考，正式提出了现代地域功能理论。同国外发达国家的空间治理能力相比，我国的地域功能区划和建设仍然处于起步阶段，可将其具体划分为三个阶段。

第一个阶段是 2003~2006 年，即现代地域功能理论的初步形成阶段。该阶段围绕国土开发保护的重大战略需求，在传承地域分异理论、人地关系理论和空间结构理论的基础上，集成经济、社会、生态多学科的研究成果，突出"因地制宜"和"有序空间"的核心思想，创造性地提出了按照功能区构建中国国土开发和区域发展格局的建议。第二个阶段是 2007~2012 年，即现代地域功能理论的正式形成阶段。该阶段主体功能区建设的国家重大战略需求有力推动了地域功能理论的形成和发展。在理论层面，地域功能、区域发展空间均衡模型等核心概念被提出，标志着现代地域功能理论的正式形成；在方法论上，地域功能识别与区划的方法论也得到了快速发展，有力地支撑了主体功能区建设的实践。同时，主体功能区建设实践迫切地要求加强对陆地表层功能分异规律，这在客观上有力推动了作为其科学基础的现代地域功能理论的发展。第三个阶段是 2013 年之后，这是现代地域功能理论学术框架逐步完善的阶段。该阶段对现代地域功能理论学术体系进行构思，并提出了以地域功能生成机理、空间结构、区域均衡等理论研究，以及地域功能识别、现代区域治理体系构建等应用研究为主体的研究框架，实现了从核心概念构建到系统学术思想探索的转变。主体功能区建设也已经成为党中央、国务院优化国土空间开发格局、推进可持续发展战略的重大部署。

本书以现代地域功能理论及其衍生的主体功能区理论为研究基础，提出闽台地区资源环境根据地域分异特征可划分为生态保护、城镇建设和农业生产三大功能指向。各功能指向区域分别对应特定的资源环境承载能力体系，即生态保护功能指向资源环境承载能力（Ecology Resource Environment Carrying Capability，ERECC）、城镇建设功能指向资源环境承载能力（Urban Resource Environment Carrying Capability，URECC）与农业生产功能指向资源环境承载能力（Agriculture Resource Environment Carrying Capability，ARECC）。在进行定量评价与对比分析时，应当遵循同功能指向原则，对闽台地区资源环境承载能力进行横向比较研究。

2.2.5 福祉理论

2.2.5.1 福利经济学

福利经济学发轫于对福祉问题的经济学阐释，其理论建构以效用测度与需求满足为核心分析维度，通过系统研究社会福利的资源配置与分配机制，最终形成以量化分析为特征的独立学科分支。由于早期的经济学主要研究产品的生产、分配、交换和消费，以及如何通过扩大社会财富总量来提高社会福祉，因此无法解释随着社会财富不断扩大，社会分配不公、生态环境恶化、劳动异化等问题出现，使人们的主观幸福和总体社会福祉并没有得到显著提高等社会现象。福利经济学正是在这样的背景下产生和逐渐发展起来的，其所作出的社会选择行为的假设，即所有社会成员都能够对全部公共选项作出理性的排序，奠定了福利经济学的基础。1920年，英国经济学家庇古发表的《福利经济学》（*Welfare Economics*）标志着福利经济学基本理论体系的初步形成，他不但确立了外部性理论，而且指出国民收入总量和个人收入分配是影响社会福利的两个主要因素，并认为社会福利的提高一方面要提高国民收入总量，另一方面要实现收入均等化（Pigou，1920）。

福利经济学的哲学基础是功利主义人生哲学观，即人的活动的价值目标是为了获得个人的效用和快乐，而社会的发展目标则是促进最大多数社会成员的最大幸福。在福利经济学中，福利与效用是互相通用的两个概念，这也正是福利经济学的根基所在，若效用不可测量，那么福利经济学也就不复存在。

由于福利经济学所关注的是随着社会财富不断扩大，社会分配不公、生态环境恶化、劳动异化等问题出现，使人们的主观幸福和总体社会福祉并没有得到显著提高的现象，因此其应用领域主要集中在评价不同经济体制和不同经济政策的合理性两方面。因此，这一理论对评价具有不同经济体制和不同经济政策的福建与台湾基于福祉的区域发展水平具有参考意义。

2.2.5.2 福祉地理学

20世纪50年代，随着社会经济矛盾冲突和经济地理空间格局不平衡问题的日益加剧，社会发展的传统模式开始逐渐受到各方面的广泛质疑。20世纪70年代初，经济地理学研究开始逐渐关注区位对贫困、犯罪、种族歧视、社会服务等一系列社会问题的影响，同时将福利经济学研究的社会公平与分配平等等问题融入地域空间系统分析当中，力求通过辅助相关决策的制定来达到地域空间范围内的社会福祉的最大化。由此福祉地理学这一人文地理学分支逐渐产生并发展，它是经济地理学社会化和福利经济学人性化的必然结果。

福祉地理学的理论基础是福利经济学中的外部性理论以及政治哲学中的功利主义理论。外部性理论是指人们从事一种影响他人福祉状况的事所产生的外部效应，如果这种效应是不利的，称为负外部性，反之，称为正外部性。又由于外部效应会导致福祉分配的不公平，因此需要进行改变与激励，福祉地理学研究的就是如何在地域空间系统内消除负外部性以达到社会福祉状况的最佳。

现阶段，福祉地理学的研究内容主要集中在两方面：①所有经济地理活动都会产生外部性，会对社会福祉产生影响，而如何消除负外部性，即如何通过地理选址、区域规划、产业布局等经济地理活动来达到地域空间系统内的福祉状况最佳就成为当前福祉地理学研究的主要内容；②人与人之间的伦理关系、幸福意义及其空间含义。关注的福祉和生活质量并不局限于单个个体，而是集合地区或区域的福祉及生活质量等相关问题。

在福祉地理学研究中，福祉地理学主要用环境分析方法研究空气和水的质量、污染程度以及风险程度等，主要是从人类基本需求满足的视角出发来研究福祉与生态环境之间的关联，是一种人文地理学"人地关系"传统研究方法。在现实生活中，福祉与生态系统之间既相互影响，又相互作用。所以在一定程度上可以说，实现个人福祉的一个条件是在动态变化的生境中适应个人认为有价值的活动和具有个人认为有价值的生存的能力，即资源环境越好，个人福祉越好。基于这一联系，福祉、区域发展与资源环境得以关联起来，成为基于闽台福祉的区域发展与闽台资源环境耦合协调研究的基点。

2.3 国内外研究进展

2.3.1 资源环境承载能力研究

2.3.1.1 资源环境承载能力研究起源

虽然人类自古以来就对"承载力"展开各种思考，但是真正意义上的资源环境承载能力研究通常被认为起源于马尔萨斯人口论。18 世纪，马尔萨斯看到了环境对人类物质需求的限制，指出"资源有限并影响着人口的增长"，提出"马尔萨斯人口论"，奠定了之后"人口增长–资源环境–区域发展"的研究框架，其被认为是现代资源环境承载能力研究的基础。Pierre François Verhulst（皮埃尔·

弗朗索瓦·韦吕勒）在马尔萨斯人口论的基础上提出逻辑斯蒂方程（Logistic Equation），其被认为是当今承载力定量研究的起源。1948年，威廉·福格特（William Vogt）的《生存之路》（Road to Survival）首次提出区域承载力的概念，以土地所能供养的人口数量来表征一个区域的承载力，标志着资源环境承载能力研究的开端。1953年Odum将承载力与逻辑斯蒂方程相联系，将承载力概念定义为"种群数量增长的上限"，对资源环境承载能力进行精确的定量化研究。至此，承载力完成了一个从科学概念到数学化表达至科学机理的构建，为之后学者的进一步研究打下基础。

1972年，《增长的极限》不仅考虑粮食对人类社会的制约，而且综合考虑了人口、自然资源、农业生产、工业生产、环境污染等多种因素，较为明确地提出资源环境承载能力的概念。至此，承载力从应用生态学领域的计算物种数量的极限发展至人类生态学领域的讨论人口容量问题，被广泛应用于不同的科学领域及进行具体应用，如用以解决全球可载人数、区域规划、环境影响评价、海岸线划定、旅游发展等问题。

20世纪80年代中后期开始，资源环境承载能力研究在经历过两次上升之后，进入深化发展阶段，承载力概念进一步延伸。国际上，学者们广泛将文化承载力或社会承载力（如科技进步、生活方式、社会制度等因素）纳入承载力范畴，生态足迹方法的提出从方法上实现了文化或社会因素的纳入。

而在中国，受到改革开放带来的高速发展和高速消耗这一双刃剑的影响，从土地资源承载力开始，学者们也展开对资源环境承载能力的系统探讨。

2.3.1.2　中国资源环境承载能力研究脉络

中国在改革开放以来取得了经济高速增长和大规模工业化、城市化等一系列辉煌成就，但经济社会发展与资源、生态、环境之间的矛盾日益加重，中国主要资源要素人均不足，同时日益增长的资源消费需求及粗放的利用方式又进一步加重了各类资源面临的压力。在这种人口急剧增长和资源需求迅速扩张的双重压力下，从土地承载力评价开始，许多学者和决策者开启了对资源环境承载能力的研究。

运用文献计量统计工具，以"资源""承载力""评价"为关键词，考虑文献权威性，对中国知网期刊库内SCI、EI、CSSCI（含扩展版）及《地理资源领域高质量科技期刊分级目录（2020）》所收录的期刊文献进行搜索追踪，获得1411篇文献（不包含学术会议信息、学科资讯、学术争鸣、书评、通知等）作为计量分析的数据来源，结果表明：1986~2020年载文量呈现显著的阶段性波动特征，1986~1999年为平稳波动阶段，2000~2007年为快速上升阶段，

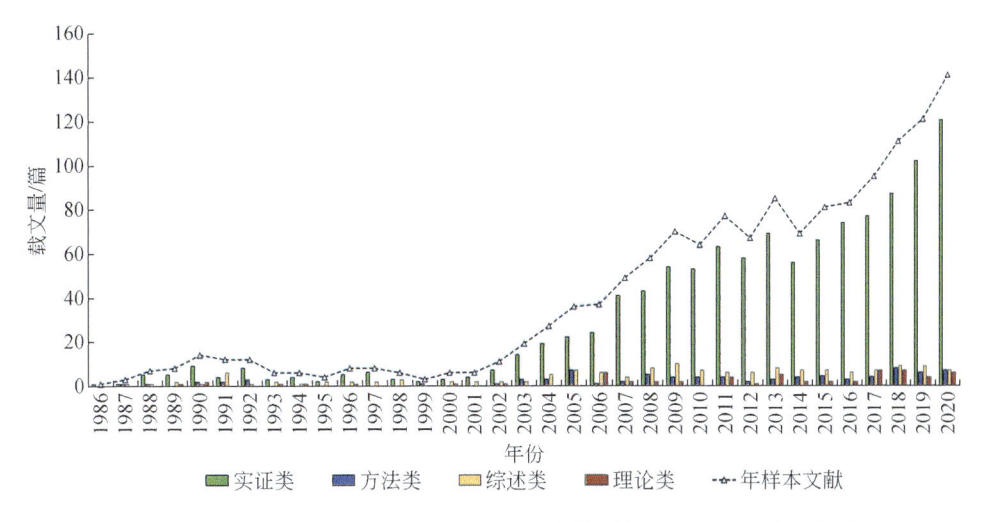

2008~2020年为波动上升阶段（图2-7）。

图2-7 1986~2020年SCI、EI、CSSCI（含扩展版）及《地理资源领域高质量科技期刊分级目录（2020）》所收录期刊内相关文献载文量

借助CiteSpace软件遴选核心期刊，运用Orign等软件进行可视化表现（图2-8），可将期刊按主题划分为资源类、地理科学类、规划类、经管类、人口类、综合类期刊（以高校学报/科研院刊为主）六类。其中，资源类期刊（《自然资源学报》《资源科学》《中国人口·资源与环境》《中国土地科学》《长江流域资源与环境》《干旱区资源与环境》等）与地理科学类期刊（《地理科学》《地理学报》《地理研究》《经济地理》《人文地理》等）在1986~2020年载文量占总载文量的69.31%，为中国资源环境承载能力研究学术争鸣主要场地；规划类期刊（《城市规划学刊》《城市规划》《地域研究与开发》《城市发展研究》等）、经管类期刊（《统计与决策》《华东经济管理》《科技管理研究》等）、人口类期刊（《人口研究》《人口学刊》等）分别占5.67%、2.13%、1.06%，从国土空间优化、资源环境与区域经济发展相互关系、资源环境限制下的区域人口容量等方面展开系统研究；综合类期刊（如《中国科学院院刊》等）占2.98%；其他期刊占18.85%。

综合学者学术贡献、学术产量及研究经历，将1986~2020年承载力研究核心学者划分为三个梯队（图2-9）。第一梯队包括齐文虎、陈百明、封志明、毛汉英等初代学者，他们于20世纪90年代前后基于中国所处的发展阶段及自身学科体系背景，产出经典学术成果，于中国资源环境承载能力研究学术体系和学者体系中发挥奠基作用；第二梯队承袭初代学者衣钵，由封志明、毛汉英等初代学

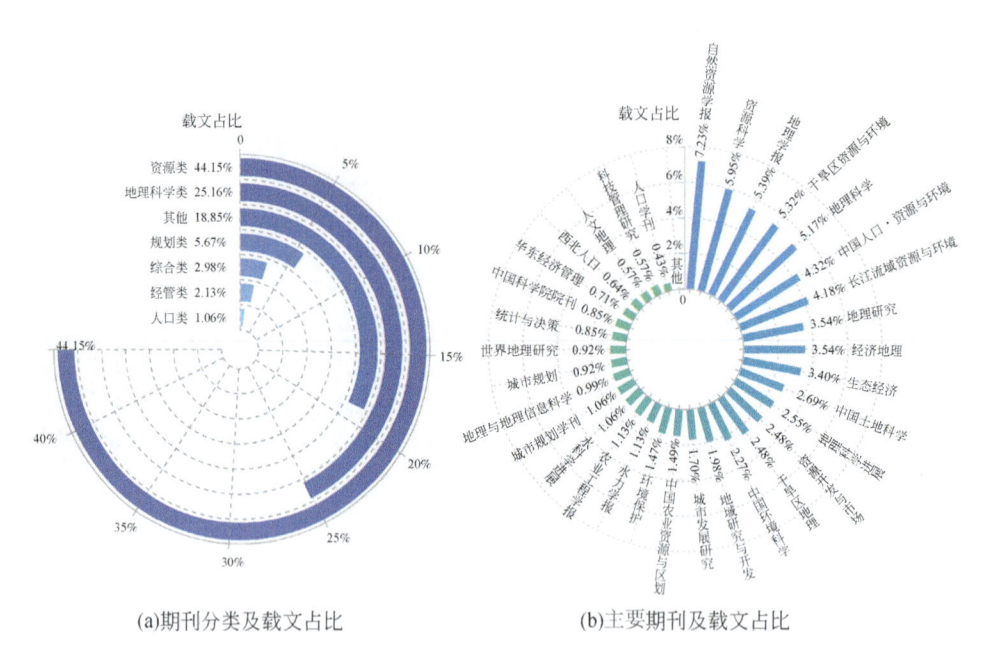

(a) 期刊分类及载文占比　　　　　(b) 主要期刊及载文占比

图 2-8　中国资源环境承载能力研究核心期刊计量统计

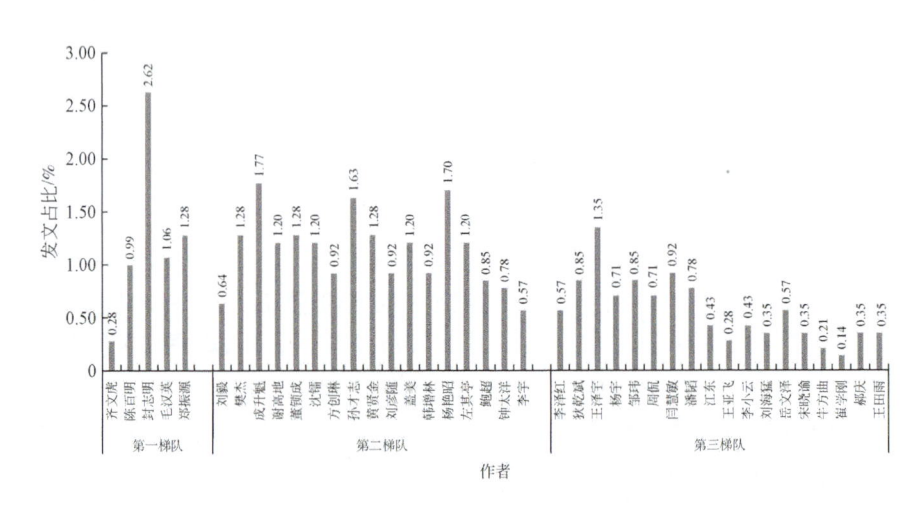

图 2-9　中国资源环境承载能力研究核心学者及发文占比情况

者引领,从地理学、资源科学等学科的研究侧重点及范式入手,从 2000 年前后起持续活跃至今,运用指标体系法、综合评价法、足迹类方法、自然资源核算等技术方法开展土地资源、水资源等单要素承载力评价,资源开发利用效率及资源管理等专门性研究,以及资源环境与区域经济发展研究、水资源及生态环境与城镇化耦合研究、资源环境与国土空间优化研究、人地关系等综合性研究；第三梯队为近十年崛起的新生力量，这些青年学者站在前人的肩膀上，从理论总结、实证运用、方法创新等方方面面扩展承载力研究的广度。学者们历经近40年的深稽博考，从"理论基础—技术手段—应用研究"全面搭建起中国资源环境承载能力研究广厦（图2-10、图2-11）[①]。

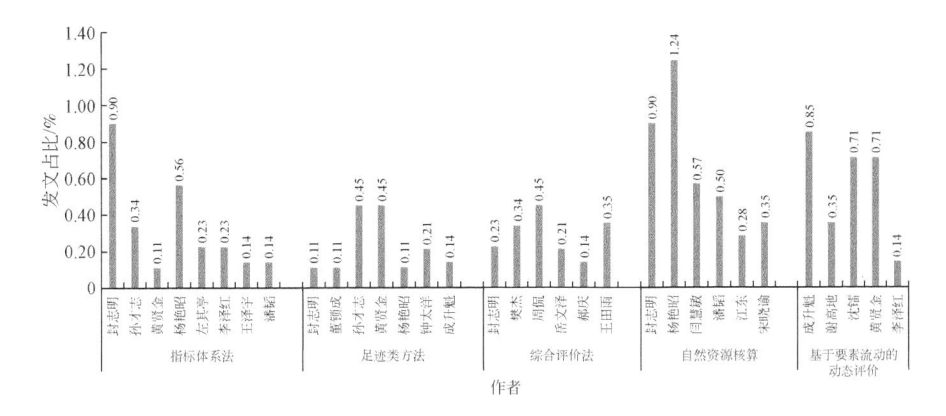

图2-10 核心学者（按评价方法分类）及其载文占比情况

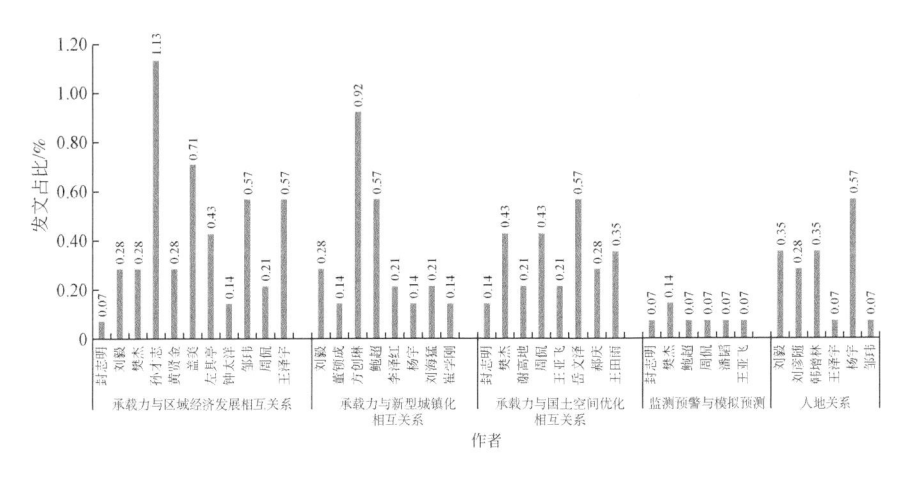

图2-11 核心学者（按应用研究分类）及其载文占比情况

以上述核心期刊及核心作者的文献为支撑，刻画1986～2020年资源环境承

---

① 图2-9～图2-11限于篇幅无法穷尽所有学者，横坐标仅人工筛选载文量靠前的学者，从左至右以学者在上述期刊范围内首次公开发表相关文献的时间先后为序进行排列。

载能力评价研究的演化脉络。

1）单要素评价阶段（1986~1999年）：以评价单个自然资源要素为主并回答人口容量问题

改革开放以来，中国的快速城镇化与工业化激发了经济社会发展与资源、生态、环境之间的矛盾。在此背景下，中国学者和决策者以土、水等单要素评价为开端，开启中国资源环境承载能力的系统研究，并从国家、省域、市县等各尺度回答"多少土地/耕地/粮食供养多少人口"的问题，涌现许多具有理论奠基意义的成果。随后，水资源承载力概念及其相关研究从水资源矛盾严峻的西部地区开始，回答"多少水资源供养多少人口"的问题。继而，环境承载力、交通环境承载力等基于多要素的综合的资源环境承载能力评价相继展开（表2-5）。

表2-5 1986~2020年资源环境承载能力研究演化阶段特点及研究应用代表文献

阶段	评价特点		对指导区域发展所发挥的作用及代表性文献
单要素评价阶段（1986~1999年）	以评价土、水等单个自然资源要素为主，基于多要素的综合资源环境承载能力评价研究相继展开		回答多少土地、水等资源供养多少人口的问题，对指导区域发展作用有限
多要素评价阶段（2000~2007年）	以土、水等单个自然要素为基础，基于多要素的综合资源环境承载能力评价在理论与实践层面上快速发展		评价成果用于资源评估与配置、资源开发潜力、资源安全、论证南水北调可行性、资源移民策略、红树林保护等，能够从多个角度回答区域发展的实际问题
动态集成评价阶段（2008~2020年）	动态	物质流：以物质流分析思想为主	更加系统地回答区域发展的多方面问题，充分发挥承载力在国土空间规划、空间治理、区域发展等方面的支撑作用： a) 区域产业发展，区域产业结构调整、产业空间合理布局、产业发展对区域资源环境的胁迫等； b) 区域经济发展，区域资源的经济效益、区域经济发展与资源环境相互关系等； c) 区域新型城镇化发展，新型城镇化发展与水、土地、资源环境、生态环境等约束下的新型城镇化响应机制； d) 国土空间优化，城市扩张规律、划定城市开发边界、区域功能分区、指导区域空间规划、国土空间优化等
		能量流：以能值理论为主	
		多学科交叉视角：要素流动、资源配置等	
	集成	多要素集成：自然资源要素与社会资源要素集成	
		多系统集成：单系统与多系统集成以及多系统与多系统集成	

总体而言，该阶段中国学者基于中国所处的发展阶段及自身学科体系背景，从土、水等自然要素总量和人均使用量等自然资源标准出发，以使工农业生产与资源环境协调为研究目的，以计算一定区域内的自然资源所能承载的人口数量为

手段，开展全国范围的资源环境承载能力评价，为中国资源环境承载能力评价理论与实践奠基（图2-12）。但是，该阶段多将承载力简单等同于资源与环境条件对人口的极限容纳量，这种过度追求该区域所能承载的人口数量的"静态机械"的评价思维，对指导当时区域发展能够发挥一定作用，但作用有限。

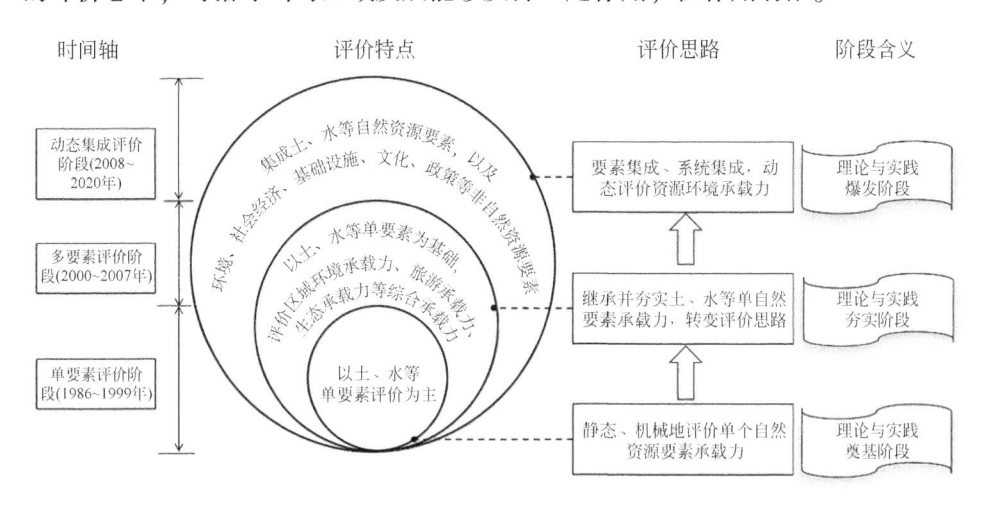

图 2-12　资源环境承载能力评价阶段演化关系

2）多要素评价阶段（2000～2007年）：评价多要素集成的综合性承载力并进行应用初探

2000年以后，经济全球化、信息全球化带来了资源环境研究的理论与实践的巨大发展，尤其体现在评价思维的转变，同时资源环境与经济系统、社会系统、城镇系统、生态系统等各个系统间的矛盾进一步加剧。在该背景下，中国学者一方面继承并夯实上一阶段土、水等单自然资源要素的研究基础，另一方面逐渐转变原本"静态机械"评价思维指导下的承载力研究的不足。具体而言，继续回答"多少资源供养多少人口"的问题，评价要素从土、水等单自然资源要素扩展至社会资源要素与文化资源要素，环境承载力、城市承载力、旅游承载力等综合性承载力研究成果大量涌现；评价方法趋于多样，从生态、经济、社会、技术等维度上构建多维度、多指标的承载力评价体系，评价成果从多个角度回答区域发展的实际问题（表2-5）。

总体而言，该阶段起到承上启下的作用，学者基于土、水等单个自然资源要素评价，集成多要素测算区域水环境、土地环境、城市、旅游经济等区域的综合性承载力，应用更具实用性，理论趋于成熟，为中国资源环境承载能力评价理论与实践的夯实阶段。但是，面对众多评价指标，指标互相矛盾、指标选取代表性不足等问题也逐渐出现；虽然学者有意识地采用动态评价思维，但在实际应用中这种评价思维的融入依然有待加强。

3）动态集成评价阶段（2008~2020年）：动态、集成评价资源环境承载能力并系统回答区域发展的多方面问题

2008年后，以汶川地震灾后修复为契机，资源环境承载能力评价在区域空间规划、土地利用、空间管制等领域的基础性地位更加明确。该阶段，资源环境承载能力评价显示出动态与集成的特征。

动态性主要体现在学者进一步转变以往"静态机械"的评价思维，采用物质流分析思想（物质流）及能值理论（能量流）等进行动态评价，使得评价成果更具实用性。基于物质流分析思想的承载力研究划分为两大思路：其一为环境系统与社会经济系统之间的物质流分析框架，该框架主要分析人类的物质消耗对环境造成的影响，如构建原料等单个环境物质流分析框架，或构建基于多个环境物质流的综合物质流分析框架；其二为社会经济系统内部的物质流分析框架，主要用于研究人为活动影响下的物质流变化规律，从多尺度提出更加客观精准的研究成果。基于能量流分析思想的承载力研究以能值理论为主，采用"投入-产出"思路，分可更新资源与不可更新资源做出评价。此外，有学者将物质流与能量流集成研究，但较多应用于微观视角；也有学者将行政配置与市场配置视角、多学科交叉视角等应用于资源环境承载能力动态评价。

集成性主要体现在评价过程与机理分析两个方面。在评价过程中，充分考虑环境、社会经济、基础设施、文化、政策等评价要素，评价指标得到极大丰富。例如，孙久文和易淑昶（2020）选用重点文物保护单位数量及每万人文娱产业从业人数来衡量大运河文化带城市文化承载力；闫树熙等（2020）考虑土地的耕种属性与建设属性。在机理分析过程中，系统思考资源环境承载能力与经济系统、社会系统、文化系统等多系统耦合机理，进行系统与系统之间一对一、一对多的集成耦合研究。

总体而言，该阶段资源环境承载能力评价研究在评价方法、评价体系等多个方面日渐完善，实证案例日渐丰富，为中国资源环境承载能力评价理论与实践的爆发阶段。相较于以往"静态""单一"的评价研究，当前阶段评价的动态性与集成性使得评价结果更具现实意义，进而充分发挥承载力在指导区域发展过程中的基础性作用（表2-5）。

2.3.1.3 中国资源环境承载能力评价研究

资源环境承载能力评价研究以地理学与资源科学为主要学科基础，其研究范式既包含资源科学学科对资源的评价、利用与管理，也包含地理学学科对格局过程的描述及对人地系统的模拟，应用领域既涵盖资源科学对"资源系统"的研

| 第 2 章 | 相关概念、理论与研究进展

究，也涵盖地理学对空间差异、系统耦合等核心问题的揭示。因此，在综合以上学科研究范式与研究侧重点后，提炼出"科学评价—机理揭示—实际应用"的归纳逻辑，对中国资源环境承载能力评价研究热点进行梳理。

具体手段为，以上文总结的核心期刊载文文献及核心作者研究成果为数据样本，运用 CiteSpace、Data-Driven Documents（D3.js）等软件进行计量分析与可视化调试，获得中国资源环境承载能力评价主要研究成果关键词树状图（图 2-13），运用文献分析法总结评价思维、评价方法、影响因素、机理规律、研究应用。

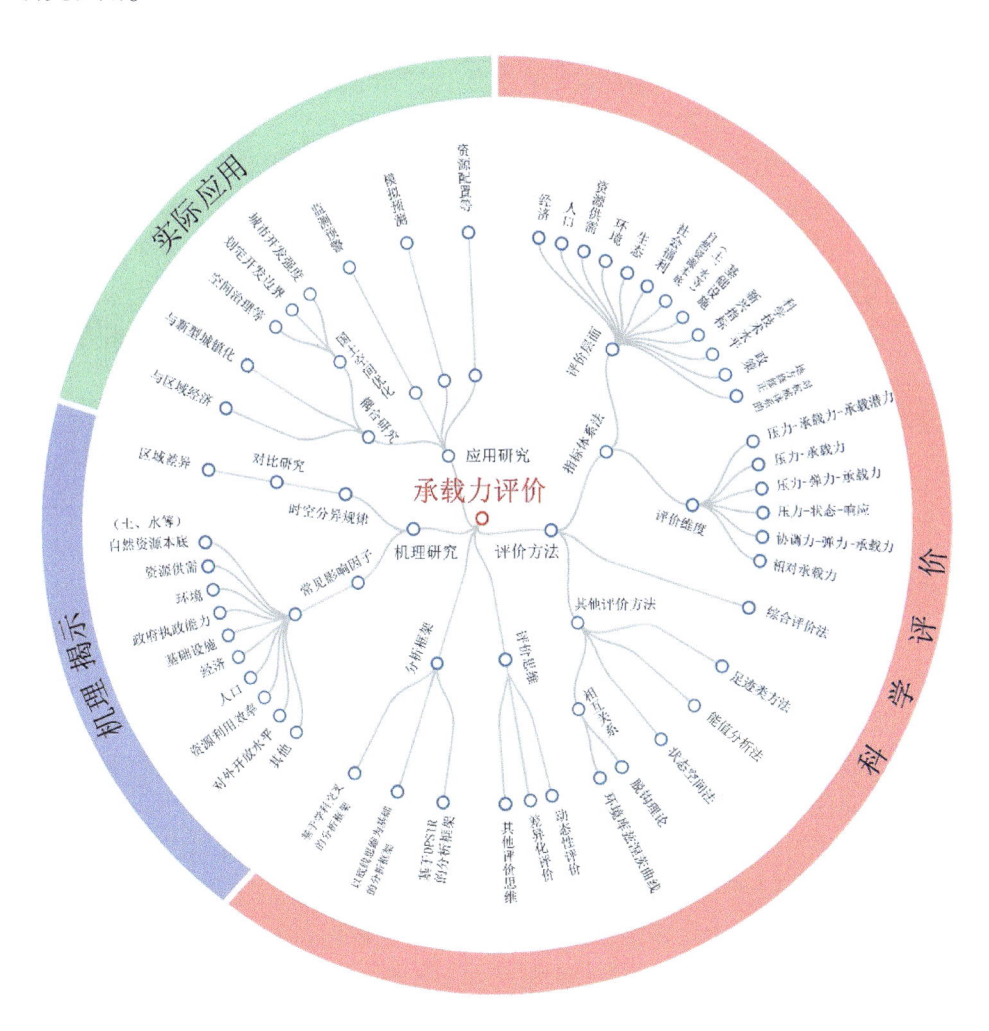

图 2-13 中国资源环境承载能力评价主要研究成果关键词树状图

对资源环境承载能力的科学评价是一切承载力研究的基础性工作，也是决定后续研究工作及研究结果是否准确客观的重要初端。进行承载力评价，首先应当依据评价要素明确评价的思维方式，进而选取适宜的评价方法。

1）评价思维：动态性与差异化评价

目前，对资源环境承载能力评价的思维由静态评价逐渐过渡为动态评价，并兼顾差异化评价。动态评价主要借由广义的"物质流动"和"能量流动"来实现。物质流分析思想（物质流）及能值理论（能量流）自引入中国以来，已经从多尺度、多评价要素、多系统集成进行检验，理论方法与实践案例均趋于成熟。在此基础上，部分学者扩展"物质流动"和"能量流动"的外延，结合自身学科背景及研究区域现状从不同角度提出广义的基于"要素（物质或能量）流动"的动态评价思维框架：如通过关注资源输入区和资源输出区的资源环境承载能力的变化以实现动态评价，追踪要素在资源系统、经济系统和环境系统三者之间的流动轨迹以实现动态评价；也有学者通过考虑人为的扰动使得资源总量出现增减这一过程以实现动态评价，如余灏哲等（2020）认为水资源承载力不仅需要考虑水资源总量承载力，还应当注意水资源污染、水域空间被占用、水资源过度开发等引发的水资源总量的减少，以此考虑人为扰动使得资源总量出现的减少。张茂鑫等（2020）从资源节约集约利用视角，在以往"总量-耗占量"评价研究框架上，增加"节约集约利用量"，考虑人为扰动使得资源利用效率提高。

差异化评价思维遵循"分类—评价"的步骤。当前常见的基于差异化评价思维的评价框架有两种：①对研究区进行"分类-评价"，较为常见的有将研究区按照不同功能指向进行分类。例如，《资源环境承载能力和国土空间开发适宜性评价指南（试行）》（以下简称《"双评价"技术指南》）依据生态保护、农业生产、城镇建设功能指向的差异化需求，选择土、水、环境、生态、灾害等自然要素构建特异性评价指标体系，逐项开展资源环境要素单项评价；《国土资源环境承载能力评价技术要求（试行）》结合区域经济社会发展情况、生态文明建设要求、主体功能区定位，将评价区域划分为城市地区、资源地区、生态地区和农业地区等不同类型区域，并在此基础上开展基础评价；此外有学者将研究区域按照产业重要性进行分级分类后，设定不同产业结构的调整情景，并根据不同情景分别计算资源环境承载能力；也有学者将研究区域按尺度分类后进行评价与集成。②将普适性评价方法或评价体系进行分类，选取适宜研究区域的特异性评价方法或评价体系（即进行地方性修正）后，再进行评价。这种评价框架通常与指标体系法结合，从评价指标的特异性与指标权重的特异性两个方面体现差异性。

相较于"无差异评价"，差异化评价思维能够更为精准地关注研究区承载力的主要矛盾，使得评价结果更贴近实际，但也存在评价方法不适宜异地推广、区域内外评价结论不衔接等弊端，面临"特性有余而普适性不足"的风险。面对差异化评价的弊端，有学者从全球视角，自上而下地下达全人类共同的可持续发展目标，由这种评价思维形成了 Planetary Boundaries（行星边界或称地球界限）框架。由于该框架从全球视角划定承载阈值，因此能够有效解决区域之间承载阈值不一致、评价结果的应用衔接不足等问题。但该框架的实现需要不同政体通力合作，有可能因国家发展方式不同而引发政治纠纷，目前来看较为理论化。

总体而言，学者们持续关注资源环境承载能力评价过程出现的问题，并不断地通过更新评价思维来加以提升，为科学与客观地评价资源环境承载能力做出显著贡献。

2) 评价方法：以指标体系法为主

常用的承载力评价方法为指标体系法、综合评价法、足迹类方法（以生态足迹、碳足迹和水足迹等为代表）、状态空间法，以及计量经济学、统计学等其他学科经典理论方法。其中，指标体系法为最常用的评价方法。该方法从经济、人口、生态、环境、自然资源本底条件（土、水、地质灾害等）等层面展开，在权威体系的基础上，选取评价指标，构建评价体系（表 2-6）。也有学者引入国际评价体系，进行地方性修正。

表 2-6 指标体系法常见评价指标

评价层面	常见评价指标	所占比例/%
经济	人均 GDP、GRP、全社会固定资产投资额、恩格尔系数等经济学统计指标，海洋渔业总产值、港口货物吞吐量等海洋经济指标，旅游产业收入、游客数量等旅游经济指标等	29.78
人口	表征城镇化率的人口指标等	9.50
资源供需	区外调入水量等	5.51
环境	生活垃圾清运量、工业废水废烟等排放量、（在流量逆转次数等影响下的）生态环境指标等	16.91
生态	水土保持量、植物多样性、生态系统服务价值等	7.72
社会福利	每百人公共图书馆图书藏量、医护人员数量等	2.94
自然资源（土、水等）本底	土壤肥力、生产性土地面积（耕地、农地等）、地下水总量、建设用地面积、地质灾害发生率、地质条件（高程、坡地等）、海岸带长度等	23.53
基础设施	公共汽车数量、公路里程、宾馆数量等	1.84
新兴指标	膳食营养需求、文娱产业从业人数等	1.10
其他	研发经费投入比、环境污染治理投资占 GDP 比例等	1.17

综合评价法是指综合运用多种计量方法对区域资源环境承载能力进行全面评价，是进行承载力评价的常用方法。其中，《"双评价"技术指南》中对承载力评价的一系列方法被较多学者借鉴与使用，这一系列方法能够科学全面地摸清并分析国土空间本底条件，为主体功能区降尺度传导、国土空间结构优化、国土开发强度管制等提供了重要参数。学者们以此为参考，结合不同自然资源环境限制因素、不同社会经济发展阶段，对"双评价"中的评价方法进行地方性修正。

足迹类方法常用于计算全球生态/水/碳等环境承载力、国家或地区自然资源负债情况，以及比较不同人群的生态/水/碳等消耗。状态空间法是定量描述和测度区域承载力与承载状态的重要手段，通常由表示系统各要素状态向量的三维状态空间轴组成，如资源轴–环境轴–生态轴、人口轴–资源轴–经济轴、生态弹性力轴–资源环境承载能力轴–社会经济协调力轴等。

综上所述，对资源环境承载能力评价经过三十多年的验证及广泛实证检验，已经成熟并相对科学，当前研究创新主要聚焦于评价指标体系的差异化构建，重点通过核心参数的靶向筛选与新兴评价维度的系统整合实现研究突破。

2.3.1.4　资源环境承载能力机理研究

由于人地系统的复杂性，对承载力机理的揭示一直是资源环境承载能力评价研究的重点和难点。当前主要通过分析时空分布特征、寻求主控因子、揭示作用机制、对比分析等手段进行机理研究。

1) 资源环境承载能力时空分异研究现状

为梳理当前研究现状、甄别研究手段的优势与薄弱，对核心期刊内含有承载力时空分布特征及演变规律的文献进行统计（图2-14）。由图2-14可知，学者们从时间和空间两个尺度对承载力进行刻画，其中刻画区域内部各研究单元的承载力时空分异（包括单一时间节点内及长时间尺度下区域内部各研究单元的承载力空间分异研究）为当前主要研究手段（分别占62.12%及24.60%）。而区域与区域之间的承载力时空分异及其对比研究（尤其区域之间的承载力时间演变规律对比研究）则较为薄弱，尚有可研究的空间。例如，通过对比大陆与港澳台地区不同社会制度与不同经济体制下，不同资源配置方式引致的资源要素流量与流向的差异，进而引致的影响因素作用机制的差异，这对深入揭示资源环境承载能力机理具有重大价值。

2) 资源环境承载能力影响因子识别及作用机制研究

由于不同区域的资源环境约束存在地域分异，因此不同区域承载力的主要促进或限制因子也存在地域分异。准确识别这些影响因子，是科学揭示资源环境承载能力机理的重要环节之一。依据徐勇等（2016）对承载力地域分异的研究成

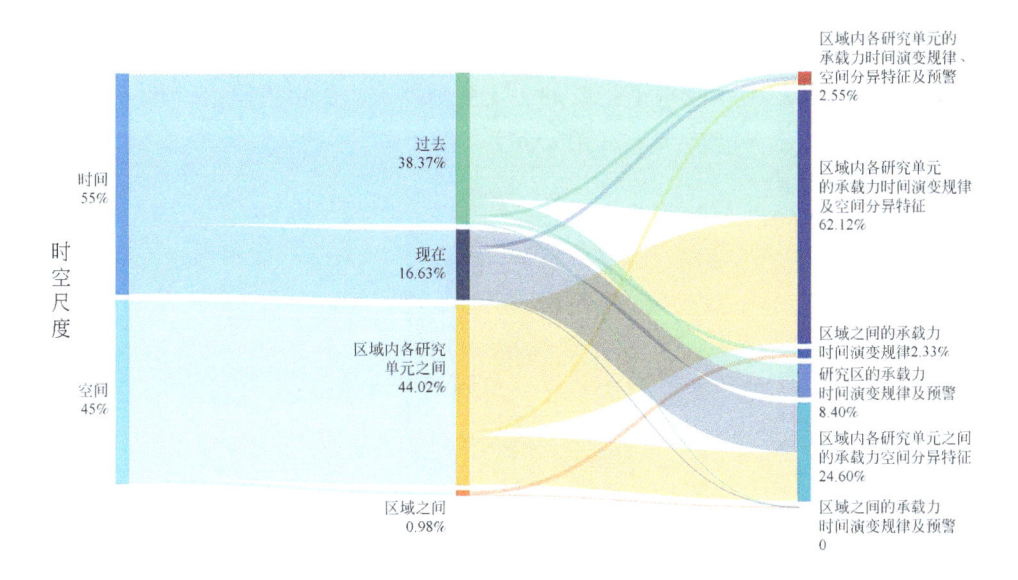

图 2-14 中国资源环境承载能力时空分异研究手段定量统计

果,将自然承载体按照不同地形类型进行分类,梳理不同区域承载力影响因子的敏感程度。具体而言,平原区(如京津冀–环渤海、成都平原等)自然资源本底最为优越,社会经济水平为主要促进因子,但由于人口过于集中以及社会经济发展对土地、水等需求过高,土、水的供需矛盾以及趋于恶化的水气环境为主要限制因子。例如,高原区(如青藏高原、黄土高原)受到海拔与热量条件限制,生态环境敏感脆弱是最突出的限制因子;山地丘陵区(如福建山区、云南山区、湖南山区)生态环境优越、自然资源丰富,因此生态功能性、森林覆盖率等为主要促进因子,但由于地形破碎、土壤层薄、水土流失频发,坡度、地质灾害、土地可利用面积等为主要限制因子;盆地(如柴达木盆地、民勤盆地、鄂尔多斯盆地)则受水资源、水环境、土地资源和水气环境约束。海域海岛则更多地受影响海洋生态环境(如COD排放量、氨氮排放量、港口吞吐量、陆地水环境)等的约束。根据研究成果,相同的影响因子在不同区域对承载力发挥类似的作用机制。具体而言:在区域发展的全阶段,各影响因子遵循"短板效应",识别短板即可揭示造成超载的症结,且自然资源本底、社会经济发展水平、环境三个层面之下的影响因子发挥主导效用,三者呈现"铁三角"式形态共同影响区域承载力水平;在区域发展的早期阶段,社会经济发展水平在"铁三角"中占主导地位,即社会经济发展水平的提升能够一定程度上消解因自然资源匮乏、生态环境脆弱等对承载力带来的负面影响,使得承载力总体呈现上升趋势;随着区域持续发展,科学技术水平提高,政府主导性作用的发挥,单一地依靠社会经济发展已经无法消解因发展带来的资源浪费、环境污染等负面影响，出现"边际效益"，承载力总体将呈现下降趋势，此时，经济结构调整，以及资源的合理开发、利用、调配等因子成为承载水平提升的主要激励因子，作用机制由"铁三角"式形态向"多边形"式形态演变（图2-15）。

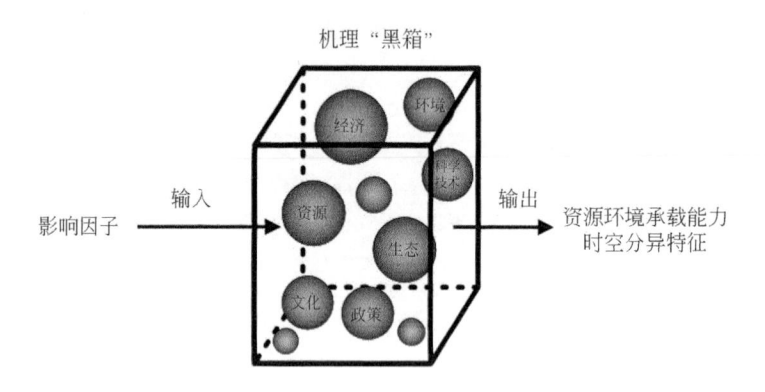

图 2-15　影响因子及作用机制概念图

综上可知，不同自然承载体的特异影响因子不尽相同，因此未来的研究应当着重区分特异影响因子，且这些特异影响因子必然成为影响该区域承载力的关键因子；虽然学者们就不同研究区域提出基本相似的影响因子作用机理规律，但由于人地系统的复杂性，更为详细深刻的运作机制依然需要深入揭示。

2.3.2　区域发展水平评价研究

区域发展问题一直是国内外各级政府规划决策和学术界关注的重大问题，合理的区域发展水平应该从目标导向和问题导向两个维度进行构建。长久以来，对区域发展目标和问题从追求经济总量的增长，转向经济-社会-环境-制度等多系统协调发展，继而转为当前的以追求居民福祉增进为最终目标，与之相对应的，对区域发展水平的评价也经历以衡量区域经济发展水平为主体、以衡量区域内社会-经济-环境-制度等多系统协调发展水平为主体、以衡量区域居民福祉增长为主体三个阶段。

2.3.2.1　以衡量区域经济发展水平为主体的评价体系

以衡量区域经济发展水平为主体的评价体系，其思路本质为"投入-产出"思路，真实进步指数、联合国统计局的综合环境经济核算体系等是这种指标体系框架模式的典型代表。在扩展传统的衡量GDP总量的基础上，世界银行提出了国家财富及其动态变化的衡量工具——真实储蓄（Genuine Saving）和真实储蓄率（Genuine Saving Ratio），联合国统计局1993年开发新型国民经济体系核算体系——综合环境经济核算体系。与GDP相比，以上指标从理论上能够更加准确地测量国家的真实财富和发展能力，但均存在对详细计算的技术要求高、难以操作、数据难获得、缺乏检验等诸多问题。

国内学者对衡量区域经济发展水平的评价体系的设计较多跟随国家五年发展规划，具有政策导向性。改革开放以来，中国经济发展方式逐步转变，回顾国家发展五年规划，对区域发展政策导向从"实施可持续发展战略"（"九五"计划），向"促进区域协调发展"（"十一五"计划）、"由高速度转入高质量发展"（"十二五"计划）及"推动经济高质量发展"（"十三五"规划）转变，对区域发展规划的基本思路自21世纪初以来由计划型转为市场型、由单目标转为多目标、由效率型转为公效兼容型、由集权制型为契约型、由增量型转为质量型，伴随供给侧结构性改革的深入，中国经济已由高速增长阶段转向高质量发展阶段，2017年中央经济工作会议更是提出将"区域高质量发展"评价作为重点任务，因此当前学者主要在解释区域高质量发展内涵的基础上，对区域经济发展水平评价体系展开探讨，在传统评价指标（人均GDP、GDP增速、全社会固定资产投资、社会消费品零售、产业产值比重、劳动生产率等）基础上，加入经济波动率、区域创新能力（如高新技术产业增加值、R&D经费投入占GDP的比例、万人发明专利授权量）、经济开放程度（如人均实际利用外资）等多维评价指标。

2.3.2.2　以衡量区域多系统协调发展水平为主体的评价体系

以联合国可持续发展委员会（Commission on Sustainable Development，CSD）提出的驱动力-状态-响应评价体系为基础，2000年以后国际上提出一套涵盖社会-经济-环境-制度4个维度、15个主题、38个子主题的"主题-指标框架"（Theme Indicator Framework）。该指标为所有国家提供了一套广泛接受的评价区域发展水平的指标体系，为各国发展各自国家的指标计划及指标检测进程提供了坚实基础，也有助于改进国际范围对衡量区域发展水平的一致性。也正由于其广泛接受性，该套指标对不同经济体制、不同统计口径下的区域对比研究提供较为科学客观的评价体系。之后对区域发展的评价体系深受该套体系的影响，学者依据不同研究区域的特点，在该体系基础上进行个性化改进或拓展延伸。例如，加入"社会"层面评价（如恩格尔系数、居民可支配收入、社会保障覆盖率、就业率、失业率、人均拥有图书册数等指标），"环境"层面评价（如工业三废处理率，"人口"层面评价采用人口密度、年末常住人口、城镇化率、劳动力结构指数等指标），信息化发展相关因素（如每百家企业拥有网站数、数字教育资源共享、自主研发新品数、科学技术发展和创新能力相关因素如高新技术企业个数、政府教育支出等指标）、体制创新相关因素，等等。

2.3.2.3　以衡量区域居民福祉增长为主体的评价体系

对"唯 GDP"论的反思，学者们逐渐意识到 GDP 增长未必带来社会进步和人民生活质量的提升，区域发展并非单纯的经济发展，相反有可能以牺牲环境和社会公平为代价，而社会福祉的增进理应是区域发展的终极目标。党的十九大报告指出，当今中国社会矛盾已经转变为人民对美好生活日益增长的需要同发展的不均衡、不充分之间的矛盾。在这样的背景下，人们对美好生活的需要发生了新变化，社会福祉成为国内外评价区域发展水平的重要评价层面。

基于上述认识，越来越多学者投入到社会福祉研究中，纷纷提出评估社会福祉水平的概念模型和指标体系，探讨增进社会福祉的途径。对社会福祉开展评价的理论主要有基于行动起点的资源禀赋论和基于行动结果的效用论或者幸福论、快乐论，以及介于两者中间的可行能力理论。国外较早对社会福祉的必要性进行思考，认为居民福祉既与本地的经济发展水平有关，也与居民周围的生存环境以及公共环境有关，每一方面都只能构成反映居民生活质量高低的必要条件，而不是充分条件，只有把二者有机结合起来，才能真实反映居民的生活质量状况。当前西方社会流行效用论或幸福论，较为常用的有联合国开发计划署提出的"人类发展指数"（Human Development Index，HDI），用于测算世界各国的人类发展状况；Daly 等（1994）提出的可持续经济福利指数（Index of Sustainable Economic Welfare，ISEW），以及 Cobb 和 Clifford（1995）进一步将 ISEW 进行修订并重新命名的"真实进步指标"。

台湾较早对区域居民福祉进行系统研究，学界已形成儿童福祉、中年福祉、不同情景下男女福祉差异、经济社会等因素与居民福祉的关系等多个福祉分支。台湾方面以 OECD 美好生活指数①（Better Life Index，BLI）为架构，选定与物质生活条件（居住条件、所得与财富、就业与收入）及生活品质（社会繁荣、教育与技能、环境品质、公民参与及政府治理、健康状况、主观幸福感、人身安全、工作与生活平衡）相关的 11 个领域，各领域下并列国际指标及所在地指标，共计 64 项（其中 24 项国际指标），构建台湾福祉衡量指标，并自 2013 年 8 月起逐年测算台湾民众幸福指数②。

---

① OECD 美好生活指数为经济合作与发展组织（OECD）提出的一套测度一个国家或地区居民幸福程度的指标体系。该指标体系包括 11 个方面：住房条件、家庭收入、工作、社区环境、教育、自然环境、公民参与、健康、生活满意度、安全度以及工作生活平衡度。

② 该测算虽因社会原因于 2016 年起停止公布，但台湾省统计部门依然持续统计各指标。

相较于国外及台湾，大陆近十几年开始逐渐提高社会福利对区域发展的重要性，逐渐展开对社会福祉的系统研究。在福祉研究的初期阶段，大陆学者主要将国外成熟评价体系进行中国化改进：如在人类发展指数[①]的基础上提出国民幸福指数（National Happiness Index，NHI）指标体系、城市居民幸福指数、中国多维福祉测评指标体系、中国人类综合发展指数（China Comprehensive Human Development Index，CCHDI）、改进的人类发展指数、生态福祉等多样化评价体系，从居民物质生活水平（如人均可支配收入、恩格尔系数等）与居民精神生活水平（如高等教育人数、图书馆藏书量、文艺展演次数等）两个维度进行构建。而后，国内学者结合自身知识体系及统计数据，在剖析福祉内涵的基础上拆解评价指标。例如，钟永豪等（2001）从物质和精神两方面对福祉要素进行分解和归集，选择恩格尔系数、人均可支配收入等构建国民幸福指数（NHI）指标体系；李桢业（2008）从经济所得效用、公共设施福祉环境的效用所得、基本生存环境效用三个层面，分别采用居民可支配收入，政府对城市基础建设、文化教育、社会保障、交通、住宅、社会治安、卫生等各个领域投入金额，以及工业及生活废水废气排放量等指标分析中国沿海12个省份的居民福祉差异；王圣云等（2018）从收入、消费、健康、教育、社会保障、环境和休闲7个维度，采用人均可支配收入、人均社保支出、文教娱乐用品及服务花费等指标构建中国多维福祉测评指标体系；杨立青等（2018）在以上的基础上关注社会安全指数与社会保障指数，通过交通事故发生率、火灾发生率、"三险"覆盖率、社会保障支出占财政支出的比例等指标进行表征；田建国等（2019）特别关注非高等教育指数，采用特殊教育招生数与文盲、半文盲占人口比例进行表征；乔旭宁（2017）在社会安全指数与社会保障指数的层面上加入年离婚数、婚姻家庭继承纠纷数、各类纠纷调解数等指标，在文化教育层面加入教育财政支出、艺术团文化下乡次数等指标。

在国家层面，《中华人民共和国国民经济和社会发展第十四个五年规划和2035年远景目标纲要》的"十四五"时期社会经济发展主要指标中提出"民生福祉"的主要标准，包括居民人均可支配收入增长、城镇调查失业率、劳动年龄人口平均受教育年限、每千人口拥有执业（助理）医师数、基本养老保险参保率、每千人拥有3岁以下婴幼儿托位数、人均预期寿命，并提出社会福祉的提升需从公共服务体系、就业、收入分配制度、社会保障体系、妇女未成年人残疾人

[①] 人类发展指数（HDI）是由联合国开发计划署（UNDP）在《1990年人文发展报告》中提出的衡量人类福祉的综合指数，由健康指数、教育指数（成人识字率和综合入学率的加权平均数，其中前者的权重为2/3，后者的权重为1/3）和收入指数综合而成。

权益保障、社会治理六个方面进行构建，系统地建立起大陆社会福祉的全方位体系。

在研究尺度上，宏观上多以国家、地域为研究单元，微观上以农户为研究单元，以访谈问卷的形式进行研究，缺乏中观尺度上以省为研究范围、以市为研究单元的社会福祉对比研究。中国社会福祉提升成效往往以省或市为研究单元，因此在中观尺度上以省为研究范围、以市为研究单元的社会福祉对比研究成果更能够支撑社会福祉政策的落地。

2.3.3 资源环境与区域发展耦合研究

2.3.3.1 资源环境与区域发展耦合内容研究

人与自然的相互影响与反馈作用是地理学重点研究的内容。当下，地理学最大的科学难题，依然是如何在社会圈层（人）和自然圈层（自然）之间相互作用的成因、过程、格局以及效应等诸方面实现综合的问题。中国地理学界对资源环境承载能力与区域可持续性发展的响应，集中体现人文-自然多因素作用、多过程并存的复合机制下，深入揭示资源环境与区域发展耦合研究。

目前，资源环境承载能力与区域发展耦合研究主要从以下三个方面展开：资源环境承载能力与区域经济发展耦合研究、资源环境承载能力与新型城镇化耦合研究及资源环境承载能力与国土空间规划耦合研究。

1）资源环境承载能力与区域经济发展耦合研究

资源环境承载能力与区域社会经济发展水平和发展阶段密切相关，二者具有多重相互关系，是迄今成果最为丰富、基础最为扎实的领域。资源要素与区域经济发展的相互关系可进一步总结为资源丰度（富足或匮乏）与区域经济水平的互动机制。学者们分陆域与海域，以中国城市群、东北等资源枯竭型地区、黄土高原等生态脆弱地区、沿海区域等为研究区域，系统研究水、土资源与区域经济的相互关系，认为资源要素与区域经济在陆域及海域具有基本相似的相互关系，即资源匮乏抑制区域经济发展，资源富足促进区域经济发展；在二者相互作用的过程中需要注意资源利用效率问题与资源依赖困境，否则将出现拥塞效应与资源消耗"尾效"，从而对区域经济产生负面影响。从提出的解决措施来看，具有可移动属性的资源要素约束（如水资源约束）可以通过提高资源利用效率等措施进行化解，但部分具有不可移动属性的资源（如土地资源），使得受到该资源约束的区域（如北京、珠江三角洲地区等）暂时陷入困局。

环境与区域经济发展的相互关系主要为环境污染程度与区域经济的互动机

制。黄贤金团队、董锁成团队从全国、地区、省域、市域等尺度的实证研究认为，受到国家治理理念的影响，我国过去实行"先污染后治理"的发展路径，经济发展以环境污染为代价，即经济越发达，环境污染越严重；而当前在保护环境战略全面实施的背景下，环境与区域经济发展的关系逐渐扭转；全阶段基本与环境库兹涅茨曲线拟合（即倒 U 形曲线）。李裕瑞等（2013）、刘刚等（2007）、盖美等（2013）分不同阶段与研究案例得出相似结论。为此，各地区应当采取继续优化产业结构、优化产业空间布局、调整科技投入方向、加强对外开放等措施加快推进环境与区域经济的健康关系。

2) 资源环境承载能力与新型城镇化耦合研究

资源环境与新型城镇化耦合研究常见思路为：运用指标体系法或综合评价法，将资源环境系统与城镇化进程量化为具体数值，并运用灰色关联度、耦合协调度模型、PSE 模型、响应指数等从各尺度识别二者耦合程度并划分阶段，以定量研究两个系统的耦合关系。有研究表明，二者基本呈正相关关系。

上述思路能够较为科学划分资源环境与城镇化耦合协调程度及阶段，但回避了二者之间极其复杂的耦合机理。方创琳团队关注到以上研究的薄弱，自 2003 年起深耕资源环境与城镇化的耦合关系，其研究成果划分为两个阶段：2003 年起系统分析城镇化与水资源、生态环境的耦合机制，并总结二者先指数衰退、后指数改善的耦合规律，提出低水平协调、拮抗、磨合和高水平协调四个阶段，在河西走廊、三峡库区等区域进行实证检验。2016 年起至今致力于特大城市群地区城镇化与生态环境交互耦合效应研究，从近远程耦合视角入手，总结城镇化与生态环境耦合的 10 种关系和交互方式、6 种耦合类型、45 种耦合图谱，研发耦合器（Urbanization and Eco-environment Coupler，UEC）及京津冀城市群城镇化与生态环境耦合调控器计算机软件，成熟构建城镇化与生态环境耦合圈理论。

3) 资源环境承载能力与国土空间规划耦合研究

该部分研究内容较为集中，即学者主要运用《"双评价"技术指南》的评价方法与技术流程对区域国土空间进行优化调控。自《"双评价"技术指南》首次提出后，樊杰团队通过实践检验与理论深化，不断修订"双评价"技术方法，逐步构建基于资源环境承载能力评价的国土空间管控的方法与途径，同时以地区、省域、市域等不同研究尺度，干旱半干旱区域等不同区域本底，聚焦东北振兴、用地规模预测、村镇建设类型划分、行政区划调整、承载力与国土空间一致性等不同区域发展诉求，进行实践验证，均能科学制定空间开发指引。郝庆等（2021）、岳文泽等（2020）、吴大放等（2020）、尹怡诚等（2020）从科学机理、关联逻辑、不同研究视角、丰富案例区域等方面对其进行积极补充完善。同时，资源环境承载能力在具体指导国土空间规划的过程中不可避免地出现诸多实际问题。例如，《"双评价"技术指南》中单一承载能力的视角，导致其在进行实际应用时效果不佳，为此有学者通过扩展承载力内涵的方式，从"能力-压力-潜力"三个维度，综合考虑资源环境本底能力和人类开发利用状态，在一定程度上化解视角单一的问题；又如，《"双评价"技术指南》缺乏对生态文明理念的价值导向，为此有学者提出根据国土空间治理的现实需求与区域特色对评价方法或参数适当补充或者删减；再如，当前各类评价方案过于关注承载力的"计算方法"，而在深入架构承载力指导国土空间优化的理论基础、解析承载力与国土空间优化的衔接逻辑等方面较为薄弱，为此需要结合自身学科背景及区域需求，搭建二者理论基础，理清二者逻辑关系。虽然各类技术方案仍需在广泛实践与检验中继续完善，但是不可否认，资源环境承载能力对国土空间优化具有重要的科学基础地位。

2.3.3.2 资源环境与区域发展耦合方法研究

定量评估区域发展与资源环境水平的耦合关系并揭示其影响因素是主体功能区划的重要依据，是认识中国当前区域发展格局、有针对性地制定应对措施的前提和基础，对于指导中国未来区域开发与资源环境建设实践具有重要借鉴价值。现阶段耦合类型判别方法存在两种思路：其一是脱胎于库茨涅茨曲线的采用数理方法判别区域经济发展水平与城镇化、生态环境、资源环境的耦合类型，常见的方法有向量自回归模型（VAR 模型）、回归方程、相关性分析、因果关系、面板协整检验、多元协整检验、向量误差修正模型。这类方法用于单一资源要素间的相互关系判别更加科学。其二是常采用耦合协调度模型进行判别。耦合理论用以描述两个或者两个以上系统之间相互作用的影响程度，清晰地反映出系统之间相互作用、相互影响的协调程度，能够判断出系统之间是否和谐发展。由于耦合理论不仅具备综合评价系统的能力，而且具备直观性和易解释性，因此得到了广泛的实证应用，在国家、城市群、省域、市域等多尺度下均得到适用。例如，吴玉鸣和张燕（2008）通过耦合协调度模型对 1995 年、2000 年和 2005 年中国大陆 31 个省域单元经济增长与环境耦合协调发展进行了分析；马丽等（2012）建立了中国区域经济发展与环境污染耦合度评价体系并计算 350 个地级单元的经济环境耦合度和协调度；张荣天和焦华富（2015）计算了 1999~2013 年泛长江三角洲地区 41 个地级市的经济发展与生态环境耦合度。

更进一步地，有学者采用修正的耦合协调度模型，如史进（2013）等采用结构方程模型剖析城市群经济-资源环境-国土利用三个子系统之间的耦合强度及耦合机制，并对其进行统计检验；姜磊等（2017）采用修正的耦合协调度模型衡量中国省域经济、资源与环境协调水平。或注意到近远程耦合现象，如 Liu 等

(2007)提出远程耦合世界的可持续性研究框架；方创琳和任宇飞(2017)提出城镇化与生态环境的近远程耦合关系等。

在耦合协调关系的基础上，有部分学者认为，实现区域可持续发展不仅需要关注资源环境与区域发展之间的耦合协调关系，还需要关注二者之间的脆弱性。脆弱性分析已经成为分析人地相互作用程度、机理与过程、区域可持续发展的基础性科学知识体系和重要研究范式及未来发展方向。例如，陈晓红等(2014)定义脆弱性为"城市化与生态环境相互作用由于暴露于某种干扰或压力，可能经历某种灾害危险损害的程度"，并从宏观角度建立了城市化与生态环境耦合作用脆弱性与协调性作用机制。

2.3.4 闽台资源环境与区域发展相互关系研究

早在20世纪90年代，已经有学者对海峡两岸资源现状、存在的共性、资源互补的前景及措施等问题进行初探，但该时期关于两岸资源环境与区域发展的研究内容多停留在对自然资源的单向利用方面。自1996年起，海峡两岸通过海峡两岸土地学术研讨会、"中国东南沿海地区资源互补，经济合作与可持续发展"学术研讨会、跨世纪海峡两岸地理学术研讨会、海峡两岸环境保护与可持续发展学术研讨会、海峡两岸资源互补与永续利用学术讨论会等多次学术交流会，开展"海峡两岸土地利用变化的比较分析""台北盆地与福州盆地环境资源与土地利用之比较"等两岸合作项目，关于闽台资源环境与区域发展的相关议题的研究大量涌现，研究内容涉及两岸农业、土地资源利用与永续发展、土地资源利用与城镇化发展、土地利用规划、自然资源现状与管理、资源环境与区域经济可持续发展等多方面。其中，陈健飞团队较早注意到闽台对比研究的重要性，从土地利用角度切入开展了闽台耕地、建设用地、城市空间扩展等土地利用比较研究，以及建设用地与区域经济发展耦合的相关研究等与土地利用相关的一系列研究，系统深入探讨闽台两地伴随各自经济发展的土地利用变化规律，此为早期且完整的闽台资源环境承载能力与区域发展耦合的研究成果。

2010年以后，伴随经济全球化与区域经济一体化趋势的同时增强，世界经济已进入合作竞争时期。闽台对比研究学者们则更加关注闽台相似的自然背景下的经济发展的差异性，研究重心逐渐从资源环境对比研究转向经贸合作对比研究，主要集中于产业发展、经贸联系等领域。其中，产业方面以农业、制造业、旅游业最为集中，研究内容包括闽台两地产业发展对比研究，如水产业、电子信息产业、全产业，产业合作研究，如农业、渔业、电子商务、服务业、旅游业；经贸方面，以台商投资视角展开的台湾对大陆经济发展影响方面的研究，以及两岸区域经贸合作研究。相较于闽台产业与经贸对比研究的丰硕成果，以资源环境与区域发展为主题的闽台对比研究则较为薄弱。既有研究一方面承袭2010年前闽台土地利用对比研究的学术范式，并在此基础进行延续与扩展；另一方面聚焦于台湾特色资源利用模式（如非建设用地管控、村庄集约开发及工业用地效能优化）及其国土规划经验（涵盖国家公园体系建构、农村土地确权制度与都市可持续更新策略）的借鉴研究。

当前，闽台两地区域发展方式已经发生重大转变，资源环境承载能力也发生重大变化，恰逢2019年福建社会经济发展总量首超台湾的时势下，与时俱进地揭示两地资源环境与区域发展相互胁迫机理、主控因子识别，通过回顾历史与展望未来，对比研究借鉴闽台在资源管理、土地利用、国土空间规划体系等方面在不同时间序列下的各自正确决策与实践经验亟须展开。

2.4 研究述评

通过文献梳理，当前对资源环境、区域发展及二者相互关系研究已成体系且较为完整，但其相关研究的广度尚存在一定局限，全面系统的研究仍较为缺乏，存在以下可以进一步深化的空间。

2.4.1 相似自然资源本底的资源环境承载能力对比研究有待深入

不同资源环境要素在不同地形区天然具有不同程度的敏感性，任何两个区域都不可能具有完全一致的资源禀赋、区位条件、经济水平、资源配置能力和外部环境，这一区域异质性特征不仅构成资源环境承载能力评价体系中特性因子的存在依据，更凸显出现有评价框架在区域适配性维度亟待深化研究的客观需求。虽然目前学者就不同自然资源本底下的资源环境承载能力评价开展大量研究，但是缺乏对自然资源本底具有相似性的地区进行对比研究。具有相似的自然资源本底地区，其资源环境承载能力是否相似或趋同，如果不相似或不趋同，那么存在哪些致使两地产生区别的特异影响因子，这些影响因子各自的作用机制如何等等这些问题尚需通过对比相似自然资源本底地区的资源环境承载能力研究进行回答。因此，相似自然资源本底的资源环境承载能力对比研究仍有较大研究空间。

2.4.2 不同资源管理方式与区域发展方式的对比研究有待加强

中国"一国两制"国策下，港澳台具有不同的社会制度与经济体制，在不同的社会制度与经济体制影响下，资源管理方式与利用方式也有所不同。虽然目前常用的资源环境承载能力评价方法在国内（港澳台除外）不同自然地理条件、不同经济社会发展阶段的地区均能客观准确地评价自然资源本底水平，但是以上方法在不同资源管理方式与利用方式情景下的应用情况如何，目前研究较为薄弱。对比大陆与港澳台地区不同社会制度与不同经济体制下，不同资源配置方式引致的资源要素流量与流向的差异，以及进而引致的影响因素作用机制的差异，对深入揭示资源环境承载能力机理具有重大价值。

2.4.3 区域发展水平评价层面与研究区域有待丰富

区域发展问题涉及面极广、问题相当复杂，各种指标（体系）要密切反映区域发展不同目标，其指标选取就难免庞杂，从而给指标数据的收集、处理和解释带来诸多不便，致使许多指标（体系）不利于实际操作应用。但是，一套简单明了的综合指标或集成指标是衡量区域发展水平及进一步提出区域发展策略的关键。

目前，区域发展评价体系存在部分尚可继承与优化的内容。首先，追求经济发展依然是人类发展必要的目标之一，官方或权威第三方发布的统计资料依然将GDP及相关数据作为衡量区域经济的主要指标，成为区域发展指标体系中的重要组成部分，因此在指标设计时围绕GDP、全社会固定资产投资、社会消费品零售、产业产值比例等相关数据应当予以继承。其次，提高民生福祉为当前中国区域发展的基本出发点和落脚点，不仅是区域发展的最终目标，同时也是人地地域系统发展的终极目标，当前区域发展指标体系的设计有必要通过地方化、借鉴、优化等方式，在评价体系中引入"福祉"理念，以全面衡量区域发展水平。此外，目前对区域发展水平的评价依然单一，对不同经济发展方式、不同统计方式的研究区域进行两两对比或者多项对比时，如何求同存异、抓住主要问题，以完成科学客观的区域发展水平对比评价，有待深入。最后，在研究尺度上，中观尺度（市或县为研究单元）的区域福祉水平研究较为薄弱。同时，在不同区域发展体制下，地区社会福利水平对比研究也较为薄弱，在中国行政管理制度之下，社会福利提升成效往往以省或市为研究单元，在中观尺度上以省为研究范围、以市为研究单元的社会福祉对比研究成果更能够支撑社会福祉政策的落地。

2.4.4 以典型案例地为研究区的对比研究较为薄弱

目前，研究区域较多集中于特大城市群，以及资源环境显著脆弱、区域经济发展水平明显落后区域等，在国家间、国家、区域、流域、生态区、省域、市县村、产业、企业等多维尺度均产出丰富成果，为以上区域人地矛盾缓和做出极大理论贡献，但多维尺度之间的对比研究较为薄弱。因此，未来需要以资源环境与区域发展相互关系为切入点，从相似性与差异性入手，采用比较分析法进行对比研究，对比不同社会制度与不同经济体制（如大陆与港澳台地区进行对比）下，不同资源配置方式引致的资源要素流量与流向的差异，以及进而引致的影响因素作用机制的差异，揭示资源环境承载能力与区域发展耦合水平及二者相互作用机理，丰富现有理论体系与研究案例。

第 3 章 资源环境耦合诊断的理论分析框架

3.1 研究分析思路

3.1.1 研究思路

通过总结研究背景、研究意义，对既有文献进行梳理与述评，确定"现实需求—方法探索—过程描述—规律总结—实际应用"的研究思路，具体如下。

当前，人类世给人地系统耦合带来新挑战，全球形势是台海两岸面临的新局势，在中国，高质量发展的需求与人民对美好生活的向往对资源环境与区域发展均提出新需求，基于以上，本研究选择具有典型性的闽台为研究区域，立足于闽台自然资源本底的相似性与资源管理方式、资源利用方式、区域发展阶段、区域发展方式的差异性，对现行资源环境承载能力评价方法与区域发展评价体系进行方法探索与定量评价，分析闽台资源环境承载能力、区域发展水平及二者耦合水平在时空上的分异规律，在识别影响因素的基础上，总结闽台不同地域功能指向下资源环境系统与区域发展系统耦合机制，以及分区优化与联防联控策略（图3-1）。

3.1.2 分析框架

通过梳理人地关系理论、可持续发展理论、资源环境承载能力相关理论、地域功能理论、福祉理论、区域发展相关理论，并延伸以上理论在本研究中的应用，结合研究内容与研究区域特异性，定义本研究的资源环境与资源环境承载能力、基于功能指向的资源环境承载能力、区域发展与区域发展水平、基于福祉的区域发展水平、资源环境系统与区域发展系统耦合等相关概念，形成分析框架（图3-2）。具体如下。

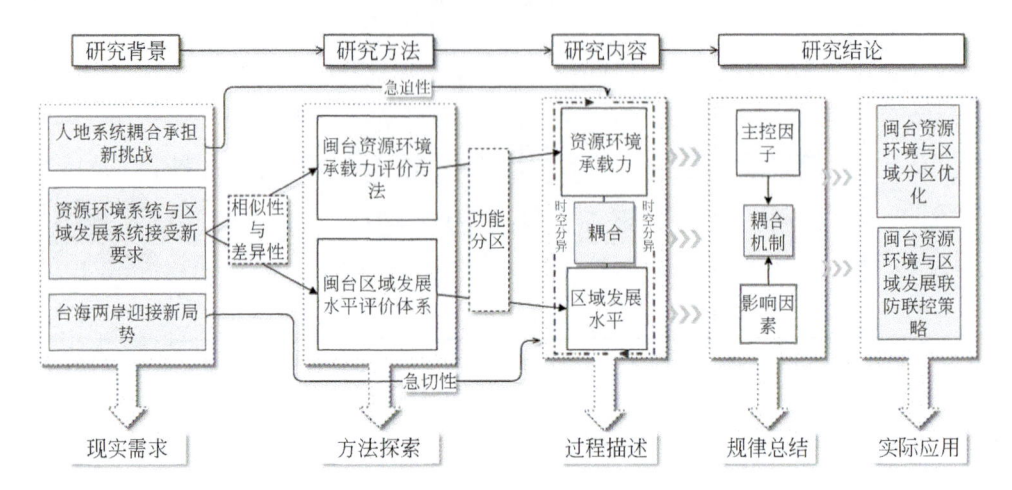

图 3-1 研究思路

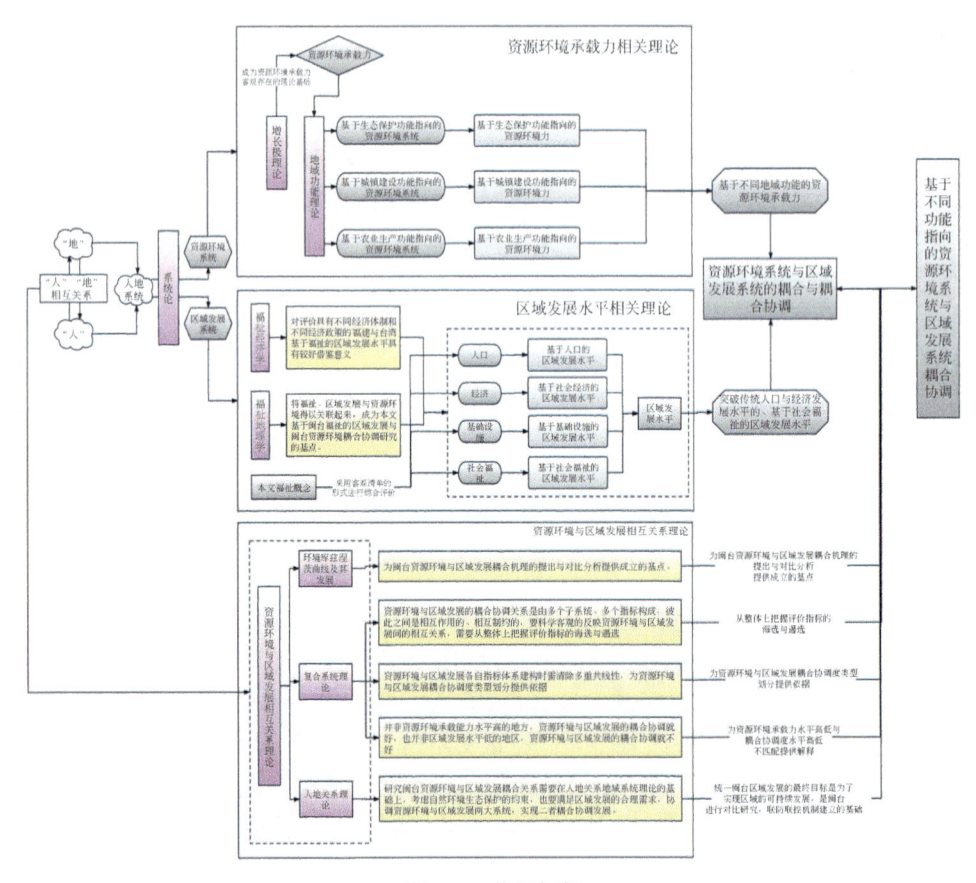

图 3-2 分析框架

人类生产生活活动空间格局与自然地理环境格局的耦合特征是人地系统与区域可持续发展重点研究方向之一，也是空间治理与国土空间规划研究的重要内容之一。在当前特殊的时代背景下，作为典型区域之一的闽台的人文-自然复合系统的演化是中国地理科学应该关注的综合性大问题之一。因此，以闽台同源性的生态文化资源（"地"）为基础，借鉴差序性的区域发展政策（"人"），提高两岸居民的福祉，探索永续性的发展道路，实现台海两岸协调发展，无论是对理论还是实践而言，都刻不容缓。

为解决闽台特殊"人地"相互关系，须借助系统论的思维，将闽台看作两个复杂巨系统，资源环境与区域发展是巨系统内部两个子系统，资源环境承载能力各影响因子与区域发展水平各评价指标分别为闽台资源环境与区域发展子系统内部的影响因素。

为科学定量衡量闽台资源环境系统的"发展水平"，采用资源环境承载能力表征闽台资源环境系统的"发展水平"。其中，增长的极限成为资源环境承载能力客观存在的理论基础；在人地关系理论衍生出的现代地域功能理论，以及脱胎于地域功能理论的主体功能区理论指导下，闽台资源环境承载能力进行定量评价及分析对比时，须将闽台资源环境按照地域分异特征的不同划分为生态保护功能指向、城镇建设功能指向、农业生产功能指向，对相同功能指向进行评价与对比。

为科学定量衡量闽台区域发展系统的"发展水平"，采用区域发展水平表征闽台区域发展系统的"发展水平"，借助福祉经济学、福祉地理学及已有研究对"福祉"的概念进行界定。其中，福祉经济学提出福祉"效用"的可测量性，以及其应用的主要领域，使得福祉经济学对评价具有不同经济体制和不同经济政策的福建与台湾的基于福祉的区域发展水平具有较好借鉴意义；福祉地理学则将福祉、区域发展与资源环境关联起来，成为本研究闽台基于福祉的区域发展与资源环境耦合协调研究的基点。基于当前对"福祉"从不同学科、不同层次及福祉相关概念的辨析，本研究定义的福祉可采用客观清单的形式进行综合评价。

为定量评价福建与台湾各自的资源环境系统与区域发展系统的相互关系，借助环境库兹涅茨曲线、复合系统理论、人地关系理论等资源环境与区域发展相互关系理论。其中，环境库兹涅茨曲线及其发展变化说明资源环境与区域发展存在相互关系，为闽台资源环境与区域发展耦合机理的提出与对比分析提供成立的基点。复合系统理论表明闽台资源环境与区域发展的耦合协调关系由多个子系统、多个指标构成，因此需要从整体上把握评价指标的海选与遴选，各自指标体系建构时须消除多重共线性，为资源环境与区域发展耦合协调度类型划分提供依据；并非单一的资源环境系统或区域发展系统发展良好，资源环境与区域发展的耦合协调就好。人地关系理论表明，研究闽台资源环境与区域发展耦合关系需要在人地关系地域系统理论的基础上，考虑自然环境生态保护的约束，也要满足区域发展的合理需求，协调资源环境与区域发展两大系统，实现二者耦合协调发展。

最后，可持续发展理论表明，人类对发展的理解从增长有限转为以有限资源实现可持续发展，无论怎样的政体、怎样的经济发展方式、怎样的地域特征，"发展"的目标均以资源环境系统与区域发展系统可持续发展为最终目标，这成为闽台资源环境系统与区域发展系统的耦合协调得以对比，并建立台海两岸联防联控的前提。

3.1.3 技术路线

基于国际与国内大背景，立足于现有文献与理论基础，遵循研究思路，明确研究目标与研究内容，选定研究方法，确定本研究技术路线，具体如下。

首先，从国际与国内对以人地耦合系统、资源环境、区域发展、台海提出的不同程度现实需求出发，对现有文献进行梳理，明确现有研究在资源环境、区域发展等多方面存在不同程度的不足。

其次，在参考大陆现行资源环境评价方法的基础上，结合闽台自然资源本底的相似性与资源利用的差异性，对现行评价方法进行调整；在参考闽台区域发展水平评价方法的基础上，结合闽台区域发展水平与发展方式的差异性，人民对社会福祉的需求并借鉴台湾社会福祉营造，构建提出适用于对比评价闽台区域发展水平的评价体系。

再次，选择 2010 年、2015 年、2019 年三个时期，对闽台资源环境承载能力、区域发展水平及二者耦合程度进行定量测评，刻画闽台 2010 年、2015 年、2019 年资源环境承载能力、区域发展水平及二者耦合程度的时空格局和演化过程。

最后，通过地理探测器识别各类型区的主要长板因子和短板因子，揭示闽台资源环境承载能力与区域发展水平耦合机制，提出闽台分区优化与联防联控策略。同时，对本研究的研究结论、存在问题和未来可能研究方向进行总结与讨论。

通过以上理论分析与实证研究相互检验、演绎推理与规律总结相互结合、定性描述与定量测算相互补充，最终支撑研究目标的实现。技术路线见图 3-3。

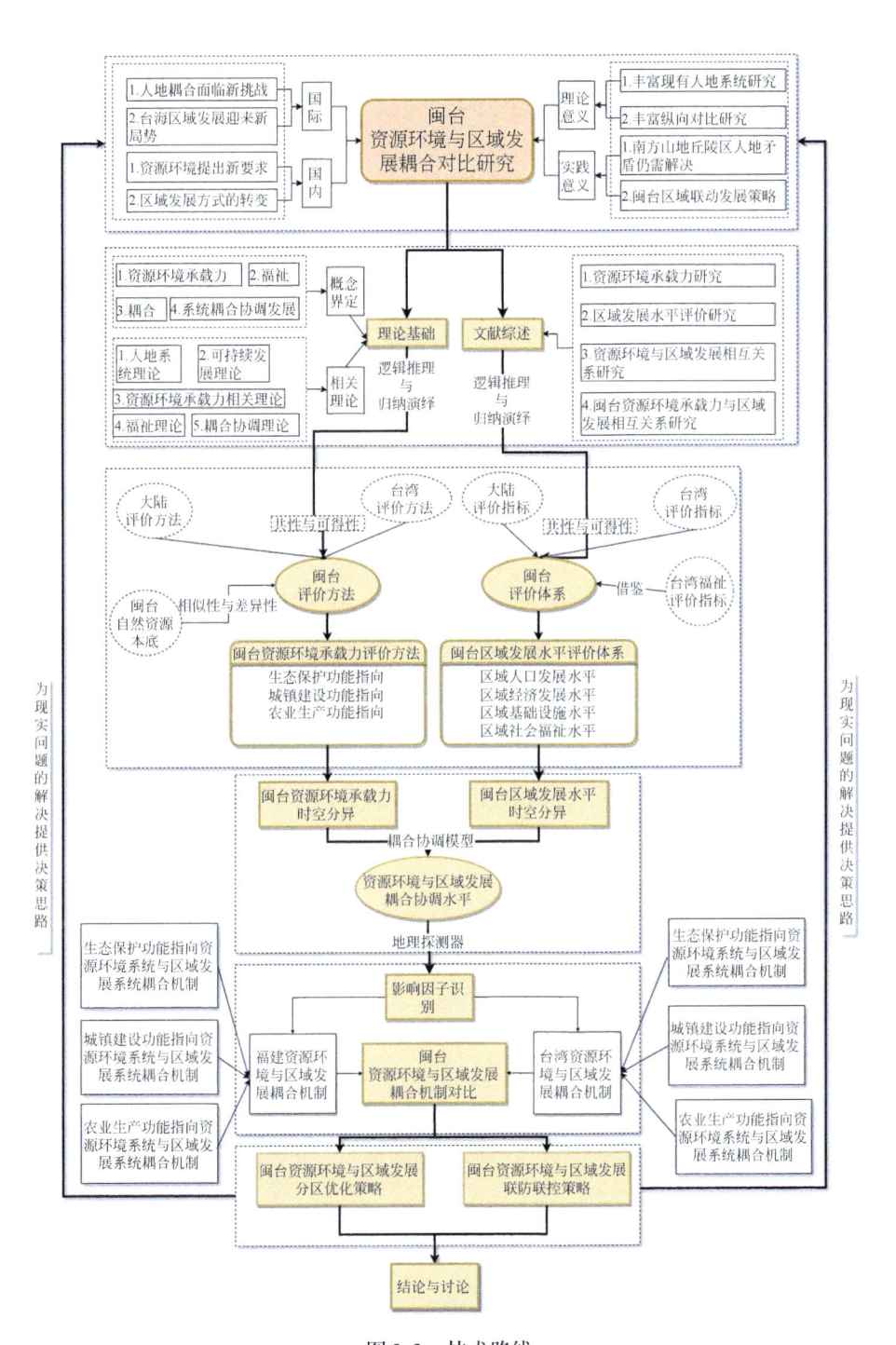

第3章 | 资源环境耦合诊断的理论分析框架

图 3-3　技术路线

3.2 研究方法

为定量衡量闽台资源环境系统与区域发展系统各自水平及二者耦合协调水平，采用资源环境承载能力表征闽台资源环境系统水平，采用区域发展水平表征闽台区域发展水平，并分别对闽台资源环境承载能力与区域发展水平进行定量评价。运用统计学模型，采用定量数值的形式对闽台资源环境系统与闽台区域发展水平的耦合协调过程及其耦合协调程度进行表征，并分别划分耦合类型与耦合协调度类型。具体如下。

3.2.1 建立基础地理信息数据库

首先，收集闽台矢量与栅格数据，建立闽台基础地理信息数据库，为在 GIS 平台的一系列操作奠定基础。本研究采用遥感数据，结合地形图数据、其他文献资料和统计资料，以县为单位建立多时期的基础地理信息数据库（水文、地形、城镇分布等），以市为单元建立社会经济统计数据库，将闽台地区 2010 年、2015 年、2019 年的 30m 空间分辨率的 Landsat TM/ETM+/OLI 影像，以及闽台沿海地区地形图进行几何校正与统一坐标处理，建立遥感影像与地形信息基础数据库。开展野外调查控制点数据收集，建立实测样点校正数据库。

3.2.2 资源环境承载能力评价

在已建立的基础地理信息数据库的基础上，以 GIS 为平台，基于《"双评价"技术指南》，结合闽台作为典型南方山地丘陵区的自然资源本底特征及闽台特性因子，兼顾评价指标有效性、闽台两地统计指标可比性与可获得性，对"双评价"进行调整后定量评价 2010 年、2015 年、2019 年闽台两地资源环境承载能力。

根据上文文献综述，《"双评价"技术指南》自 2008 年汶川地震后开始编制，至今不断适应新技术与新方法，修订多个版本，已实现多次的科学验证，为当前较为科学的资源环境承载能力评价方法，因此本研究参考"双评价"为评价南方山地丘陵地区的典型地区之一的闽台资源环境承载能力定量评价的方法，统筹考量闽台各自自然与人文地理的本底条件，建立立足于资源环境同源的闽台资源环境承载能力评价体系，具体如下。

3.2.2.1 功能分区

依据地域功能理论,将研究区域按照不同功能指向进行分区。福建省功能分区依据《福建省主体功能区划》(2012—2020)。台湾省自 2016 年开始编制土地功能分区,除台北市、嘉义市、金门县(金门岛)、连江县(马祖列岛)因土地均属都市计划及国家公园,依法免拟国土计划外,其余 18 个直辖市、县(市)政府已在 2020 年初步完成国土保育地区、海洋资源地区、农业发展地区、城乡发展地区四大国土功能分区及其分类划设作业。由于国土功能分区划定范围为图斑形式,出现一个行政区下有多处功能区的情况,因此结合国土计划分区及当地主导产业,最终将福建与台湾划分为以下功能分区,具体如表 3-1 所示。

表 3-1 闽台资源环境承载能力功能分区

功能分区	福建	台湾
生态保护功能指向	永泰县、泰宁县、安溪县、永春县、德化县、华安县、武夷山市、屏南县、寿宁县、周宁县、柘荣县、大田县	马祖列岛、宜兰县、南投县、台东县、花莲县、新竹县
城镇建设功能指向	鼓楼区、台江区、仓山区、马尾区、晋安区、闽侯县、连江县、罗源县、平潭综合实验区、福清市、长乐市、思明区、海沧区、湖里区、集美区、同安区、翔安区、城厢区、涵江区、荔城区、秀屿区、仙游县、梅列区、三元区、沙县、永安市、鲤城区、丰泽区、洛江区、泉港区、惠安县、石狮市、晋江市、南安市、芗城区、龙文区、云霄县、漳浦县、诏安县、东山县、龙海市、延平区、邵武市、建阳区、新罗区、永定区、蕉城区、霞浦县、福安市、福鼎市	基隆市、台北市、新北市、台中市、桃园市、嘉义市、金门岛、高雄市、澎湖县、新竹市
农业生产功能指向	闽清县、明溪县、清流县、宁化县、尤溪县、将乐县、建宁县、长泰县、南靖县、平和县、顺昌县、浦城县、光泽县、松溪县、政和县、建瓯市、长汀县、上杭县、武平县、连城县、漳平市、古田县	彰化县、云林县、屏东县、台南市、苗栗县、嘉义县

注:2017 年 11 月 6 日,撤销长乐市,设福州市长乐区。2021 年,撤销三明市梅列区、三元区,设立新的三明市三元区;撤销沙县,设立三明市沙县区;撤销龙海市,设立漳州市龙海区;撤销长泰县,设立漳州市长泰区。鉴于闽台地区实际治理状况的特殊性,台湾省连江县与福建省福州市连江县存在重名,在本书中将台湾省连江县标注为马祖列岛;台湾省金门县与福建省泉州市金门县存在重名,在本书中标注为金门岛;研究数据采集范围严格限定于自然地理实体范畴,以保障学术研究的规范性与科学性

3.2.2.2 闽台资源环境承载能力评价方法

依据"双评价",并参考闽台学者对南方山地丘陵地区、闽台生态承载力、城镇承载力、农业承载力评价的相关研究,对部分指标进行调整,具体见表 3-2～

表3-4。集成评价采用"双评价"中对生态保护功能指向的资源环境承载能力等级、城镇建设功能指向的资源环境承载能力等级、农业生产功能指向的资源环境承载能力等级进行集成的流程。

综上所述,将"双评价"中资源环境承载能力评价方法在闽台评价过程中的调整总结如表3-5所示。

3.2.3 区域发展水平评价

对闽台区域发展水平相关文献进行分析,构建底层指标库,基于闽台数据统计的一致性、数据可得性等构建闽台区域发展水平评价体系,主(层次分析法)客(熵权法)观相结合地对各指标进行赋权,定量评价2010年、2015年、2019年闽台区域发展水平。以自顶向下和自底向上的方法构建闽台区域发展水平评价体系。自顶向下的思路为,综合分析闽台现有对社会人口、经济、基础设施、福祉的统计方式与统计数据,确定指标体系的组成结构,构建指标体系的总体框架;自底向上的方法具体指,根据本研究文献综述,建立底层指标库,在该指标库的基础上,结合闽台常用统计指标与统计数据,筛选出适宜的评价指标,剔除不符合指标体系设计原则的指标。最终构建一套突破传统人口与经济发展水平的单一刻画的、基于社会福祉理念的闽台区域发展水平评价体系。

3.2.3.1 构建原则

1)科学性与系统性

指标体系的构建必须基于本研究的理论基础,同时结合闽台实际区域发展特征与人类活动的动态发展特性,顺应当前区域发展水平评价要求,尤其顺应当前人民对社会福祉的提升需求,实现指标选取的科学性。同时,指标选取不宜过多,过多易产生冗余信息,无法反映系统的本质特征;也不宜过少,过少易导致信息反映不够全面;各个指标之间不能存在共线性,以免指标之间相互影响,导致结果不准确。最后,区域发展水平具有系统的层次性,因此构建体系时应划分多层次,理清思路,逐层分析。

2)共性与可推广性

由于闽台统计部门的统计指标与统计口径具有差异性,在指标体系构建过程中,尽量采用闽台共有的统计指标及第三方统计机构的统计数据,选取的指标必须符合闽台区域人口、经济、基础设施、福祉的现实情况,并体现闽台特色。同时,选取的指标需具有可推广性,这要求评价指标不仅具有易收集整理、易推导

表 3-2 闽台生态保护功能指向资源环境承载力评价方法

评价维度	评价要素	评价方法	指标解释
生态系统服务功能重要性评价[①]	水源涵养功能重要性	$W_R = \text{NPP}_{mean} F_{sic} (1-F_{pre})$	W_R 为生态系统水源涵养服务能力指数；F_{pre} 为多年平均降水量时间序列统计数据插值分析获得，由闽台两地气象站长时间序列统计数据插值分析获得，数据来源于 2010 年、2015 年、2019 年中国区域 NPP 数据集[②]；F_{sic} 为土壤渗流因子，数据来源世界土壤数据库（Harmonized World Soil Database, HWSD）的中国土壤数据集[③]；F_{slp} 为坡度因子
	水土保持功能重要性	$C = \text{NPP}_{mean} (1-K)(1-F_{slp})$	C 为水土保持功能重要性指数，K 为土壤可蚀性因子，数据来源于世界土壤数据库（HWSD）的中国土壤数据集
	生物多样性维护功能重要性[④]	$B = \text{NPP}_{mean} F_{pre} F_{temp} (1-F_{alt})$	F_{temp} 为多年平均气温，由闽台两地气象站时间序列统计数据插值分析获得；F_{alt} 为海拔因子
生态敏感性评价[⑤]	生态敏感性评价[⑥]	$M = \sqrt[4]{RKLSC}$; $R_i = \alpha \sum_{j=1}^{k}(P_j)^\beta$; $\beta = 0.8363 + \dfrac{18.144}{P_{d12}} + \dfrac{24.455}{P_{y12}}$; $\alpha = 21.586 \beta^{-7.1891}$;	M 为生态敏感性指数；R_i 为降雨侵蚀力因子[⑦]；k 为核半月时段内的时间；P_j 为半月时段内第 j 天的日降水量（≥12mm）；P_{d12} 为日降水量≥12mm 的日平均雨量，估算出每个站点逐年各半月时段的降雨侵蚀力，累加得到年均降雨侵蚀力；LS 为地形起伏度因子，基于闽台两地 DEM 进行地形起伏度分析获取；C 为植被覆盖因子，采用闽台两地历年森林覆盖率结合"双评价"中表 3-3 进行赋值

[①] 此处参考"双评价"对生态系统服务功能重要性划分等级划分的方法，将生态系统服务功能重要性划分为重要性高、较高、中等、较低、低 5 个等级；
[②] 数据提供单位分别为中国科学院资源环境科学数据中心、国家地球系统科学数据中心、地理国情监测云平台定制反演产品；
[③] 数据提供单位为国家青藏高原科学数据中心；
[④] "双评价"通过全面收集区域动植物多样性资源数据库建立物种分布数据库以评价生物多样性维护功能重要性，虽然大陆与台湾所定义的"国家一、二级保护动植物"和其他具有重要保护价值的物种依据不同，但仍采用"双评价"附录 B 中生物多样性维护功能重要性评价方法；
[⑤] 依据"双评价"中表 3-4 对水土流失敏感性、盐渍化敏感性、沙漠化敏感性进行分级赋值；
[⑥] 闽台两地石漠化、盐渍化、沙漠化敏感程度均不显著，此处仅考虑水土流失敏感性；
[⑦] 由于台湾学界通常采用 Laws 和 Parson（1943）、Wischmeier 和 Smith（1958）的降雨冲蚀指数公式计算降雨侵蚀因子，与大陆常用计算方式有所区别，考虑到闽台均属于闽南及台南大陆红壤，为统一算法，此处参考大陆学者对福建及台南红壤雨量侵蚀模型计算降雨侵蚀力的计算方法，采用日雨量侵蚀因子的计算方法，采用日降雨量计算降雨侵蚀力。

闽台资源环境承载能力与区域发展耦合机理及调控

表 3-3 闽台城镇建设功能指向资源环境承载力评价方法

评价要素	评价方法	指标解释
城镇土地资源	$C_t = f([坡度], [高程])$ ①	C_t 为城镇土地资源指数
城镇水资源	以闽台地表径流量作为城镇水资源指数,并分为好,较好,一般,较差 5 个等级 ②	
城镇气候 ③	$THI = T - 0.55(1-f)(T-58)$ ④	THI 为温湿指数;T 为月均温度(华氏温度);f 为月均空气相对湿度(%) ⑤
城镇环境	[城镇建设环境条件] = f([大气环境容量], [水环境容量])	大气环境容量通过统计区域及周边地区多年静风日数(日最大风速低于 3m/s 的日数)和多年平均风速计算获得 ⑥;采用径流量法对水环境容量进行简化计算
城镇灾害	[灾害危险性] = f([地震灾害危险性], [地质灾害危险性]) ⑦	地震危险性依据《中国地震动参数区划图》(GB 18306—2015)中确定的地震动峰值加速度的具体数值;福建地质灾害危险性综合考虑崩滑流易发程度,地面沉降易发程度,矿山地面塌陷和岩溶塌陷高易发区,地质灾害点空间分布数据 ⑧;台湾高频地质灾害为泥石流及山崩地滑,采用台湾地质调查部门划定的"山崩与地滑地质敏感区",及台湾相关机构划定的泥石流潜势溪流影响范围图
城镇区位优势度	[区位优势度] = f([区位条件], [交通网络密度])	区位条件通过公路交通干线可达性、中心城区可达性、交通枢纽可达性及周边中心城市可达性反映,采用时间距离方法计算,按照目标区的交通距离,分为五个等级:≤20 分钟、20~40 分钟、40~60 分钟、60~90 分钟、>90 分钟;将公路网作为交通网络密度分析方法进行计算,采用线密度分析方法进行计算,按照交通网络密度由高到低分为 5、4、3、2、1 五个等级 ⑨

① 结合台南方山地丘陵地形实际情况,参考已有学者的相关研究,本研究将坡度分级定为 0°~6°、6°~15°、15°~25°、>25°四个等级;高程采用自然断裂法分为 5 级;对结果采用地形起伏度进行再次修订,修正过程为:计算栅格与领域栅格高程差,高程差>200m 的区域作为城镇土地资源等级;地形起伏度在 100~200m 的,将坡度等级降 1 级作为城镇土地资源等级。
② "双评价"采用《关于实行最严格水资源管理制度的意见》(2012)中水总量控制指标模数对城镇水资源进行评价,但该意见未对台湾划定用水总量控制指标,且台湾本岛现状供水结构中存在较大比例的海域海水、离岛供水基本采用海水淡化工程,因此从用水角度出发对城镇水资源进行评价将无法

62

第3章 | 资源环境耦合诊断的理论分析框架

真实反映部分地区缺水情况，同时考虑到本研究对各资源的评价属于"自然资源本底"性的资源评价，因此以闽台地表径流量作为城镇水资源指数；

③ 坡度气候评价参考"双评价"采用舒适度进行表征，舒适度通过温湿指数表征；

④ 根据公式计算12个月舒适度的温湿指数，"双评价"中表9划分舒适度等级，取12个月舒适度等级的众数作为该区区舒适度。

⑤ 根据气象站点数据，分别计算各站点12个月多年平均值得到1km×1km的静风日数和平均风速，通过空间插值得到月均温度和月均空气相对湿度。

⑥ 具体方法为：运用空间插值分别得到1km×1km的静风日数和平均风速图层，按平均风速>5m/s，3~5m/s，2~3m/s，1~2m/s，≤1m/s生成平均风速分级图。取静风日数占比≤5%，5%~10%，10%~20%，20%~30%，>30%生成静风日数分级图。按平均风日数划分为高、较高、一般、较低、低5级。

⑦ 分别通过地震动峰值加速度、活动断裂等地震危险性以及崩塌、滑坡、泥石流等地质灾害危险性的大小和可能性综合反映，等级划分采用"双评价"中分级方法；

⑧ 数据来源于中国科学院资源环境科学与数据中心；

⑨ 曾经发生过土石崩塌或有山崩或地滑发生条件的地区及其周围受山崩或地滑影响范围，以及经台湾地质调查部门划定为山崩与地滑地质敏感区；

⑩ 由于不同市县所在的区域城镇化程度区别很大，交通网络密度分级结合闽台实际情况，采取专家打分方式进行分级。

63

表 3-4 闽台农业生产功能指向资源环境承载力评价方法

评价要素	评价方法	指标解释
农业土地资源[1]	[土地资源]=f([坡度],[土壤质地])	利用闽台 DEM 计算地形坡度[2]
农业水资源	[水资源丰度]=f([降水量],[水资源可利用量])[3]	降水量基于区域内气象站长时间序列降水观测资料,采用空间插值法得到网格尺度的多年平均降水量数据；水资源可利用量以闽台重要河流水系为评价单元,将可供河道外经济社会系统开发利用消耗的最大水量(按不重复水量计算),划分为丰富、较丰富、一般、较不丰富、不丰富五个等级;
农业气候	≥0℃活动积温	基于区域内气象站点长时间序列气温观测资料[4]
农业环境	[农业生产气候和环境条件]=f([土壤肥力])[5]	土壤肥力以坡度分级结果为基础,结合土壤质地[6]
农业灾害	[农业灾害]=f([雨涝],[高温热害],[大风灾害])[7]	雨涝：测站 10 天降水量达到或超过 250mm 或 20 天降水量达到或超过 350mm 统计为一次雨涝过程,一年中出现一次或以上雨涝过程为一雨涝年; 高温热害：某地(站)日最高气温连续出现 3 天以上≥35℃,或连续 2 天≥35℃并有一天≥38℃为一次高温过程；一年中出现 3 次以上高温过程 30 天以上高温日为一个高温年,划分为丰富 5 级； 大风灾害：某日出现瞬时风速达到或超过 17.0m/s 为大风日,瞬时风速达到 24.5m/s 为狂风日；当一年中出现 30 天大风日或一个狂风日为一个风灾年

[1] 以坡度分级结果为基础,结合土壤粉砂含量；60%≤土壤粉砂含量<80%的区域,土地资源直接取最低等；60%≤土壤粉砂含量≥80%的区域,土地资源直接最低等；划分为高、较高、中等、较低、低 5 个等级,土地资源直接最低等,土地资源直接最低等。
[2] "双评价"将坡度分级为以<3°、3°~8°、8°~15°、15°~25°、>25°作为最终等级,本研究结合南方山地丘陵地实际地形情况,将坡度分级定为 0°~6°、6°~15°、15°~25°、>25°,并进行分级；
[3] 取计算水量与气象台站≥0℃活动积温,进行空间插值,一般(一年三熟)、较好(一年三熟有余)、较差(一年二熟)、差(一年一熟)5 级。
[4] 统计各气象台站≥0℃活动积温,一般(一年两熟或两年三熟),较差(一年一熟),并结合海拔校正后(以海拔每上升 100m 气温降低 0.6℃的温度递减率为依据)得到活动积温图层,因此以参考学者相关研究。
[5] 参考"双评价",环境评价主要表征区域环境质量对社会活动产生的各类污染物的承载能力,《土壤环境质量 农用地土壤污染风险管控标准(试行)》(GB15618—2018),缺少对台湾地区土壤环境容量的统计,因此以参考学者对农业生产适宜性的定义,以"土壤肥力"替代"土壤环境容量";
[6] 参考"双评价",将农业生产土地资源划分为高、较高、中等、较低、低 5 个等级,具体操作为,结合闽台实际气象灾害种类及数据收集情况,选择雨涝、高温热害、大风灾害 3 个气象灾害,土壤粉砂含量<80%的区域,将坡度等级降 1 级作为土地资源等级；
[7] 根据单项气象灾害指标每年发生情况,按照气象灾害发生频率,统计发生频率≤20%、20%~40%、40%~60%、60%~80%、>80%。

表 3-5 "双评价"在闽台评价过程中的调整

评价要素	"双评价"资源环境承载力评价方法	调整原因	闽台资源环境承载力评价方法
生物多样性维护功能重要性	全面收集区域动植物和环境资源数据建立物种分布数据库以评价生物多样性维护功能重要性	大陆与台湾定义"国家一、二级保护物种和其他具有重要保护价值的物种"的依据不同	生物多样性维护功能重要性评价方法
城镇土地资源	坡度以<3°、3°~8°、8°~15°、15°~25°、>25°作为坡度分级	结合南方山地丘陵实际地形情况及已有相关研究	将坡度分级定为 0°~6°、6°~15°、15°~25°、>25°四个等级
城镇水资源	采用《关于实行最严格水资源管理制度的意见》(2012)中水总量控制指标模数对城镇水资源进行评价	首先,《关于实行最严格水资源管理制度的意见》(2012)未对台湾划定用水总量控制指标;其次,台湾本岛现状供水结构中存在较大比例的跨域调水,水基本采用海水淡化工程,离岛供水资源进行评价将无法反映水情况;最后,本研究属于"自然资源本底"性的资源本底,因此,应以本底性的指标作为评价指标	以闽台地表径流量作为城镇水资源指数
城镇环境	依据《"生态保护红线、环境质量底线、资源利用上线和环境准入负面清单"编制技术指南(试行)》	""生态保护红线、环境质量底线、资源利用上线和环境准入负面清单"编制技术指南(试行)》未对台湾进行规定	采用"双评价"中的简化方法,以静风日数(日最大风速低于3m/s的日数)和多年平均风速进行表征
农业土地资源	坡度以<3°、3°~8°、8°~15°、15°~25°、>25°作为坡度分级	结合南方山地丘陵实际地形情况及已有相关研究	将坡度分级定为 0°~6°、6°~15°、15°~25°、>25°四个等级
农业环境	《土壤环境质量 农用地土壤污染风险管控标准(试行)》(GB 15618—2018),缺少台湾地区土地土壤环境容量的统计	《土壤环境质量 农用地土壤污染风险管控标准》(GB 15618—2018),缺少台湾地区土壤环境容量	参考学者对农业生产适宜性的定义,以"土壤肥力"替代"土壤环境容量"

计算、典型性高、能长期连续获得、指标含义清晰明了无歧义等特征，而且易与其他同类评价对象横向对比（如后期将大陆其他省份与台湾对比），能够适用于不同社会制度、不同经济体制、相似性与差异性并存地区进行对比研究。

3) 动态性与协调性

区域发展水平是该区域在某一时段，在环境、经济、社会和科技交互影响和相互作用下持续变化的动态过程，仅使用某一年的面板数据进行评价无法全面、整体地反映区域发展的连续性变化情况。因此，为科学评价闽台 2010～2019 年区域发展水平，选取 2010～2019 年内三个时间节点（2010 年、2015 年、2019 年）①的面板数据，刻画闽台 2010～2019 年区域发展水平。此外，由于区域发展系统是一个复杂的巨系统，每个子系统之间必然相互联系、互为影响，因此对指标的选取需从各子系统之间的"协调"性出发，保证区域社会人口、经济、基础设施、福祉的发展与资源环境系统相适应、相协调。

3.2.3.2 评价层面及指标选取

通过检索同类研究中的指标体系，比对提取出现频率高、受认可度高的指标是指标选择的常用方法。在系统梳理、总结中国区域发展水平评价阶段转变的基础上，区域人口发展水平层面，最终选定年底常住人口、人口密度、人口自然增长率作为闽台区域经济发展水平的评价指标闽台区域人口发展水平的评价指标（均为正向指标），分别编号 C1、C2、C3；区域经济发展水平层面，最终选定金融机构本外币各项贷款余额、人均财政收入、二三产业从业人员比例、工业固定资产投资额、批发零售业销售额、住宿餐饮业销售额、公路货运量、进出口总额、失业率（其中失业率为负向指标，其他均为正向指标），分别编号 C4～C12；区域基础设施水平层面，最终选取公路里程、每千人拥有机动车数、移动电话年末用户率、上网率（使用电脑或其他设备）、每万人卫生技术人员数作为闽台区域基础设施水平的评价指标（均为正向指标），分别表征闽台交通、通信、医疗基础设施水平，编号 C13～C17；区域社会福祉水平层面，最终选定居民可支配收入、恩格尔系数、教育文化娱乐占居民生活消费支出比例、教育支出占政府财政支出比例、环境保护支出占政府财政支出比例、文化支出占政府财政支出比例、公共图书馆藏书、各类文艺展演活动次数、特殊教育在校生数量（均为正向指标）作为闽台区域社会福祉水平的评价指标，分别表征闽台主观福祉与客观福

---

① 由于 2020 年以后全球受到新冠疫情的影响，闽台社会经济均受到极大冲击，2020 年至 2022 年的社会经济类统计数据与 2020 年以前的相比，其规律性被打乱，就本研究而言，2020 年至 2022 年的社会经济数据无法作为研究数据，因此选择 2019 年作为研究的截止时间节点，选择 2010 年与 2015 年作为阶段性的时间节点，以 2010 年、2015 年、2019 年为三个研究时点进行评价研究。

祉，编号 C18～C26。

最终，构建闽台区域发展水平评价体系（表3-6）。

表3-6 闽台区域发展水平评价体系

序号	层次	指标	单位	指标属性
C1	区域人口发展水平	年底常住人口	人	正指标
C2		人口密度	人/km^2	正指标
C3		人口自然增长率	%	正指标
C4	区域经济发展水平	金融机构本外币各项贷款余额	万美元	正指标
C5		人均财政收入	%	正指标
C6		二三产业从业人员比例	%	正指标
C7		工业固定资产投资额	亿元	正指标
C8		批发零售业销售额	亿元	正指标
C9		住宿餐饮业销售额	亿元	正指标
C10		公路货运量	10^4 t	正指标
C11		进出口总额	万美元	正指标
C12		失业率	%	逆指标
C13	区域基础设施水平	公路里程	km	正指标
C14		每千人拥有机动车数	辆	正指标
C15		移动电话年末用户率	%	正指标
C16		上网率（使用电脑或其他设备）	%	正指标
C17		每万人卫生技术人员数	%	正指标
C18	区域社会福利水平	居民可支配收入	元	正指标
C19		恩格尔系数	%	正指标
C20		教育文化娱乐占居民生活消费支出比例	%	正指标
C21		教育支出占政府财政支出比例	%	正指标
C22		环境保护支出占政府财政支出比例	%	正指标
C23		文化支出占政府财政支出比例	%	正指标
C24		公共图书馆藏书	万册	正指标
C25		各类文艺展演活动次数	10^3 场次	正指标
C26		特殊教育在校生数量	人	正指标

3.2.3.3 权重分配

1) 方法确定

目前，权重确定的方法大体可分为主观与客观两大类。其中，主观方法常用的有德尔菲法、层次分析法等，客观方法常用的有熵权法等。为了避免主观因素带来的偏差，本研究采用熵权法与层次分析法主客观相结合的方法。

熵权法是一种在没有专家权重的情况下，根据被评价对象的评价指标构成的特征值矩阵来确定指标权重的方法，是一种客观权重的评价方法。熵值概念最初源于物理热力学，其功能可以反映系统的混乱程度，后由香农（C. E. Shannon）引入信息论中，现已广泛应用于社会经济和区域发展评价领域。地理学中常见的评价指标体系，往往是由 n 个评价对象（或者区域）和 m 个评价指标构成相应的数据矩阵，矩阵的某项数据信息熵越小则表明该项数据的离散程度越大，提供的信息量就越大，该指标对综合评价的贡献越大，因此权重越大；反之，指标的区域差异越小，那么其信息熵越大，能提供的信息量就越小，则其权重也越小。熵值法既可克服多指标变量之间信息重叠的问题，又能解决主观赋值法无法避免的臆断性和随机性问题，成功避免了主观因素的干扰，形成较好的科学性和有效性，因此广泛适用于多元指标的综合评价。

主观赋权法是根据评价目标，通过主观对各评价指标重要性的感知与判断而给出权重的方法，常用的方法有德尔菲法、层次分析法、头脑风暴法等。其优点是步骤简单、方便操作，能更好地体现打分者对评价对象的认知与经验；缺点是评价结果更多体现的是打分者的主观意愿，而主观意愿往往容易被过往经验、情感倾向、知识结构等因素干扰而背离客观事实。同时，主观赋权还有过程难以被准确、定量表达，无法进行横向对比与检验，评价结果容易引发争议等问题。层次分析法是美国运筹学家 Saaty 于 1973 年提出的多目标决策方法，被认为是专家打分法的进阶版。该方法通过将不易定量的直观判断予以区段划分并对应相应数值，从而将以往完全依靠打分者感知论断的主观赋权法给予一定的定量表达，增强了主观赋权法的信服力和科学性，尤其当评价对象的评价体系浩繁复杂、包含定性指标或指标数据难以获取时，层次分析法尤为适用。层次分析法通过建立若干两两比较的判断矩阵，将原本繁复无序的评价因子进行拆解，并将其与打分者的经验相互结合后以定量方式进行表达，体现了逻辑数学中对于拆解、判断、组合的基本特征。

综合考虑权重确定的主观、客观方法的优缺点与适用性，本研究选定熵权法与层次分析法相结合的主客观方法。

2) 赋值步骤

（1）运用层次分析法对权重进行初步赋值。为保证评价指标权重的科学性与权威性，选择通过发送网络邮件及电话告知的形式邀请业内专家为评价指标赋权，告知专家打分的注意事项、填写说明等，请专家根据其工作背景和有关说明，在不相互协商的情况下赋权后通过电子邮件递交回发送邮箱。此次征求意见共发放问卷60份，回收问卷49份，回收率81.67%（表3-7）。

表3-7　回收问卷详情

项目	专家基本情况	问卷发放数/份	问卷回收数/份	比例/%
性别	男	42	35	71.43
	女	18	14	28.57
工作年限	≤2年	2	2	4.08
	2~5年	28	26	53.06
	>5年	30	21	42.86
所属单位	福建高校地理、区域规划学科教职人员	22	19	38.78
	福建住建系统、对台办工作人员	24	19	38.78
	闽台研究机构科研人员	14	11	22.44

通过业内专家问卷赋权的方法得到准则层与措施层评价指标的相应权重，并进行一致性检验，获得闽台区域发展水平评价体系初步权重（表3-8）。

表3-8　闽台区域发展水平指标层次分析法计算结果

目标层（A）	准则层（B）	权重	措施层（C）	单位	指标权重	组合权重
闽台区域发展水平评价体系（A）	区域人口发展水平（B1）	0.231	年底常住人口（C1）	人	0.335	0.077
			人口密度（C2）	人/km²	0.335	0.077
			人口自然增长率（C3）	%	0.330	0.076
	区域经济发展水平（B2）	0.272	金融机构本外币各项贷款余额（C4）	亿元	0.124	0.034
			人均财政收入（C5）	元	0.093	0.025
			二三产业从业人员比例（C6）	%	0.124	0.034
			工业固定资产投资额（C7）	亿元	0.134	0.036
			批发零售业销售额（C8）	亿元	0.093	0.025
			住宿餐饮业销售额（C9）	亿元	0.093	0.025
			公路货运量（C10）	10^4t	0.114	0.031
			进出口总额（C11）	万美元	0.134	0.036
			失业率（C12）	%	0.091	0.025

续表

目标层（A）	准则层（B）	权重	措施层（C）	单位	指标权重	组合权重
闽台区域发展水平评价体系（A）	区域基础设施水平（B3）	0.225	公路里程（C13）	km	0.223	0.050
			每千人拥有机动车数（C14）	辆	0.056	0.013
			移动电话年末用户率（C15）	%	0.221	0.050
			上网率（使用电脑或其他设备）（C16）	%	0.333	0.075
			每万人卫生技术人员数（C17）	%	0.167	0.038
	区域社会福利水平（B4）	0.272	居民可支配收入（C18）	元	0.139	0.038
			恩格尔系数（C19）	%	0.139	0.038
			教育文化娱乐占居民生活消费支出比例（C20）	%	0.167	0.045
			教育支出占政府财政支出比例（C21）	%	0.086	0.023
			环境保护支出占政府财政支出比例（C22）	%	0.086	0.023
			文化支出占政府财政支出比例（C23）	%	0.086	0.023
			公共图书馆藏书（C24）	万册	0.099	0.027
			各类文艺展演活动次数（C25）	10³场次	0.099	0.027
			特殊教育在校生数量（C26）	人	0.099	0.027
	区域发展水平				1.000	

注：因计算方法原因，组合权重总和与准则层权重略有出入

（2）运用熵权法进一步对权重进行修正。在层次分析法的基础上结合熵权法对权重进行进一步赋值。步骤如下。

第一，指标数据标准化处理。采用极差标准化公式对数据进行标准化处理，得到标准化值 q_{ij}^*。

正指标数据标准化：

$$q^*(i,k) = \frac{q(i,k) - q_{\min}(i)}{q_{\max}(i) - q_{\min}(i)} \tag{3-1}$$

逆指标数据标准化：

$$q^*(i,k) = \frac{q_{\max}(i) - q(i,k)}{q_{\max}(i) - q_{\min}(i)} \tag{3-2}$$

式中，$q_{\max}(i)$、$q_{\min}(i)$ 分别为评价指标 i 的最大值和最小值，经过标准化处理计算得到的指标值 q_{ij}^* 为在区间 [0,1] 上的数值。

第二，指标数据非零化。

$$q^*(i,k) = q^*(i,k) + 1 \tag{3-3}$$

第三，计算指标比值。

$$B(i,k) = \frac{q^*(i,k)}{\sum_{i=1}^{m} q^*(i,k)} \tag{3-4}$$

第四，计算信息熵及信息效用值。假设在 m 个指标、l 个被评价对象的评价问题中，第 i 个指标的信息熵为

$$h_i = -k \sum_{j=1}^{l} f_{ij} \ln f_{ij} \tag{3-5}$$

$$f_{ij} = \frac{q_{ij}^*}{\sum_{j=1}^{l} q_{ij}^*} \tag{3-6}$$

$$k = \frac{1}{\ln l} \tag{3-7}$$

当 $f_{ij}=0$ 时，令 $f_{ij}\ln f_{ij}=0$。第 i 项指标的信息效用值为 $d_i=1-h_i$。

第五，计算信息熵冗余度。

$$d_j = 1 - e_j \tag{3-8}$$

第六，计算指标的熵权。根据以上得到第 i 项指标的信息熵和信息效用值后，可得第 i 项指标的熵权：

$$w_i = \frac{d_j}{\sum_{i=1}^{n} d_j} \tag{3-9}$$

通过熵值法计算，得到评价体系措施层指标的客观权重（表3-9）。

表3-9 闽台区域发展水平指标熵权法计算结果

目标层（A）	准则层（B）	措施层（C）	单位	客观权重
闽台区域发展水平评价体系（A）	区域人口发展水平（B1）	年底常住人口（C1）	人	0.031
		人口密度（C2）	人/km²	0.056
		人口自然增长率（C3）	%	0.012
	区域经济发展水平（B2）	金融机构本外币各项贷款余额（C4）	亿元	0.148
		人均财政收入（C5）	元	0.084
		二三产业从业人员比例（C6）	%	0.005
		工业固定资产投资额（C7）	亿元	0.088
		批发零售业销售额（C8）	亿元	0.06
		住宿餐饮业销售额（C9）	亿元	0.044
		公路货运量（C10）	10^4t	0.032
		进出口总额（C11）	万美元	0.118
		失业率（C12）	%	0.035

续表

目标层（A）	准则层（B）	措施层（C）	单位	客观权重
闽台区域发展水平评价体系（A）	区域基础设施水平（B3）	公路里程（C13）	km	0.035
		每千人拥有机动车数（C14）	辆	0.007
		移动电话年末用户率（C15）	%	0.009
		上网率（使用电脑或其他设备）（C16）	%	0.023
		每万人卫生技术人员数（C17）	%	0.011
	区域社会福祉水平（B4）	居民可支配收入（C18）	元	0.01
		恩格尔系数（C19）	%	0.002
		教育文化娱乐占居民生活消费支出比例（C20）	%	0.007
		教育支出占政府财政支出比例（C21）	%	0.014
		环境保护支出占政府财政支出比例（C22）	%	0.036
		文化支出占政府财政支出比例（C23）	%	0.034
		公共图书馆藏书（C24）	万册	0.032
		各类文艺展演活动次数（C25）	10^3场次	0.052
		特殊教育在校生数量（C26）	人	0.015
区域发展水平				1.000

（3）确定组合权重。组合权重是综合主观赋权法与客观赋权法的优点，将二者计算的权重相综合的方法。它既能够包含业内专家对评价对象的经验与认识，也能够客观反映数据本身的信息要素，有效地减少了误差与争议。

为协调主/客观权重数值关系，确定评价组合权重。设 Q_c 为综合后的组合权重，Q_a 为 AHP 主观赋权法确定的权重，Q_s 为熵权法确定的权重，构建三者的线性方程，其中主观偏向权重占组合权重比为 α，因此可列方程为

$$Q_c = \alpha Q_j^a + (1-\alpha) Q_j^s \tag{3-10}$$

通过求取三者间偏差平方以及最小目的，构建函数关系如下：

$$\min Z = \sum_{j=1}^{m} [(Q_j^c - Q_j^a)^2 + (Q_j^c - Q_j^s)^2] \tag{3-11}$$

解得 α 值为0.5，因此闽台区域发展水平评价体系各评价指标组合权重为

$$Q_j^c = 0.5 Q_j^a + 0.5 Q_j^s \tag{3-12}$$

获得闽台区域发展水平评价体系权重（表3-10）。

表 3-10　闽台区域发展水平评价体系权重

目标层(A)	准则层(B)	措施层(C)	AHP指标权重	AHP组合权重	熵权法权重	组合权重
闽台区域发展水平评价体系(A)	区域人口发展水平(B1)	年底常住人口(C1)	0.335	0.077	0.031	0.054
		人口密度(C2)	0.335	0.077	0.056	0.066
		人口自然增长率(C3)	0.330	0.076	0.012	0.044
	区域经济发展水平(B2)	金融机构本外币各项贷款余额(C4)	0.124	0.034	0.148	0.091
		人均财政收入(C5)	0.093	0.025	0.084	0.055
		二三产业从业人员比例(C6)	0.124	0.034	0.005	0.019
		工业固定资产投资额(C7)	0.134	0.036	0.088	0.062
		批发零售业销售额(C8)	0.093	0.025	0.060	0.043
		住宿餐饮业销售额(C9)	0.093	0.025	0.044	0.034
		公路货运量(C10)	0.114	0.031	0.032	0.031
		进出口总额(C11)	0.134	0.036	0.118	0.077
		失业率(C12)	0.091	0.025	0.035	0.03
	区域基础设施水平(B3)	公路里程(C13)	0.223	0.050	0.035	0.043
		每千人拥有机动车数(C14)	0.056	0.013	0.007	0.01
		移动电话年末用户率(C15)	0.221	0.050	0.009	0.029
		上网率(使用电脑或其他设备)(C16)	0.333	0.075	0.023	0.049
		每万人卫生技术人员数(C17)	0.167	0.038	0.011	0.024
	区域社会福祉水平(B4)	居民可支配收入(C18)	0.139	0.038	0.010	0.024
		恩格尔系数(C19)	0.139	0.038	0.002	0.02
		教育文化娱乐占居民生活消费支出比例(C20)	0.167	0.045	0.007	0.027
		教育支出占政府财政支出比例(C21)	0.086	0.023	0.014	0.019
		环境保护支出占政府财政支出比例(C22)	0.086	0.023	0.036	0.03
		文化支出占政府财政支出比例(C23)	0.086	0.023	0.034	0.029
		公共图书馆藏书(C24)	0.099	0.027	0.032	0.03
		各类文艺展演活动次数(C25)	0.099	0.027	0.052	0.039
		特殊教育在校生数量(C26)	0.099	0.027	0.015	0.021
		区域发展水平				1.000

3.2.3.4　区域发展水平评价体系建立

最终构建一套突破传统人口与经济发展水平的单一刻画的、基于社会福祉理念的闽台区域发展水平评价体系（表3-11）①。

表3-11　闽台区域发展水平评价体系

目标层（A）	准则层（B）	措施层（C）	单位	权重	性质
闽台区域发展水平评价体系（A）	区域人口发展水平（B1）	年底常住人口（C1）	人	0.054	正指标
		人口密度（C2）	人/km²	0.066	正指标
		人口自然增长率（C3）	%	0.044	正指标
	区域经济发展水平（B2）	金融机构本外币各项贷款余额（C4）	亿元	0.091	正指标
		人均财政收入（C5）	元	0.055	正指标
		二三产业从业人员比例（C6）	%	0.019	正指标
		工业固定资产投资额（C7）	亿元	0.062	正指标
		批发零售业销售额（C8）	亿元	0.043	正指标
		住宿餐饮业销售额（C9）	亿元	0.034	正指标
		公路货运量（C10）	10^4 t	0.031	正指标
		进出口总额（C11）	万美元	0.077	正指标
		失业率（C12）	%	0.030	负指标
	区域基础设施水平（B3）	公路里程（C13）	km	0.043	正指标
		每千人拥有机动车数（C14）	辆	0.010	正指标
		移动电话年末用户率（C15）	%	0.029	正指标
		上网率（使用电脑或其他设备）（C16）	%	0.049	正指标
		每万人卫生技术人员数（C17）	%	0.024	正指标
	区域社会福祉水平（B4）	居民可支配收入（C18）	元	0.024	正指标
		恩格尔系数（C19）	%	0.020	正指标
		教育文化娱乐占居民生活消费支出比例（C20）	%	0.027	正指标
		教育支出占政府财政支出比例（C21）	%	0.019	正指标
		环境保护支出占政府财政支出比例（C22）	%	0.030	正指标
		文化支出占政府财政支出比例（C23）	%	0.029	正指标
		公共图书馆藏书（C24）	万册	0.030	正指标
		各类文艺展演活动次数（C25）	10^3 场次	0.039	正指标
		特殊教育在校生数量（C26）	人	0.021	正指标
	区域发展水平			1.000	

---

① 评价体系内涉及汇率的指标均根据"中国银行历年外汇牌价"（https://srh.bankofchina.com/search/whpj/search_cn.jsp）进行换算：2010年、2015年、2019年新台币与人民币互换汇率（CNY/TWD）分别为4.6447、5.0571、4.4693；2010年、2015年、2019年美元与人民币互换汇率（USD/CNY）分别为6.7596、6.2889、6.9014。

3.2.4 耦合协调类型测度方法

3.2.4.1 耦合度方法

耦合是两个或两个以上的事物的输入与输出之间存在紧密配合与相互影响，并通过相互作用从一侧向另一侧传输能量的现象，这一概念的核心是强调两个或两个以上独立单元的相互作用，并产生以物质为载体的能量交换过程。耦合程度用于反映系统之间的相互作用强度及其影响。

为进一步研究闽台不同功能指向的资源环境系统与区域发展系统的相互关系，本研究引用物理学耦合模型，并参考相关耦合模型的研究成果，构建资源环境系统与区域发展系统的耦合协调度模型对其进行测算。耦合协调度模型衡量系统在开发过程中的协调程度，反映了系统从无序到有序的趋势，耦合协调度模型使用耦合度阐释若干子系统之间的相互关系，并进一步使用协调发展度对整个系统进行综合评价与研究，该模型简便易算且结果直观，目前已广泛用于不同尺度、不同自然地理特征、不同社会经济发展水平系统间耦合发展水平的实证研究中。公式为

$$C = \left[\frac{S_1 S_2}{(S_1 + S_2 / 2)^2} \right]^2 \tag{3-13}$$

式中，S_1 为闽台资源环境承载能力；S_2 为闽台区域发展水平；C 为耦合度，取值范围为 [0，1]，其值越大说明资源环境系统与区域发展系统之间相互作用、相互影响越强烈。借鉴已有研究成果并结合本研究实际情况，将闽台不同功能指向的资源环境系统与区域发展系统耦合度划分为6种类型（表3-12）。

表3-12 闽台资源环境系统与区域发展系统耦合阶段划分

耦合度	耦合阶段	特征
$C=0$	最低水平耦合阶段	资源环境系统与区域发展系统之间处于无关状态且向无序发展
$0<C\leq0.3$	低水平耦合阶段	资源环境系统与区域发展系统之间开始进行博弈，处于低水平耦合时期
$0.3<C\leq0.5$	磨合阶段	资源环境系统与区域发展系统之间相互作用加强，出现乡村优势功能更强并占据其他乡村功能空间而其他功能不断衰弱的现象
$0.5<C\leq0.8$	拮抗阶段	资源环境系统与区域发展系统之间开始相互制衡、配合，呈现出良性耦合特征

续表

耦合度	耦合阶段	特征
0.8<C<1	高水平耦合阶段	资源环境系统与区域发展系统之间良性耦合愈强并逐渐向有序方向发展,处于高水平耦合时期
C=1	最高水平耦合阶段	资源环境系统与区域发展系统功能实现良性共振耦合且趋向新的有序结构

3.2.4.2 耦合协调度测度方法

耦合度反映两个系统之间关联是否密切,但即使耦合度高,两个系统的发展水平也可能均较低,耦合度并不能准确反映两个系统内部的发展水平和协调状况,两者之间是因相互协调而密切,还是由于矛盾非常大而密切,尚需进一步研究,因此有必要进行耦合协调度计算。

耦合协调度模型可以用以描述两个或者两个以上系统之间相互作用的影响程度,清晰地反映出系统之间相互作用、相互影响的协调程度,判断出系统之间是否和谐发展。因此,本研究进一步构建耦合协调度模型,进一步测算两个系统的协调情况,公式为

$$D = \sqrt{C \times T} \qquad (3\text{-}14)$$

$$T = \alpha S_1 + \beta S_2 \qquad (3\text{-}15)$$

式中,T 为区域发展水平与资源环境水平的综合评价指数;α、β 为待定系数,二者之和为1;D 为区域发展水平与资源环境承载能力的耦合协调度,在实际中 $C \in (0, 1]$,$D \in (0, 1)$,且 D 越大,说明区域发展水平与资源环境承载能力耦合程度越大,反之,则越小。

根据这一模型,参照已有研究,将资源环境系统与区域发展系统的耦合类型划分为以下两个大类、十个小类(表3-13)。

3.2.5 影响因子识别方法

地理探测器是探测空间分异性以及揭示其背后驱动力的一组统计学方法,既可以探测数值型数据,也可以探测定性数据。本研究采用地理探测器从闽台全域、协调区、失调区三个尺度分别识别闽台生态保护功能指向的资源环境系统、城镇建设功能指向的资源环境系统、农业生产功能指向的资源环境系统与区域发展耦合协调影响因素及影响水平。

表 3-13 耦合协调度及对应耦合协调类型

D	耦合协调类型		特征	D	耦合协调类型		特征
$0<D\leq 0.1$	失调类	极度失调	资源环境系统与区域发展系统之间过度发展，极度混乱无序，处于极度失调状态	$0.5<D\leq 0.6$	协调类	勉强协调	资源环境系统与区域发展系统之间为良性促进的正向作用，两者达到勉强协调的状态
$0.1<D\leq 0.2$		严重失调	资源环境系统与区域发展系统之间相互作用的效果极差，处于严重失调状态	$0.6<D\leq 0.7$		初级协调	资源环境系统与区域发展水平之间的良性促进关系有所增强，达到初级协调状态
$0.2<D\leq 0.3$		中度失调	资源环境系统与区域发展水平之间相互作用效果较差，处于中度失调状态	$0.7<D\leq 0.8$		中级协调	资源环境系统与区域发展水平之间良性相互促进关系较为稳定，达到中级协调状态
$0.3<D\leq 0.4$		轻度失调	资源环境系统与区域发展水平之间未实现相互促进效应，处于轻度失衡状态	$0.8<D\leq 0.9$		良好协调	资源环境系统与区域发展系统之间处于高质量的动态平衡状态，两者稳定实现优质协调、有序发展
$0.4<D\leq 0.5$		濒临失调	资源环境系统与区域发展系统之间存在相互促进的正向作用，但作用效果较弱，处于濒临失调的状态	$0.9<D<1$		优质协调	资源环境系统与区域发展系统动态平衡状态更加稳固，逐步向可持续发展

地理探测器是探测空间分异性及揭示其背后驱动力的一组统计学方法，既可以探测数值型数据，也可以探测定性数据。同时，地理探测器还可以探测两因子交互作用于因变量，通过分别计算和比较各单因子 q 值及两因子叠加后的 q 值，判断两因子是否存在交互作用，以及交互作用的强弱、方向、线性还是非线性等。地理探测器包括 4 个探测器：分异及因子探测、交互作用探测、风险区探测及生态探测。

近年来，地理探测器在分析自然地理要素对自然地理现象的影响机制（如降水量等对农业干旱空间分布影响分异）、人文地理要素对人文地理现象的影响机制（如城市经济增长质量与数量的交互作用机理）及自然人文要素对自然人文地理现象的影响机制方面均得到广泛的应用。闽台资源环境与区域发展耦合的空间格局是在自然要素和人文要素综合作用下形成的，地理探测器不仅能够探测资源环境承载能力各要素（自然要素）与区域发展水平各评价指标（人文要素）对耦合水平的影响，同时能够探测自然要素集及人文要素集内部各因子之间的相互作用，对揭示闽台资源环境与区域发展耦合机理具有重要作用。

本研究采用地理探测器的分异及因子探测，以及交互作用探测功能，从闽台全域、协调区、失调区三个尺度分别识别闽台生态保护功能指向的资源环境系统、城镇建设功能指向的资源环境系统、农业生产功能指向的资源环境系统与区域发展耦合协调影响因素及影响水平。

分异及因子探测及交互作用探测的基本原理如下。

3.2.5.1 分异及因子探测

用 q 值探测 Y 的空间分异性及探测某因子 X 多大程度上解释了属性 Y 的空间分异，表达式为

$$q = 1 - \frac{\sum_{h=1}^{L} N_h \sigma_h^2}{N \sigma^2} = 1 - \frac{\text{SSW}}{\text{SST}} \tag{3-16}$$

$$\text{SSW} = \sum_{h=1}^{L} N_h \sigma_h^2 \tag{3-17}$$

$$\text{SST} = N \sigma^2 \tag{3-18}$$

式中：$h = 1，\cdots，L$ 为变量 Y 或因子 X 的分层（Strata），即分类或分区；N_h 和 N 分别为层 h 和全区的单元数；σ_h^2 和 σ^2 分别是层 h 和全区的 Y 值的方差。SSW 和 SST 分别为层内方差之和（Within Sum of Squares）和全区总方差（Total Sum of Squares）。q 的值域为 [0, 1]，值越大说明 Y 的空间分异性越明显；如果分层是由自变量 X 生成的，则 q 值越大表示自变量 X 对属性 Y 的解释力越强，反之则越弱。极端情况下，q 值为 1 表明因子 X 完全控制了 Y 的空间分布，q 值为 0 则表明因子 X 与 Y 没有任何关系，q 值表示 X 解释了 $100 \times q\%$ 的 Y。

3.2.5.2 交互作用探测

识别不同风险因子 X_s 之间的交互作用，即评估因子 X_1 和 X_2 共同作用时是否会增加或减弱对因变量 Y 的解释力，或这些因子对 Y 的影响是相互独立的。评估的方法是分别计算两种因子 X_1 和 X_2 对 Y 的 q 值：$q(X_1)$ 和 $q(X_2)$，并且计算它们交互时的 q 值：$q(X_1 \cap X_2)$，并对 $q(X_1)$、$q(X_2)$ 与 $q(X_1 \cap X_2)$ 进行比较。两个因子之间的关系可分为交互作用、非线性减弱、单因子非线性减弱、双因子增强、独立增强和非线性增强六种类型。

由于资源环境承载能力各因子为类型量数据，需要对其进行重分类，通过 GIS 平台采用自然断裂法将各因子重分类为 10 类；区域发展水平各评价指标为数值量，需对其进行离散化处理，采用 K-means 算法对各指标进行离散化处理。

第 4 章　福建资源环境系统与区域发展系统耦合协调分析

4.1　福建资源环境承载能力评价

4.1.1　生态保护功能指向的资源环境承载能力

依据表 3-2 对福建省 2010 年、2015 年、2019 年生态保护功能区的资源环境承载能力各因子进行评价，分别获得福建省 2010 年、2015 年、2019 年生态保护功能指向的水源涵养功能重要性、水土保持功能重要性、生物多样性维护功能重要性、生态敏感性指数，并集成后获得生态保护功能指向的资源环境承载能力。

4.1.1.1　水源涵养功能重要性评价

从福建水源涵养功能重要性评价结果来看，福建水源涵养功能重要性指数高低值夹杂，形态破碎。从平均值来看，福建水源涵养功能重要性指数高值区为寿宁县、周宁县、柘荣县组成的闽东北高值聚集区与永春县、德化县、华安县组成的闽东南高值聚集区。

对比 2010 年、2015 年、2019 年福建各研究单元的水源涵养功能重要性指数，发现该指数呈现 2010～2015 年骤降，2015～2019 年稳步攀升的变化特征，且指数波动剧烈。具体来看：

（1）由于土壤渗透因子具有稳定性，福建水源涵养功能重要性主要受多年植被净初级生产力及降水的影响。

（2）福建各研究单元水源涵养功能重要性指数波动显著，三个时间节点高值研究单元各不相同，2010 年寿宁县、周宁县、柘荣县在闽东北形成高值聚集区，2015 年永春县、德化县、华安县在闽东南形成高值聚集区，2019 年永春县、德化县、华安县组成的闽东南高值聚集区存在，同时寿宁县、周宁县、柘荣县组成的闽东北组成的高值聚集区再次凸显。

4.1.1.2 水土保持功能重要性评价

从福建水土保持功能重要性评价结果来看,福建水土保持功能重要性指数亦高低值夹杂,形态破碎。从水土保持功能重要性指数平均值来看,福建水土保持功能重要性高值区为屏南县、寿宁县、周宁县组成的闽东北高值区,以及围绕大田县的闽西北高值区。

对比2010年、2015年、2019年福建各研究单元的水土保持功能重要性指数,福建各研究单元的水土保持功能重要性指数在2010~2015年骤降,在2015~2019年稳步攀升。具体来看:

(1) 由于土壤渗透因子具有稳定性,福建水土保持功能重要性指数依然主要受多年植被净初级生产力的影响,因此变化特征与福建水源涵养功能重要性指数多年变化特征相似。

(2) 福建各研究单元水土保持功能重要性指数波动显著,2010年福建各研究单元水土保持功能重要性指数均处于较高水平,但在2015年表现为显著下降,并于2019年表现为一定程度的提高。

(3) 福建各研究单元的水土保持功能重要性指数不仅在时间上波动显著,在同一时期,高值研究单元更换也频繁。具体来看,2010年福建水土保持功能重要性指数高值研究单元为大田县,其次为寿宁县;在2015年则更换为华安县,其次为寿宁县;2019年再次更换为大田县与寿宁县。

4.1.1.3 生物多样性维护功能重要性评价

从福建生物多样性维护功能重要性评价结果来看,福建各研究单元生物多样性维护功能重要性指数较为接近,多年值先下降后上升。从生物多样性维护功能重要性指数平均值来看,福建在永春县、德化县、华安县形成闽东南高值区,在屏南县、寿宁县、周宁县、柘荣县形成闽东北高值区,空间上由东南向东北、西北递减。

对比2010年、2015年、2019年福建各研究单元的生物多样性维护功能重要性指数,福建各研究单元的生物多样性维护功能重要性指数在2010~2015年骤降,在2015~2019年稳步攀升。在三个时期,永春县、德化县、华安县组成的闽东南高值区与屏南县、寿宁县、周宁县、柘荣县组成闽东北高值区均为各年最高地区。

4.1.1.4 生态敏感性评价

从福建生态敏感性评价结果来看,福建各研究单元生态敏感性指数较为接近，且多年值稳定。从生态敏感性指数平均值来看，福建除泰宁县与大田县以外，其余研究单元生态敏感性接近。对比 2010 年、2015 年、2019 年福建各研究单元的生态敏感性指数，福建各研究单元的生态敏感性几乎稳定不变。

4.1.1.5 生态保护功能指向的资源环境承载能力评价

依据"双评价"集成方法，将福建水源涵养功能重要性、水土保持功能重要性、生物多样性维护功能重要性、生态敏感性评价结果进行集成，从评价结果来看，福建生态保护功能指向的资源环境承载能力位于闽台全域的中游水平，空间分布特征为大面积的中值片区夹杂部分高值区。以各研究单位为分区进行统计，结果显示福建各研究单元资源环境承载能力较为接近。

根据福建生态保护功能指向的资源环境承载能力各因子空间分布与时间变化趋势，在时间上，福建各因子变化特征基本一致，即 2015 年较 2010 年下降，2019 年较 2015 年上升，该表现与已有研究成果基本保持一致。作为由水源涵养功能重要性、水土保持功能重要性、生物多样性维护功能重要性、生态敏感性集成的生态保护功能指向的资源环境承载能力，多年值的变化特征与各因子变化特征一致，即 2015 年较 2010 年下降，2019 年较 2015 年上升（表 4-1）。该表现的原因在于 2010~2019 年中国社会经济发展方式的重大转变。2015 年之前，中国社会发展目标偏向经济的发展，尚不重视生态保护功能区的重要性，绿水青山未能开发为金山银山；2015 年起，福建树立和践行"绿水青山就是金山银山"的理念，坚持人与自然和谐共生，经济发展方式也开始转为绿色发展方式，促进经济发展和环境保护双赢，2014 年和 2016 年，福建分别被国家确立为首个生态文明先行示范区和生态文明试验区，标志着福建进入了生态文明建设的制度创新阶段，福建的区域生态实践上升为国家战略，福建水源涵养功能重要性指数、水土保持功能重要性指数、生物多样性维护功能重要性指数均有一定程度的提升，生态敏感性指数表现为一定水平的下降。

表 4-1 2010 年、2015 年、2019 年福建生态保护功能指向的资源环境承载能力

研究单元	生态保护功能指向的资源环境承载能力					
	2010 年	2015 年	2015 年较 2010 年变化	2019 年	2019 年较 2015 年变化	三年平均
永泰县	2.0331	1.9964	−0.0367	1.9966	0.0002	2.0087
泰宁县	1.9891	1.9708	−0.0183	1.9709	0.0001	1.9769
安溪县	2.0275	1.9906	−0.0369	1.9913	0.0007	2.0031
永春县	2.0771	1.9947	−0.0824	1.9957	0.0010	2.0225

续表

研究单元	生态保护功能指向的资源环境承载能力					
	2010年	2015年	2015年较2010年变化	2019年	2019年较2015年变化	三年平均
德化县	2.0771	1.9982	−0.0789	1.9983	0.0001	2.0245
华安县	2.0782	1.9891	−0.0891	1.9911	0.0020	2.0195
武夷山市	1.9982	1.9738	−0.0244	1.9737	−0.0001	1.9819
屏南县	2.0297	1.9975	−0.0322	1.9973	−0.0002	2.0082
寿宁县	2.0440	1.9810	−0.0630	1.9821	0.0011	2.0024
周宁县	2.0672	1.9948	−0.0724	1.9999	0.0051	2.0206
柘荣县	2.0808	1.9560	−0.1248	1.9960	0.0400	2.0109
大田县	2.0496	1.9911	−0.0585	1.9915	0.0004	2.0107

4.1.2 城镇建设功能指向的资源环境承载能力

4.1.2.1 城镇土地资源评价

福建城镇土地资源指数的空间分布呈现显著的破碎性特征，破碎程度由福建东南沿海向闽西北、西南内陆递增；从福建各研究单元分区统计来看，福建城镇土地资源指数最高的为湖里区，紧接着为台江区、石狮市、晋江市、鲤城区、仓山区。其中，惠安县、丰泽区、鲤城区、晋江市、石狮市与湖里区、思明区、海沧区在闽东南形成两个土地资源指数高值区，鼓楼区、台江区、仓山区与荔城区、秀屿区在闽东形成两个土地资源指数高值区；土地资源指数低值区广泛分布于闽西内陆。

4.1.2.2 城镇水资源评价

福建城镇水资源评价采用的是县级行政区的地表径流量，因此2010年、2015年、2019年城镇水资源指数较为稳定。从福建城镇水资源的空间评价结果来看，福建城镇水资源指数与城镇土地资源指数高低值分布情况相反，城镇水资源指数较高的研究单元主要分布于闽西内陆（邵武市、建阳区、延平区、永安市、新罗区、永定区等），闽东沿海平原研究单元分布部分城镇水资源指数高值区（福安市、闽侯县、南安市、龙海市、漳浦县、福清市等），但大部分沿海研究单元的城镇水资源指数处于福建中下游水平。

4.1.2.3 城镇气候评价

从福建城镇气候评价结果来看,福建城镇气候指数总体上呈闽东南高于闽北的趋势。福建形成由云霄县-诏安县-东山县-漳浦县-龙海市-龙文区-芗城区等自南向北组成的闽东南城镇气候指数高值带,以及由建阳区-邵武市组成的闽西城镇气候指数低值区,由三元区-永安市-梅列区-沙县-延平区组成的闽西城镇气候指数低值带,以及由福鼎市-霞浦县-福安市组成的闽东北城镇气候指数低值区。

对比2010年、2015年、2019年福建各研究单元的城镇气候指数,福建各研究单元的城镇气候指数在2010~2015年总体上升,2015~2019年上升趋势减缓(表4-2)。具体来看,2010~2015年,除罗源县、石狮市、晋江市、新罗区、霞浦县外,福建其余研究单元城镇气候指数均上升,平均上升了0.6558,其中平潭综合实验区城镇气候指数上升最多,为4.6705;2015~2019年,福建各研究单元波动更为频繁,位于闽东与闽南的福州市(鼓楼区、台江区、福清市、长乐市、仓山区、平潭综合实验区、马尾区)、莆田市(城厢区、涵江区、荔城区、秀屿区)、漳州市(东山县、龙海市、漳浦县)、厦门市(思明区、湖里区、集美区、海沧区)、泉州市(泉港区、惠安县)城镇气候指数均不同程度下降,下降最多的为平潭综合实验区(下降了4.2535),福建其余研究单元城镇气候指数有所增加,增加最多的为蕉城区(增加了10.9717)。

表4-2 福建城镇气候指数

研究单元	2010年	2015年	2015年较2010年变化	2019年	2019年较2015年变化	三年平均
云霄县	68.9062	69.1132	0.2070	69.5932	0.4800	69.2042
诏安县	68.8713	69.1299	0.2586	69.5588	0.4290	69.1866
东山县	68.9854	69.2348	0.2494	69.1841	-0.0507	69.1348
芗城区	68.6926	69.0144	0.3218	69.3676	0.3532	69.0249
龙文区	68.6933	69.0990	0.4057	69.2607	0.1618	69.0177
漳浦县	68.7752	69.2544	0.4792	69.0130	-0.2414	69.0142
龙海市	68.6407	68.9806	0.3400	68.8917	-0.0889	68.8377
秀屿区	67.3486	69.9569	2.6083	68.7867	-1.1702	68.6974
海沧区	68.5147	68.7758	0.2611	68.6223	-0.1535	68.6376
集美区	68.5034	68.7106	0.2072	68.6445	-0.0661	68.6195
同安区	68.4223	68.5624	0.1401	68.6390	0.0767	68.5412

续表

研究单元	2010年	2015年	2015年较2010年变化	2019年	2019年较2015年变化	三年平均
荔城区	67.2449	69.4805	2.2357	68.8324	-0.6481	68.5193
罗源县	65.6723	65.5853	-0.0870	74.1822	8.5968	68.4799
湖里区	68.3345	68.4611	0.1266	68.4248	-0.0364	68.4068
思明区	68.3372	68.4551	0.1179	68.4222	-0.0330	68.4048
翔安区	68.2972	68.2978	0.0005	68.4878	0.1900	68.3609
蕉城区	64.6938	64.6952	0.0014	75.6669	10.9717	68.3520
城厢区	67.1140	68.7483	1.6343	68.6259	-0.1224	68.1628
平潭综合实验区	66.4458	71.1163	4.6705	66.8628	-4.2535	68.1417
涵江区	66.9278	68.8535	1.9257	68.4104	-0.4431	68.0639
南安市	67.7555	67.8889	0.1334	68.4212	0.5323	68.0219
泉港区	67.3152	68.3999	1.0847	68.2180	-0.1819	67.9777
晋江市	67.9605	67.8822	-0.0783	68.0745	0.1923	67.9724
福清市	66.6969	69.5653	2.8684	67.4594	-2.1059	67.9072
鲤城区	67.7511	67.7704	0.0193	68.0267	0.2563	67.8494
石狮市	67.8031	67.7960	-0.0071	67.8741	0.0781	67.8244
洛江区	67.3093	67.7634	0.4542	68.1915	0.4280	67.7547
丰泽区	67.6197	67.7054	0.0857	67.9318	0.2263	67.7523
惠安县	67.4059	67.9340	0.5281	67.7286	-0.2054	67.6895
永定区	67.5413	67.5911	0.0499	67.7195	0.1284	67.6173
仙游县	66.7980	67.6504	0.8525	68.1612	0.5107	67.5365
新罗区	67.1073	67.0964	-0.0109	67.1418	0.0454	67.1152
连江县	65.8962	65.9820	0.0858	68.8984	2.9164	66.9255
长乐市	66.2265	68.0760	1.8495	65.9531	-2.1229	66.7519
闽侯县	66.3639	66.8008	0.4369	66.8482	0.0474	66.6710
晋安区	66.3322	66.4913	0.1592	66.7094	0.2181	66.5110
仓山区	66.4238	67.3642	0.9404	65.2058	-2.1584	66.3313
马尾区	66.1697	66.9963	0.8266	65.6527	-1.3435	66.2729
台江区	66.4217	67.1444	0.7227	65.1395	-2.0048	66.2352
鼓楼区	66.4510	66.9790	0.5280	65.1672	-1.8118	66.1991
梅列区	65.5073	65.9168	0.4094	66.2330	0.3163	65.8857

续表

研究单元	2010年	2015年	2015年较2010年变化	2019年	2019年较2015年变化	三年平均
沙县	65.3544	65.6796	0.3252	66.3610	0.6814	65.7983
延平区	65.3493	65.4552	0.1059	66.2863	0.8311	65.6969
三元区	65.3872	65.7344	0.3473	65.9413	0.2069	65.6876
永安市	65.4967	65.6589	0.1622	65.8662	0.2074	65.6739
霞浦县	64.4156	64.3217	-0.0939	65.9770	1.6553	64.9048
福安市	63.4033	63.4217	0.0184	67.2859	3.8641	64.7036
建阳区	64.0136	64.1947	0.1811	64.4467	0.2520	64.2183
福鼎市	63.7738	63.7951	0.0213	64.0805	0.2854	63.8831
邵武市	63.6628	63.7878	0.1250	64.1092	0.3214	63.8533

4.1.2.4 城镇环境评价

从福建城镇环境评价结果来看，福建城镇大气环境指数总体上为闽西、闽北地区高于闽东南；城镇水环境指数由福建东北向福建西南递减。具体来看，空间上，福建城镇大气环境指数较高的研究单元分散于闽北（邵武市、延平区等）、闽东北（蕉城区、福鼎市、福安市等）、闽东（连江县、长乐市、平潭综合实验区等）、闽西（沙县等）、闽南（东山县等）、闽西南（永定区等），但其分布与区域经济发展水平的高低分布具有一定一致性，表明福建大气环境与区域经济之间的关系遵循环境库兹涅茨曲线；空间上，福建城镇水环境指数较高的研究单元集中分布于闽东及闽东北（蕉城区、福安市、霞浦县、福鼎市、闽侯县、连江县、罗源县、仙游县、芗城区等），同时在闽北（建阳区、邵武市等）、闽西（三元区、梅列区、永安市等）、闽东南（诏安县、鲤城区、南安市等）分布小片区的高值区，该分布与区域经济发展水平一致性较弱。

对比2010年、2015年、2019年闽台各研究单元的城镇环境指数：福建城镇大气环境指数总体下降，城镇水环境指数总体上升。其中，2010~2015年，福建50个研究单元中，23个研究单元的城镇大气环境指数发生不同程度的下降；2015~2019年，城镇大气环境指数下降的研究单元增加至41个。福建城镇水环境指数下降情况较为轻微，2010~2015年，福建仅有7个研究单元的城镇水环境指数有所上升，2015~2019年，福建城镇水环境指数下降的研究单元有所减少，但减少的研究单元仍占多数。总体而言，福建城镇环境指数在2010~2019年存在不同程度的下降。

4.1.2.5 城镇灾害评价

由于地震动峰值加速度、活动断层分布、地震灾点均具有较强稳定性，福建城镇地震灾害危险性指数与地质灾害危险性指数 10 年间未发生较大变化。从福建地震灾害危险性指数的评价结果来看，各研究区城镇灾害指数均较为接近。

4.1.2.6 城镇区位优势度评价

从福建城镇区位优势度评价结果来看，福建在闽东南（鲤城区、龙文区、丰泽区、晋江市等）与闽东（鼓楼区、芗城区、马尾区、长乐市等）分布两个城镇区位优势度高值区，其余研究单元城镇区位优势度围绕两个高值区逐渐递减。

对比 2010 年、2015 年、2019 年福建各研究单元的城镇区位优势度指数，福建各研究单元城镇区位优势度指数在十年间由下降逐渐转为上升。具体来看，2010~2015 年，除漳浦县、福安市、连江县、罗源县外，福建其余研究单元城镇区位优势度指数均产生不同程度下降；而 2015~2019 年，该下降趋势有巨大扭转，除诏安县、罗源县、漳浦县、福清市、福安市、梅列区外，其余研究单元城镇区位优势度指数均不同程度上升。该变化原因为"十三五"期间，福建全省形成"两纵三横"综合交通运输大通道，初步建成域内互通、域外互联、安全便捷、经济高效、绿色智能的现代综合交通运输体系。

4.1.2.7 城镇建设功能指向的资源环境承载能力评价

依据"双评价"集成方法，将福建城镇土地资源评价、城镇水资源评价、城镇气候评价、城镇大气环境评价、城镇水环境评价、城镇灾害评价、城镇区位优势度评价的评价结果进行集成。从评价结果来看，福建东南部、东部、西北部分别分布由多个城镇建设功能指向的资源环境承载能力高值点组成的高值区。以各研究单元为分区进行统计后，福建城镇建设功能指向的资源环境承载能力高低分异更加明显。具体来看，福建东部沿海城镇建设功能指向的资源环境承载能力空间分布高低值交错，福建西部内陆城镇建设功能指向的资源环境承载能力空间分布中低值交错。福建东南沿海形成由漳浦县、龙海区、芗城区、湖里区、思明区、海沧区、晋江市、石狮市、鲤城区、南安市、荔城区、秀屿区组成的横跨厦-漳-泉-莆四大城市的闽东南沿海城镇建设功能指向的资源环境承载能力高值带，该高值带在仙游县、城厢区、涵江区、福清市、平潭综合实验区组成的中低值区被打断；随后在台江区、仓山区、闽侯县、鼓楼区、长乐市，高值区再次组团出现；继续往北，罗源县、连江县、晋安区、蕉城区城镇建设功能指向的资源环境承载能力再次降低；最后，福安市出现闽东北沿海最后一个高值点。在福建西部内陆，城镇建设功能指向的资源环境承载能力空间分布同样交错，其中建阳区与延平区为福建西部内陆城镇建设功能指向的资源环境承载能力较高的研究单元。

对比2010年、2015年、2019年福建各研究单元的城镇建设功能指向的资源环境承载能力可知：2010~2015年，福建各研究单元城镇建设功能指向的资源环境承载能力均未发生较大变化，显示出极强的稳定性；2015~2019年，福建城镇建设功能指向的资源环境承载能力降低的地区以高值区（晋江市、台江区、湖里区、石狮市、仓山区等）为主。

总体而言，福建城镇建设功能指向的资源环境承载能力多年值较为稳定。一方面是因为集成城镇建设功能指向的资源环境承载能力的因素中，城镇土地资源指数、城镇水资源指数、城镇灾害指数在十年间均较为稳定，因此城镇建设功能指向的资源环境承载能力主要受到城镇气候指数、城镇大气环境指数、城镇区位优势度的影响；另一方面，福建城镇气候指数、城镇气候指数、城镇大气环境指数、城镇区位优势度在十年间均发生不同程度的波动，各因子此消彼长的变化特征最终导致福建城镇建设功能指向的资源环境承载能力总体未发生较大变化。以上结果也进一步表明资源环境系统的复杂性，某一个因子的优化提升效果有可能被其他因子的恶化所抵消，最终承载力并未提高，造成事倍功半的结果，因此对资源环境系统的调控需多管齐下、多措并举、多因子共同优化调控。

4.1.3 农业生产功能指向的资源环境承载能力

依据表3-4对福建2010年、2015年、2019年农业生产功能指向的资源环境承载能力各因子进行评价，分别获得福建2010年、2015年、2019年农业生产功能指向的农业土地资源指数、农业水资源指数、农业气候指数、农业环境指数、农业灾害指数，并集成后获得农业生产功能指向的资源环境承载能力。

4.1.3.1 农业土地资源评价

由于坡度因子及高程因子具有较强稳定性，农业生产功能指向的土地资源评价在十年间未产生较大变化。

从福建农业土地资源的空间评价结果来看，福建农业土地资源指数高低分异显著，呈现闽西南高、闽北及闽东南次高、闽中低，高值点分散破碎的特点。

4.1.3.2 农业水资源评价

从福建农业水资源评价结果来看，福建农业水资源指数多年平均值最高为光泽县（2.3333），最低为闽清县（1.0043）（表4-3）。在空间分布上，福建农业水资源指数从福建西北（光泽县、建宁县等）、东北（政和县、浦城县等）向东（闽清县、尤溪县等）、南（长泰县、漳平市）方向逐渐降低；按各研究单元进行分区统计后，福建各研究单元形成高–中–低值三级分化，高值区为光泽县，其农业水资源指数远高于其余研究单元，低值区为长泰县、闽清县、漳平市、尤溪县，其农业水资源指数低于1.2179，其余17个研究单元的农业水资源指数介于1.5066~2.1559，广泛分布于三明市东部（建宁县等）、南平市（浦城县等）、龙岩市（长汀县等）、漳州市（南靖县等）等闽西北、西南内陆地区。

表4-3 福建农业水资源指数

研究单元	2010年	2015年	2015年较2010年变化	2019年	2019年较2015年变化	三年平均
光泽县	2.0000	2.0000	0.0000	3.0000	1.0000	2.3333
建宁县	2.0000	2.0000	0.0000	2.4677	0.4677	2.1559
浦城县	1.9549	1.9985	0.0435	2.4511	0.4527	2.1349
政和县	1.8341	1.8772	0.0431	2.5684	0.6912	2.0932
清流县	2.0000	2.0000	0.0000	2.0000	0.0000	2.0000
宁化县	2.0000	2.0000	0.0000	2.0000	0.0000	2.0000
将乐县	2.0000	2.0000	0.0000	2.0000	0.0000	2.0000
明溪县	1.9531	2.0000	0.0469	2.0000	0.0000	1.9844
长汀县	1.8541	2.0000	0.1459	2.0000	0.0000	1.9514
顺昌县	1.8422	2.0000	0.1578	2.0000	0.0000	1.9474
南靖县	1.8328	1.9079	0.0751	1.9683	0.0604	1.9030
松溪县	1.7017	1.9141	0.2123	2.0000	0.0859	1.8719
连城县	1.3425	1.9356	0.5931	2.0000	0.0644	1.7593
建瓯市	1.2733	1.8151	0.5419	2.0002	0.1851	1.6962
平和县	1.3570	1.6781	0.3211	1.9709	0.2929	1.6687
武平县	1.3197	1.6728	0.3531	2.0000	0.3272	1.6641
古田县	1.3685	1.5131	0.1446	1.8423	0.3292	1.5747
上杭县	1.0518	1.4681	0.4163	2.0000	0.5319	1.5066
漳平市	1.0593	1.1863	0.1270	1.4082	0.2219	1.2179
尤溪县	1.0000	1.0000	0.0000	1.6206	0.6206	1.2069
长泰县	1.0000	1.0000	0.0000	1.1793	0.1793	1.0598
闽清县	1.0000	1.0000	0.0000	1.0130	0.0130	1.0043

对比 2010 年、2015 年、2019 年福建各研究单元的农业水资源指数可知，福建农业水资源指数十年间总体上升。具体来看，2010~2015 年，除光泽县、建宁县、清流县、宁化县、将乐县、尤溪县、长泰县、闽清县外，福建其余研究单元的农业水资源指数均不同程度上升，平均上升了 0.2301；2015~2019 年，仅顺昌县、长汀县、明溪县、清流县、宁化县、将乐县农业水资源指数保持不变，其余研究单元农业水资源指数继续上升，平均上升了 0.4598，提高最多的为光泽县。

4.1.3.3 农业气候评价

从福建农业气候评价结果来看，福建农业气候指数多年平均值最高为长泰县和平和县（3.6667），最低为政和县（1.5141）（表 4-4）。在空间分布上，福建农业气候指数从闽东南向闽西北递减，且阶梯状分布特征明显。最高的农业生产功能区为长泰县、平和县、宁化县、光泽县、松溪县、建宁县、浦城县、政和县农业气候指数低，介于 1.5141~1.9155；其余 13 个研究单元的农业气候指数介于 2.17~3.23，广泛分布于戴云山脉沿线。

表 4-4 福建农业气候指数

研究单元	2010 年	2015 年	2015 年较 2010 年变化	2019 年	2019 年较 2015 年变化	三年平均
长泰县	3.0000	4.0000	1.0000	4.0000	0.0000	3.6667
平和县	3.0000	4.0000	1.0000	4.0000	0.0000	3.6667
南靖县	3.0000	3.9957	0.9957	4.0000	0.0043	3.6652
漳平市	3.0000	3.0654	0.0654	3.6140	0.5486	3.2265
上杭县	3.0000	3.0000	0.0000	3.1069	0.1069	3.0356
武平县	3.0000	3.0000	0.0000	2.9981	-0.0019	2.9994
闽清县	3.0000	2.9851	-0.0149	2.9806	-0.0045	2.9886
尤溪县	3.0000	2.6847	-0.3153	2.6123	-0.0724	2.7657
连城县	3.0000	2.6475	-0.3525	2.6059	-0.0416	2.7511
古田县	3.0000	2.3404	-0.6596	2.3109	-0.0295	2.5504
长汀县	3.0000	2.1338	-0.8662	2.1111	-0.0227	2.4150
顺昌县	3.0000	2.0000	-1.0000	2.0000	0.0000	2.3333
明溪县	3.0000	2.0371	-0.9629	1.8126	-0.2244	2.2832
建瓯市	3.0000	1.8797	-1.1203	1.7192	-0.1606	2.1996
清流县	3.0000	1.8892	-1.1108	1.6560	-0.2332	2.1817

续表

研究单元	2010 年	2015 年	2015 年较 2010 年变化	2019 年	2019 年较 2015 年变化	三年平均
将乐县	3.0000	1.8768	−1.1232	1.6444	−0.2325	2.1737
宁化县	3.0000	1.6428	−1.3572	1.1036	−0.5392	1.9155
光泽县	3.0000	1.6199	−1.3801	1.0000	−0.6199	1.8733
松溪县	3.0000	1.4863	−1.5137	1.0756	−0.4107	1.8540
建宁县	3.0000	1.1253	−1.8747	1.0000	−0.1253	1.7084
浦城县	3.0000	1.1061	−1.8939	1.0000	−0.1061	1.7020
政和县	2.5424	1.0000	−1.5424	1.0000	0.0000	1.5141

对比 2010 年、2015 年、2019 年福建各研究单元的农业气候指数可知，福建农业气候指数十年间总体下降。具体来看，2010~2015 年，长泰县、平和县、南靖县、漳平市农业气候指数有所增加，闽西的上杭县、武平县农业气候指数保持不变，其余研究单元农业气候指数均不同程度下降，平均下降了 1.0680；2015~2019 年，漳平市、上杭县、南靖县农业气候指数有所增加，南靖县、长泰县、平和县、顺昌县、政和县农业气候指数保持不变，其余研究单元农业气候指数继续下降，但下降幅度减缓，平均下降了 0.1883。

4.1.3.4 农业环境评价

由于土壤质地具有较强稳定性，农业生产功能指向的农业环境评价在十年间未产生较大变化。从福建农业环境的空间评价结果来看，福建农业环境指数总体较高。具体来看，福建农业环境指数的高值区集中分布在闽东北（政和县）、闽东南（漳平市）、闽西（连城县、长汀县、上杭县、尤溪县），高低值分布较为分散。

4.1.3.5 农业灾害评价

福建农业易受雨涝、高温热害及大风灾害影响。从福建农业灾害评价结果来看，福建农业灾害指数最高的为浦城县，农业灾害指数为 3.9403，远高于位于第二的光泽县（农业灾害指数为 3.2123），福建农业灾害指数中值带为位于沙溪流域西侧的上杭县、连城县、宁化县、将乐县，并沿闽东北方向拓展至建瓯市、政和县、松溪县；福建农业灾害指数低值点散落分布于闽东南的南靖县−平和县−长泰县组团、闽中的清流县−明溪县组团以及闽东的闽清县（表 4-5）。

对比 2010 年、2015 年、2019 年福建各研究单元的农业灾害指数可知，福建农业灾害指数在十年间发生不同程度的波动：2010~2015年，福建一半研究单元农业生产功能区农业灾害指数上升（平均上升1.2755），一半研究单元则下降（平均下降0.5414）；2015~2019年，福建农业生产功能区农业灾害指数同样一半上升（平均上升0.0647）、一半下降（平均下降0.2130）。

表4-5 福建农业灾害指数

研究单元	2010年	2015年	2015年较2010年变化	2019年	2019年较2015年变化	三年平均
浦城县	4.0000	3.8722	-0.1278	3.9488	0.0766	3.9403
光泽县	3.9610	2.8228	-1.1382	2.8530	0.0302	3.2123
上杭县	1.0000	4.0000	3.0000	3.9333	-0.0667	2.9778
松溪县	3.9814	2.3806	-1.6007	2.4743	0.0937	2.9454
将乐县	2.6752	3.0206	0.3454	3.0894	0.0689	2.9284
顺昌县	2.9796	2.7055	-0.2740	2.7794	0.0739	2.8215
建瓯市	3.1835	2.7188	-0.4648	2.4359	-0.2829	2.7794
古田县	3.2478	2.6188	-0.6289	2.0985	-0.5203	2.6550
连城县	1.0000	3.4860	2.4860	3.3509	-0.1351	2.6123
政和县	3.2152	2.4817	-0.7335	2.0677	-0.4139	2.5882
建宁县	2.5487	2.5479	-0.0008	2.6072	0.0593	2.5679
宁化县	1.8792	2.8221	0.9429	2.8450	0.0229	2.5154
长汀县	1.0000	3.1887	2.1887	2.9858	-0.2029	2.3915
武平县	1.0000	2.7973	1.7973	2.6626	-0.1348	2.1533
尤溪县	2.0280	1.9756	-0.0524	1.9401	-0.0354	1.9812
漳平市	1.0000	2.4463	1.4463	2.4744	0.0281	1.9736
闽清县	2.4413	1.8036	-0.6377	1.5063	-0.2974	1.9171
南靖县	1.0134	2.1668	1.1534	2.3148	0.1480	1.8316
明溪县	2.0000	1.7038	-0.2962	1.6808	-0.0230	1.7949
平和县	1.4640	1.8965	0.4325	1.9417	0.0451	1.7674
清流县	1.6875	1.8415	0.1540	1.7559	-0.0856	1.7616
长泰县	1.6665	1.7508	0.0843	1.3924	-0.3584	1.6032

4.1.3.6 农业生产功能指向的资源环境承载能力评价

依据"双评价"集成方法将福建农业土地资源评价、农业水资源评价、农业气候评价、农业环境评价、农业灾害评价的评价结果进行集成，获得福建农业生产功能指向的资源环境承载能力。

从福建农业生产功能指向的资源环境承载能力评价结果来看，福建农业生产功能指向的资源环境承载能力总体较低，各研究单元承载力也较为接近，2010~2019年承载力有轻微提升。从福建农业生产功能指向的资源环境承载能力空间分布来看，福建农业生产功能指向的资源环境承载能力中值与低值分布交错，形态破碎，农业生产功能指向的资源环境承载能力总体从福建南部向福建北部逐渐递减。以各研究单元为分区进行统计，结果显示福建农业生产功能指向的资源环境承载能力高低分异更加明显：空间分布上以闽东南漳州平原的南靖县与平和县、闽西南的武平县与上杭县为两个高值区，向福建北部、东部逐渐递减（表4-6）。

表4-6　2010年、2015年、2019年福建省农业生产功能指向资源环境承载能力

地区	研究单元	农业生产功能指向资源环境承载能力					
		2010年	2015年	2015年较2010年变化	2019年	2019年较2015年变化	三年平均
福建	闽清县	1.0289	1.0289	0.0000	1.0361	0.0072	1.0313
	明溪县	1.1259	1.1534	0.0275	1.1454	-0.0080	1.1415
	清流县	1.1419	1.1419	0.0000	1.1419	0.0000	1.1419
	宁化县	1.1636	1.1638	0.0003	1.1638	0.0000	1.1637
	尤溪县	1.0108	1.0114	0.0007	1.1266	0.1152	1.0496
	将乐县	1.0886	1.0886	0.0000	1.0886	0.0000	1.0886
	建宁县	1.1724	1.1724	0.0000	1.2451	0.0727	1.1966
	长泰县	1.0682	1.0682	0.0000	1.1718	0.1036	1.1028
	南靖县	1.5895	1.6496	0.0602	1.7237	0.0740	1.6543
	平和县	1.2167	1.4149	0.1982	1.6293	0.2144	1.4203
	顺昌县	1.0759	1.0898	0.0139	1.0898	0.0000	1.0851
	浦城县	1.1033	1.1074	0.0041	1.1543	0.0470	1.1217
	光泽县	1.0879	1.0879	0.0000	1.1747	0.0868	1.1168
	松溪县	1.1018	1.1315	0.0297	1.1441	0.0126	1.1258
	政和县	1.0877	1.0921	-0.0044	1.2394	0.1473	1.1397
	建瓯市	1.0321	1.0964	0.0643	1.1141	0.0176	1.0809
	长汀县	1.1634	1.2398	0.0764	1.2301	-0.0097	1.2111
	上杭县	1.0542	1.2279	0.1737	1.4978	0.2699	1.2600
	武平县	1.1782	1.3208	0.1426	1.4915	0.1707	1.3301
	连城县	1.0828	1.2790	0.1962	1.2841	0.0051	1.2153
	漳平市	1.0637	1.1052	0.0415	1.2167	0.1115	1.1285
	古田县	1.1025	1.1366	0.0341	1.2137	0.0771	1.1509

对比 2010 年、2015 年、2019 年福建各研究单元的农业生产功能指向的资源环境承载能力可知，福建农业生产功能指向的资源环境承载能力十年间总体上升。2010~2015 年除长泰县、光泽县、建宁县、闽清县、清流县、将乐县外，福建其余研究单元农业生产功能指向的资源环境承载能力均表现出一定水平的提升；2015~2019 年，明溪县、长汀县农业生产功能指向的资源环境承载能力有所下降，顺昌县、宁化县、清流县、将乐县稳定不变，其余研究单元农业生产功能指向的资源环境承载能力继续提升，但提升数值不大。总体来看，福建农业生产功能指向的资源环境承载能力不高且多年提升不大。

综合分析福建农业土地资源指数、农业水资源指数、农业气候指数、农业环境指数、农业灾害指数可知：在福建农业土地资源指数与农业环境指数十年间较为稳定的前提下，福建农业水资源指数上升、农业气候指数下降，在两个因素此消彼长的抵消下，福建多年农业生产功能指向的资源环境承载能力提升有限。

4.2 福建区域发展水平评价

通过对原始数据进行数据处理，运用主客观评价法，从区域人口水平、区域经济水平、区域基础设施水平、区域福祉水平四个层面，以福建地级市行政单位为研究单元[①]，对福建省 2010 年、2015 年、2019 年三个时间节点的区域发展水平进行评价。

4.2.1 福建区域发展水平时间变化规律及对比

2010 年、2015 年、2019 年福建各研究单元的区域发展水平时间变化规律如下所示（表 4-7、表 4-8）。

（1）福州市三年平均水平为 0.357。2010 年，福州市区域发展水平为 0.331，远高于福建其余城市；但在 2015 年并未产生较大提升（变化率为 2.42%），被厦门市（区域发展水平为 0.353）超过，区域发展水平为 0.339。2019 年福州市区域发展水平得到极大提高，增长率为 18.58%，超过厦门市（0.387）再次成为福建区域发展水平最高值。2010~2019 年，福州市总体变化

---

① 本书旨在构建一套突破传统人口与经济发展水平的单一刻画的、基于社会福祉理念的闽台区域发展水平评价体系。在党的十九大报告（2017 年）中首次以文件形式提出"增进民生福祉"，台湾省对福祉的官方网统计始于 2013 年，本研究期内（2010 年、2015 年、2019 年）缺少部分年份的闽台社会福祉的官方统计数据。为统一研究单元并确保数据来源的真实可靠，本部分以闽台地市级行政区为研究单元对闽台区域发展水平进行评价。

率为 21.45%。

表 4-7 2010 年、2015 年、2019 年福建省区域发展水平评价结果

区域	研究单元	2010 年	2015 年	2019 年	平均值	位序
福建	福州市	0.331	0.339	0.402	0.357	2
福建	厦门市	0.266	0.353	0.387	0.335	3
福建	泉州市	0.244	0.331	0.386	0.320	4
福建	三明市	0.173	0.232	0.312	0.239	11
福建	漳州市	0.217	0.217	0.261	0.232	12
福建	莆田市	0.173	0.227	0.281	0.227	13
福建	龙岩市	0.197	0.209	0.246	0.217	15
福建	宁德市	0.188	0.213	0.228	0.210	16
福建	南平市	0.193	0.22	0.212	0.208	17
福建区域发展水平均值		0.22	0.26	0.302	—	—

表 4-8 2010 年、2015 年、2019 年福建省区域发展水平变化率

区域	研究单元	2015 年较 2010 年/%	位序	2015 年较 2019 年/%	位序	2019 年较 2015 年/%	平均变化率/%	位序
福建	三明市	25.23	2	25.73	1	44.47	31.81	1
福建	莆田市	24.07	4	19.02	4	38.52	27.21	2
福建	泉州市	26.29	1	14.33	12	36.85	25.82	3
福建	厦门市	24.63	3	8.87	19	31.32	21.61	4
福建	龙岩市	6.01	14	14.85	11	19.97	13.61	9
福建	宁德市	11.70	11	6.75	22	17.66	12.04	12
福建	福州市	2.34	20	15.68	9	17.65	11.89	13
福建	漳州市	0.26	24	16.64	7	16.85	11.25	15
福建	南平市	12.24	10	-4.09	29	8.65	5.60	25
福建区域发展水平均值		14.75	—	13.09	1	25.77	—	—

(2) 闽东南的厦门市与泉州市多年平均值为 0.335 与 0.320。两市 2010 年与 2019 年区域发展水平均十分接近，分别为 0.266、0.244 与 0.387 与 0.386。厦门市与泉州市均在 2015 年、2019 年产生较大增长，增长率分别为 32.71%、

9.63%与35.66%、16.62%，在三个时期均处于福建区域发展水平较高的城市。

（3）福建三明市区域发展水平的增长态势十分可观。2010年，三明市区域发展水平仅为0.173，与莆田市并列为福建最低水平。但在2015年，区域发展水平提升至0.232，提高率为34.10%，在2019年再次提升至0.312，提高率为34.48%，紧随福州市-厦门市-泉州市，位列福建区域发展水平第四。

4.2.2 福建区域发展水平空间分异及对比

对比福建各城市区域发展水平空间分布特征可知，福建区域发展水平高值区逐渐扩散，各城市区域发展水平差距缩小。

（1）2010年福建区域发展水平空间分布中，福州市遥遥领先于其他城市，呈现显著的区域发展水平高值区域；福建东南沿海普遍高于福建西北内陆，其中位于中部的三明市与莆田市分别在龙岩市-南平市与福州市-泉州市-厦门市两组城市的夹击之下，区域发展水平为当年福建最低。

（2）2015年福建区域发展高水平地区从福州市扩展至泉州市、厦门市；莆田市在福州市-泉州市的夹击之下区域发展水平依然较低，而三明市区域发展水平摆脱龙岩市的夹击之势突围而出，表现出一定程度的热值区；该年福建区域发展水平较低的城市为宁德市与龙岩市。

（3）2019年福建区域发展水平继续提升，其中福建西部三市一反2010年分布形态，区域发展水平中部高两端低，区域发展水平最低城市为南平市；莆田市开始利用位于福州市-泉州市高值圈的区位红利，区域发展水平持续提升。

4.2.3 福建区域发展水平时空分异原因

综合分析福建区域发展水平的时间变化规律及区域发展水平的空间分布特征可知，福建在闽东福州都市圈及闽东南泉州-厦市都市圈形成一主一副两个高值区，但各高值区涓滴效应显著，带动周围城市实现区域发展水平的总体提升。一方面，福州都市圈与泉州-厦门都市圈在"十二五""十三五"期间依托"一带一路"、推动高质量发展等国家战略，实现区域发展水平的持续提高；另一方面，作为中国最早实施区域协作的省份之一，福建长期以来坚持区域协作发展理念，倡导并组织山海协作，推动形成"山海联合、优势互补、相互辐射、共同腾飞"的发展格局，正面效应凸显，带动周围城市实现区域发展水平的总体提升。

4.3 福建资源环境系统与区域发展系统耦合协调度时空分异

本研究以由人地关系理论衍生的现代地域功能理论,以及脱胎于地域功能理论的主体功能区理论为理论基础,认为闽台的资源环境系统按照地域分异特征的不同具有生态保护功能、城镇建设功能、农业生产功能,且各自具有生态保护功能指向的资源环境承载能力、城镇建设功能指向的资源环境承载能力、农业生产功能指向的资源环境承载能力。因此,须分别分析闽台生态保护功能指向的资源环境承载能力、城镇建设功能指向的资源环境承载能力、农业生产功能指向的资源环境承载能力与闽台区域发展水平的相互作用的强度(耦合度)、质量(耦合协调度)及其时空分异。

将闽台生态保护功能指向的资源环境承载能力(ERECC)与区域发展水平(RDL)按照耦合协调模型的计算结果以及分类标准,运用 Excel 与 ArcGIS10.2 软件获得 2010 年、2015 年、2019 年 3 个时期内福建与台湾生态保护功能指向资源环境系统与区域发展系统耦合度与耦合协调度时空变化规律及空间分布特征。

4.3.1 福建生态保护功能指向耦合度时空分异

4.3.1.1 生态保护功能指向耦合度时空分异

2010 年、2015 年、2019 年 3 个时期内,除厦门以外,福建其他城市耦合度经历波动并最终处于高水平耦合阶段,即生态保护功能指向资源环境系统与区域发展系统之间良性耦合逐渐增强并逐渐向有序方向发展(表4-9)。

(1) 福州市的耦合度在三个时间节点一直处于福建最高水平,三个时期 ERECC 与 RDL 的耦合度分别为 0.991、0.983、0.982,平均耦合度为 0.985,位列福建第一。

(2) 除厦门市外,其余城市耦合度在三个时间节点均高于 0.8,即均处于高水平耦合阶段。其中,莆田市、三明市 ERECC 与 RDL 的耦合度逐年增长,莆田市 2010~2019 年增长率最高,年均增长率为 1.35%。

(3) 厦门生态保护功能指向资源环境系统与区域发展系统之间关联性较低,在 2010 年、2015 年、2019 年均显示较低水平的耦合度,且十年间耦合度波动下降,持续处于低水平耦合阶段。

第4章 | 福建资源环境系统与区域发展系统耦合协调分析

表 4-9　2010 年、2015 年、2019 年福建 ERECC 与 RDL 的耦合度及耦合阶段

城市	2010 年 耦合度	2010 年 耦合阶段	2015 年 耦合度	2015 年 耦合阶段	2019 年 耦合度	2019 年 耦合阶段	平均 耦合度	平均 耦合阶段	位序
福州市	0.991	高水平耦合	0.983	高水平耦合	0.982	高水平耦合	0.985	高水平耦合	1
泉州市	0.956	高水平耦合	0.987	高水平耦合	0.987	高水平耦合	0.977	高水平耦合	2
龙岩市	0.960	高水平耦合	0.952	高水平耦合	0.985	高水平耦合	0.966	高水平耦合	3
南平市	0.952	高水平耦合	0.918	高水平耦合	0.979	高水平耦合	0.950	高水平耦合	4
莆田市	0.876	高水平耦合	0.967	高水平耦合	0.988	高水平耦合	0.944	高水平耦合	5
漳州市	0.948	高水平耦合	0.889	高水平耦合	0.943	高水平耦合	0.926	高水平耦合	6
三明市	0.845	高水平耦合	0.878	高水平耦合	0.945	高水平耦合	0.890	高水平耦合	7
宁德市	0.817	高水平耦合	0.831	高水平耦合	0.824	高水平耦合	0.824	高水平耦合	8
厦门市	0.246	低水平耦合	0.216	低水平耦合	0.227	低水平耦合	0.229	低水平耦合	9

4.3.1.2 生态保护功能指向耦合协调度时空分异

分析福建各城市生态保护功能指向资源环境系统与区域发展系统之间耦合协调关系的时空变化情况如表 4-10 所示。

表 4-10　2010 年、2015 年、2019 年福建 ERECC 与 RDL 耦合协调度及耦合协调类型

城市	2010 年 耦合协调度	2010 年 耦合协调类型	2015 年 耦合协调度	2015 年 耦合协调类型	2019 年 耦合协调度	2019 年 耦合协调类型	平均 耦合协调度	平均 耦合协调类型	位序
泉州市	0.848	良好协调	0.886	良好协调	0.910	优质协调	0.881	良好协调	1
福州市	0.842	良好协调	0.817	良好协调	0.824	良好协调	0.828	良好协调	2
三明市	0.720	中级协调	0.735	中级协调	0.821	良好协调	0.759	中级协调	3
漳州市	0.767	中级协调	0.687	初级协调	0.759	中级协调	0.738	中级协调	4
宁德市	0.698	初级协调	0.703	中级协调	0.714	中级协调	0.705	中级协调	5
莆田市	0.612	初级协调	0.646	初级协调	0.687	初级协调	0.648	初级协调	6
龙岩市	0.650	初级协调	0.597	勉强协调	0.634	初级协调	0.627	初级协调	7
南平市	0.455	濒临失调	0.465	濒临失调	0.428	濒临失调	0.449	濒临失调	8
厦门市	0.283	中度失调	0.305	轻度失调	0.296	中度失调	0.295	中度失调	9

首先，在空间分布上，福建各城市生态保护功能指向资源环境系统与区域发

展系统耦合协调程度由最高的城市（泉州市）向南、西北方向逐渐递减，其中福建东南角（厦门市）与西北角分别出现耦合协调程度的低谷区域。

其次，2010 年、2015 年、2019 年 3 个时期内，除南平市、厦门市以外，福建其他城市 ERECC 与 RDL 的相互关系均为耦合协调，即生态保护功能指向资源环境系统与区域发展系统之间关系为良性互促的正向关系。

（1）泉州市生态保护功能指向资源环境系统与区域发展系统之间具有福建最高的耦合协调程度，其 ERECC 与 RDL 的耦合协调度在 2010 年、2015 年、2019 年 3 个时期均为福建最高，分别为 0.848、0.886、0.910，三个时间段耦合协调度平均值为 0.881，居福建第一。福州市生态保护功能指向资源环境系统与区域发展系统之间的耦合协调程度仅次于泉州市，ERECC 与 RDL 的耦合协调度在 2010 年、2015 年、2019 年 3 个时期分别为 0.842、0.817、0.824。泉州市与福州市 ERECC 与 RDL 的耦合协调度较为接近，均处于良好协调程度。

（2）三明市、漳州市、宁德市生态保护功能指向资源环境系统与区域发展系统之间均为中级协调关系。其中，三明市在 3 个时期 ERECC 与 RDL 的耦合协调度提高显著，年平均增加 1.47%，使得 ERECC 与 RDL 的耦合协调度由 2010 年的 0.720 提高至 0.821，生态保护功能指向资源环境系统与区域发展系统之间的关系由中级协调进入良好协调。

（3）莆田市与龙岩市生态保护功能指向资源环境系统与区域发展系统之间均为初级协调关系，两市平均耦合协调度分别为 0.648 与 0.627。其中，莆田市在 3 个时期 ERECC 与 RDL 的耦合协调度均增加显著，年平均增加 1.29%，使得 ERECC 与 RDL 的耦合协调度由 2010 年的 0.612 提高至 0.687。

最后，低谷区域（南平市、厦门市）2010 年、2015 年、2019 年 3 个时间节点均处于失调阶段，但二者失调表现不同。

（1）南平市的 ERECC 与 RDL 有较高的耦合度，但耦合协调度却较低，处于濒临失调状态，说明南平市生态保护功能指向资源环境系统与区域发展系统相互关系密切，但是这种密切联系并未共同促进南平市的整体发展，相反对南平市的整体发展起到一定制衡效果，这种制衡效果即为长期以来困扰闽江流域的环境保护与经济发展之间的矛盾，南平市作为闽江流域的上游，虽然自然资源丰富、生态价值丰厚，但生态优势难以有效转化为经济优势，生态与区域发展的矛盾尤为突出。因此，南平市的生态保护功能指向资源环境系统与区域发展系统因互相掣肘而处于失调状态，故首要措施应该将南平市生态优势转为经济优势。

（2）厦门市的 ERECC 与 RDL 耦合度与耦合协调度均极低，说明厦门市生态与区域发展不仅相互关联程度较低，而且相互作用程度较低。厦门市的发展定位为厦-泉-漳城市群经济发展的重要引擎，现代服务业、科技创新和亚太国际航运中心,以及现代化港口风景旅游区,以生产和生活空间为主,根据第3章的评价及既有研究,厦门市并不是一个以生态保护功能指向为主导的区域,且由第4章的评价可知,厦门市具有较高的区域发展水平,低承载力与高区域发展水平之间不相匹配,使得二者关联度与相互作用程度均极低。

4.3.2 福建城镇建设功能指向耦合度时空分异

4.3.2.1 城镇建设功能指向耦合度时空分异

2010年、2015年、2019年3个时期内,福建除厦门以外,其他城市URECC与RDL耦合度均稳定处于高水平耦合阶段,即城镇建设功能指向资源环境系统与区域发展系统之间良性耦合逐渐增强并逐渐向有序方向发展(表4-11)。

表4-11 2010年、2015年、2019年福建URECC与RDL耦合度及耦合阶段

城市	2010年 耦合度	耦合阶段	2015年 耦合度	耦合阶段	2019年 耦合度	耦合阶段	平均 耦合度	耦合阶段	位序
漳州市	0.998	高水平耦合	0.991	高水平耦合	0.999	高水平耦合	0.996	高水平耦合	1
福州市	0.996		0.997		0.996		0.996		2
南平市	0.998		0.999		0.991		0.996		3
泉州市	0.999		0.991		0.986		0.992		4
莆田市	0.995		0.996		0.981		0.991		5
三明市	0.993		0.985		0.934		0.971		6
宁德市	0.943		0.936		0.933		0.937		7
龙岩市	0.937		0.901		0.947		0.928		8
厦门市	0.246	低水平耦合	0.214	低水平耦合	0.226	低水平耦合	0.229	低水平耦合	9

4.3.2.2 城镇建设功能指向耦合协调度时空分异

分析福建各城市城镇建设功能指向资源环境系统与区域发展系统之间耦合协调关系的时空变化情况发现,福建除宁德、厦门以外,其他城市城镇建设功能指向资源环境系统与区域发展系统耦合协调类型在2019年均为协调类,即城镇建设功能指向资源环境系统与区域发展系统之间为良性促进的正向作用(表4-12)。

表4-12 2010年、2015年、2019年福建URECC与RDL耦合协调度及耦合协调类型

城市	2010年 耦合协调度	2010年 耦合协调类型	2015年 耦合协调度	2015年 耦合协调类型	2019年 耦合协调度	2019年 耦合协调类型	平均 耦合协调度	平均 耦合协调类型	位序
福州市	0.862	良好协调	0.860	良好协调	0.865	良好协调	0.862	良好协调	1
泉州市	0.720	中级协调	0.762	中级协调	0.773	中级协调	0.752	中级协调	2
龙岩市	0.676	初级协调	0.643	初级协调	0.686	初级协调	0.668	初级协调	3
漳州市	0.631	初级协调	0.573	勉强协调	0.625	初级协调	0.610	初级协调	4
南平市	0.552	勉强协调	0.560	勉强协调	0.508	勉强协调	0.540	勉强协调	5
莆田市	0.495	濒临失调	0.544	勉强协调	0.576	勉强协调	0.538	勉强协调	6
三明市	0.504	勉强协调	0.519	勉强协调	0.574	勉强协调	0.532	勉强协调	7
宁德市	0.422	濒临失调	0.427	濒临失调	0.429	濒临失调	0.426	濒临失调	8
厦门市	0.283	中度失调	0.304	轻度失调	0.296	中度失调	0.294	中度失调	9

（1）福州市在2010年、2015年、2019年城镇建设功能指向资源环境系统与区域发展系统之间均处于良好协调关系，三个时间段URECC与RDL耦合协调度分别为0.862、0.860、0.865，平均值为0.862，为福建第一。

（2）泉州市、龙岩市、南平市、三明市2010年、2015年、2019年三个时段URECC与RDL耦合协调度虽然有所波动，但以上城市的城镇建设功能指向资源环境系统与区域发展系统耦合协调关系未发生改变，且均处于耦合协调类。

（3）宁德市、厦门市2010年、2015年、2019年城镇建设功能指向资源环境系统与区域发展系统之间耦合失调。宁德市、厦门市URECC与RDL的耦合协调度值在三个时间段介于0.283~0.429，城镇建设功能指向资源环境系统与区域发展系统介于濒临失调与中度失调。

结合结果可知：

（1）福州城镇建设功能指向资源环境系统与区域发展系统二者之间不仅具有高耦合度，而且二者耦合协调水平也处在极高水平，具有高度一致性，同样具有高耦合度的泉州市、龙岩市、漳州市，其耦合协调水平也较高，耦合度与耦合协调度具有一定的一致性，说明这些城市城镇建设功能指向资源环境系统与区域发展系统之间不仅良性耦合逐渐增强并向有序方向发展，而且二者之间良性互促关系逐渐增强。

（2）南平市、莆田市、三明市、宁德市均具有极高的耦合度，但耦合协调度处在0.5左右，其中宁德市耦合协调度长期低于0.5，城镇建设功能指向资源

环境系统与区域发展系统二者之间处于失调状态,说明虽然这些城市城镇建设功能指向资源环境系统与区域发展系统二者之间相互关系极其密切,但二者良性互促效果不高,甚至一定程度阻碍区域发展。

(3) 厦门市耦合度与耦合协调度表现一致,即城镇建设功能指向资源环境系统与区域发展系统二者不仅关联较低而且相互作用较少,主要原因在于,厦门市资源环境承载能力较低,处于闽台下游水平,其中水土资源成为厦门市承载力低的重大约束力。厦门市虽然具有较高的区域发展水平,但其城镇建设功能指向资源环境系统中水、土紧约束性使得厦门市城镇建设功能指向资源环境承载能力较低,无法承载较高的区域发展水平,城镇建设功能指向资源环境系统与区域发展系统二者之间耦合失调。

4.3.3 福建农业生产功能指向耦合度时空分异

4.3.3.1 农业生产功能指向耦合度时空分异

2010 年、2015 年、2019 年 3 个时期内,福建除南平以外,其他城市农业生产功能指向资源环境系统与区域发展系统耦合类型经历波动后均稳定在高水平耦合阶段(表 4-13),即农业生产功能指向资源环境系统与区域发展系统之间良性耦合逐渐增强并向有序方向发展。具体来看,漳州市耦合度在三个时间节点一直处于高水平,三年平均耦合度为 0.994,位列福建第一;泉州市、宁德市、三明市、福州市、莆田市、龙岩市耦合度在三个时间节点一直处于较高水平,均稳定

表 4-13 2010 年、2015 年、2019 年福建 ARECC 与 RDL 耦合度及耦合阶段

城市	2010 年 耦合度	耦合阶段	2015 年 耦合度	耦合阶段	2019 年 耦合度	耦合阶段	平均 耦合度	耦合阶段	位序
漳州市	0.999	高水平耦合	0.986	高水平耦合	0.997	高水平耦合	0.994	高水平耦合	1
泉州市	0.978		0.995		0.997		0.990		2
宁德市	0.989		0.990		0.989		0.989		3
三明市	0.970		0.994		1.000		0.988		4
福州市	0.982		0.979		0.994		0.985		5
莆田市	0.906		0.984		0.985		0.958		6
龙岩市	0.956		0.942		0.950		0.949		7
厦门市	0.862		0.626	拮抗	0.823		0.770		8
南平市	0.509	拮抗	0.478	磨合	0.562	拮抗	0.516	拮抗	9

在高水平耦合阶段；厦门市耦合度在三个时间节点经历较大波动，并在2019年稳定于高水平耦合阶段；南平市耦合度在三个时间节点在磨合阶段与拮抗阶段之间浮动，表明农业生产功能指向资源环境系统与区域发展系统之间相互作用不断对抗。

4.3.3.2 农业生产功能指向耦合协调度时空分异

福建除南平市以外，其他城市的农业生产功能指向资源环境系统与区域发展系统耦合协调类型在2010年、2015年、2019年3个时期内均为协调类（表4-14），即农业生产功能指向资源环境系统与区域发展系统之间为良性促进的正向作用。

表4-14 2010年、2015年、2019年福建ARECC与RDL耦合协调度及耦合协调类型

城市	2010年 耦合协调度	2010年 耦合协调类型	2015年 耦合协调度	2015年 耦合协调类型	2019年 耦合协调度	2019年 耦合协调类型	平均 耦合协调度	平均 耦合协调类型	位序
泉州市	0.811	良好协调	0.858	良好协调	0.871	良好协调	0.847	良好协调	1
福州市	0.817	良好协调	0.809	良好协调	0.857	良好协调	0.828	良好协调	2
龙岩市	0.655	初级协调	0.607	初级协调	0.683	初级协调	0.648	初级协调	3
漳州市	0.661	初级协调	0.584	勉强协调	0.663	初级协调	0.636	初级协调	4
三明市	0.605	初级协调	0.600	勉强协调	0.703	中级协调	0.636	初级协调	5
莆田市	0.590	勉强协调	0.622	初级协调	0.694	初级协调	0.635	初级协调	6
厦门市	0.606	初级协调	0.547	勉强协调	0.633	初级协调	0.595	勉强协调	7
宁德市	0.541	勉强协调	0.551	勉强协调	0.557	勉强协调	0.550	勉强协调	8
南平市	0.279	中度失调	0.290	中度失调	0.263	中度失调	0.277	中度失调	9

（1）泉州市、福州市2010年、2015年、2019年3个时期内耦合协调度均较高，平均耦合协调度分别为0.847、0.828，位列福建第一与第二；漳州市、三明市、厦门市3个时期内耦合协调度发生一定波动，但总体呈上升趋势；龙岩市、宁德市、南平市3个时期内耦合协调度则较为稳定，其中南平市在十年间农业生产功能指向资源环境系统与区域发展系统一直处于失调状态。

（2）具有高耦合度的泉州市与福州市同样具有极高的耦合协调度，说明两地农业生产功能指向资源环境系统与区域发展系统不仅高度关联，且二者优质协调、发展有序；同样具有高耦合度的龙岩市、漳州市、三明市、莆田市、宁德市耦合协调度介于0.5~0.7，说明这些城市农业生产功能指向资源环境系统与区域发展系统之间关联度极高，但二者互促效用有待进一步加强；厦门市与南平市农

业生产功能指向资源环境系统与区域发展系统的耦合度与耦合协调度一致，且均处于较低水平。

4.4 福建资源环境系统与区域发展系统耦合影响因素识别

4.4.1 福建生态保护功能指向分区域影响因素识别

将表4-15各因子分不同耦合协调区域（表4-16）导入地理探测器，获得福建生态保护功能指向资源环境系统与区域发展系统中各因子在ERECC与RDL耦合协调过程中的影响力q值及两两因子交互q值。各探测因子均通过不同显著性水平的检验。

4.4.1.1 福建全域

1）福建生态保护功能指向资源环境系统

从福建全域来看，生态敏感性对福建生态保护功能指向资源环境系统与区域发展系统的耦合协调表现出绝对贡献力（表4-17）。具体来看，在福建全域尺度，生态敏感性具有远远高于其他因子的q值（$q=0.783$），位于第二位的为生物多样性维护功能重要性（$q=0.307$）；水土保持功能重要性（$q=0.199$）与水源涵养功能重要性（$q=0.189$）对福建全域的生态保护功能指向资源环境系统与区域发展系统的耦合协调贡献较弱。

从各因子交互作用来看（表4-18、图4-1），福建生态保护功能指向各因子的交互值q均大于单因素的q，影响因素两两之间呈现双因子增强或非线性增强，说明各因子两两交互后进一步强化各因子对生态保护功能指向资源环境系统与区域发展系统的耦合协调水平。其中，生态敏感性不仅作为单因子时对福建生态保护功能指向资源环境系统与区域发展系统的耦合协调表现出极高贡献力，在与其他因子（尤其与具有较低q值的水土保持功能重要性与水源涵养功能重要性）交互后，亦表现出极高贡献力。

2）福建区域发展系统

从福建全域来看，区域发展水平各层面均有对生态保护功能指向资源环境系统与区域发展系统的良好协调产生高贡献力的核心因子，且核心因子多集中在区域经济发展水平层面（表4-19）。具体q值为：区域人口发展水平（B1）的人口自然增长率（$q=0.437$），区域经济发展水平（B2）的进出口总额（$q=0.513$），区域基础设施水平（B3）的每千人拥有机动车数（$q=0.561$）、上网率（使用电脑或其他设备）（$q=0.527$），区域社会福祉水平（B4）的居民可支配收入（$q=0.537$）。

表4-15　资源环境系统与区域发展系统耦合协调度影响因素列表

项目	功能指向	影响因素	项目	功能指向	影响因素
资源环境承载能力	生态保护功能指向	水源涵养功能重要性（W_R）	区域发展水平	区域经济发展水平（B2）	二三产业从业人员比例（C6）
		水土保持功能重要性（C）			工业固定资产投资额（C7）
		生物多样性维护功能重要性（B）			批发零售业销售额（C8）
		生态敏感性（M）			住宿餐饮业销售额（C9）
	城镇建设功能指向	城镇土地资源（C_t）			公路货运量（C10）
		城镇水资源（C_s）			进出口总额（C11）
		城镇气候（C_q）			失业率（C12）
		城镇大气环境（C_k）		区域基础设施水平（B3）	公路里程（C13）
		城镇水环境（C_{sh}）			每千人拥有机动车数（C14）
		城镇灾害（C_z）			移动电话年末用户率（C15）
		城镇区位（C_w）			上网率（使用电脑或其他设备）（C16）
	农业生产功能指向	农业土地资源（N_t）			每万人卫生技术人员数（C17）
		农业水资源（N_s）			居民可支配收入（C18）
		农业气候（N_q）			恩格尔系数（C19）
		农业环境（N_h）		区域社会福祉水平（B4）	教育文化娱乐占居民生活消费支出比例（C20）
		农业灾害（N_z）			教育支出占政府财政支出比例（C21）
区域发展水平	区域人口发展水平（B1）	年底常住人口（C1）			环境保护支出占政府财政支出比例（C22）
		人口密度（C2）			文化支出占政府财政支出比例（C23）
		人口自然增长率（C3）			公共图书馆藏书（C24）
	区域经济发展水平	金融机构本外币各项贷款余额（C4）			各类文艺展演活动次数（C25）
		人均财政收入（C5）			特殊教育在校生数量（C26）

表4-16　福建省各功能指向资源环境系统与区域发展耦合协调分区

耦合协调类型	ERECC 与 RDL	URECC 与 RDL	ARECC 与 RDL
良好协调	泉州市、福州市	福州市	泉州市、福州市
中级协调	三明市、漳州市、宁德市	泉州市	无
初级协调	莆田市、龙岩市	龙岩市、漳州市	龙岩市、漳州市、三明市、莆田市
勉强协调	无	南平市、莆田市、三明市	厦门市、宁德市
濒临失调	南平市	宁德市	无
轻度失调	无	无	无
中度失调	厦门市	厦门市	南平市
极度失调	无	无	无

表4-17　ERECC 各因子对福建全域 ERECC 与 RDL 耦合协调的贡献力 q 值

ERECC 各因子	水源涵养功能重要性	生物多样性维护功能重要性	水土保持功能重要性	生态敏感性
q 值	0.189	0.307	0.199	0.783

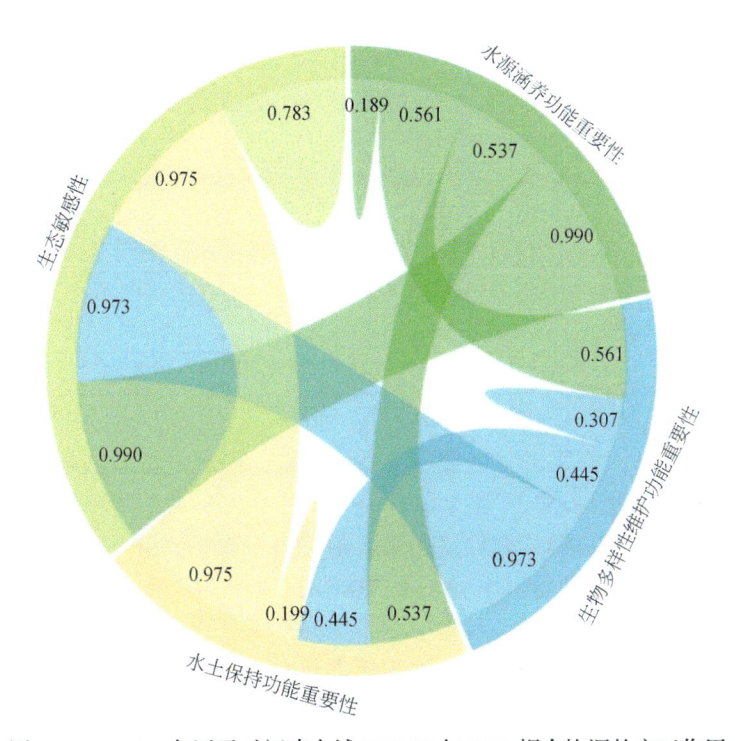

图4-1　ERECC 各因子对福建全域 ERECC 与 RDL 耦合协调的交互作用

表 4-18　ERECC 各因子对福建全域 ERECC 与 RDL 耦合协调的交互 q 值

q 值	水源涵养功能重要性	生物多样性维护功能重要性	水土保持功能重要性	生态敏感性
水源涵养功能重要性	0.189			
生物多样性维护功能重要性	0.561	0.307		
水土保持功能重要性	0.537	0.445	0.199	
生态敏感性	0.990	0.973	0.975	0.783

注：黄色填充处表示双因子增强型，蓝色填充处表示非线性增强型，灰色填充处表示单个因子作用，下同，不再注明。

表 4-19　区域发展水平各因子对福建全域 ERECC 与 RDL 耦合协调的贡献力 q 值

层面	评价指标	q 值	层面	评价指标	q 值
区域人口发展水平（B1）	C1	0.258	区域基础设施水平（B3）	C13	0.194
	C2	0.216		C14	0.561
	C3	0.437		C15	0.379
				C16	0.527
				C17	0.016
区域经济发展水平（B2）	C4	0.221	区域社会福祉水平（B4）	C18	0.537
	C5	0.446		C19	0.309
	C6	0.316		C20	0.456
	C7	0.431		C21	0.399
	C8	0.260		C22	0.384
	C9	0.246		C23	0.132
	C10	0.220		C24	0.222
	C11	0.513		C25	0.358
	C12	0.389		C26	0.296

从各层面 q 值分布来看，区域人口发展水平、区域经济发展水平、区域社会福祉水平以较为平衡的相互关系对福建全域的生态保护功能指向资源环境系统与区域发展系统的耦合协调起到促进作用，各层面平均 q 值为：区域社会福祉水平（$q=0.344$）>区域经济发展水平（$q=0.338$）>区域基础设施水平（$q=0.335$）>区域人口发展水平（$q=0.304$）。

福建区域发展系统各因子两两之间呈现双因子增强或非线性增强。筛选出交互作用力度位于前列的因子（表 4-20），可知区域发展水平各层面内部因子与其他层面因子交互 q 值均高于各层面内部因子的两两交互 q 值，交互 q 值最高的因子均来自区域社会福祉水平层面，说明区域社会福祉水平各因子对福建全域的生态保护功能指向资源环境系统与区域发展系统的耦合协调进程的推动起到催化剂的作用，与区域人口、经济、基础设施等其他层面交互后能够加速促进生态保护功能指向资源环境系统与区域发展系统的整体协调。

表 4-20　区域发展水平各因子对福建全域 ERECC 与 RDL 耦合协调主导因子的交互探测结果

主导交互因子	q 值	交互类型
人口自然增长率∩特殊教育在校生	0.978	双因子增强
二三产业从业人员比例∩环境保护支出占政府财政支出比例	0.966	双因子增强
公路里程∩公共图书馆藏书	0.987	双因子增强
环境保护支出占政府财政支出比例∩特殊教育在校生	0.969	双因子增强

4.4.1.2　福建耦合协调区

福建生态保护功能指向资源环境系统与区域发展系统耦合协调的城市为泉州市、福州市、三明市、漳州市、莆田市等。将以上城市导入地理探测器，获得各因子对福建生态保护功能指向的资源环境系统与区域发展系统耦合协调贡献力 q 值。

1）福建生态保护功能指向资源环境系统

在福建耦合协调类型区尺度下，福建生态敏感性对生态保护功能指向资源环境系统与区域发展系统的耦合协调的影响力同样突出（表4-21）。具体来看，在福建耦合协调类型区尺度下，生态敏感性 q 值依然远高于其余因子；其余因子对生态保护功能指向资源环境系统与区域发展系统的耦合协调的影响力均十分有限，各 q 值为：生态敏感性（$q=0.542$）>水源涵养功能重要性（$q=0.196$）>生物多样性维护功能重要性（$q=0.159$）>水土保持功能重要性（$q=0.113$）。

表 4-21　ERECC 各因子对 ERECC 与福建 RDL 耦合协调类型区的贡献力 q 值

ERECC 各因子	水源涵养功能重要性	生物多样性维护功能重要性	水土保持功能重要性	生态敏感性
q 值	0.196	0.159	0.113	0.542

从各因子交互作用来看（表4-22），福建生态保护功能指向各因子两两之间呈现双因子增强或非线性增强。生态敏感性在耦合协调类型区与福建全域影响作用一致，即生态敏感性与其余因子两两交互后 q 值均有极大提升，该表现进一步

强化福建生态敏感性对福建生态保护功能指向资源环境系统与区域发展系统的耦合协调水平的主控作用（图4-2）。

表4-22 ERECC各因子对福建ERECC与RDL耦合协调类型区的耦合协调的交互 q 值

q 值	水源涵养功能重要性	生物多样性维护功能重要性	水土保持功能重要性	生态敏感性
水源涵养功能重要性	0.196			
生物多样性维护功能重要性	0.533	0.159		
水土保持功能重要性	0.320	0.419	0.113	
生态敏感性	0.950	0.938	0.967	0.542

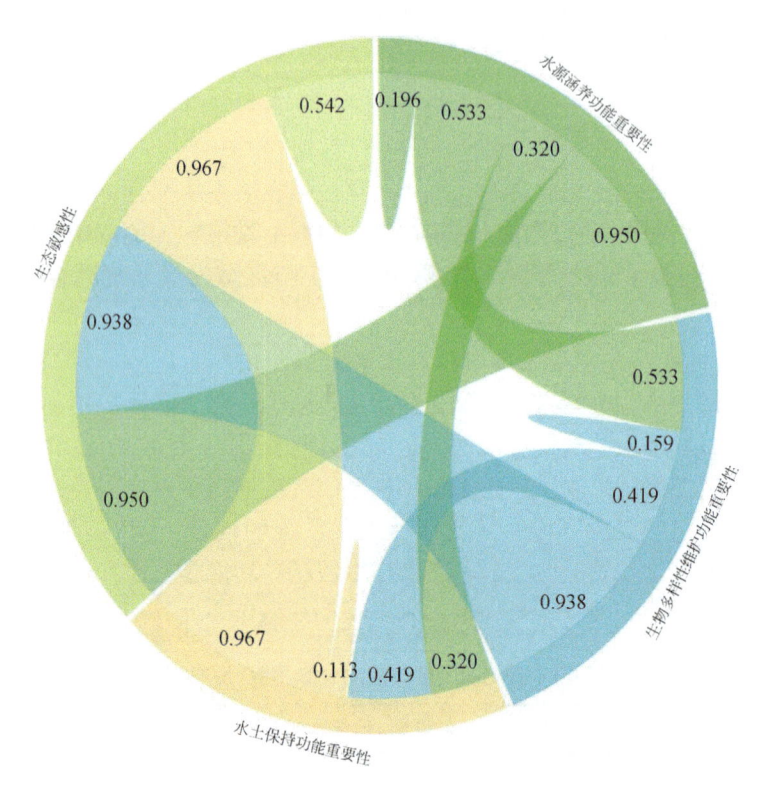

图4-2 ERECC各因子在福建ERECC与RDL耦合协调类型区中的交互作用

2）福建区域发展系统

从福建耦合协调区来看（表4-23），区域发展水平各层面均有对生态保护功能指向资源环境系统与区域发展系统的耦合协调均产生高贡献力的核心因子，其中区域人口发展水平层面整体各因子对生态保护功能指向资源环境系统与区域发展系统的耦合协调产生最大贡献力。

表 4-23　区域发展水平各因子对福建 ERECC 与 RDL 耦合协调区主导因子贡献力 q 值

层面	评价指标	q 值	层面	评价指标	q 值
区域人口发展水平（B1）	C1	0.566	区域基础设施水平（B3）	C13	0.399
	C2	0.274		C14	0.350
	C3	0.482		C15	0.467
				C16	0.189
				C17	0.013
区域经济发展水平（B2）	C4	0.221	区域社会福祉水平（B4）	C18	0.535
	C5	0.403		C19	0.226
	C6	0.515		C20	0.559
	C7	0.482		C21	0.225
	C8	0.464		C22	0.219
	C9	0.575		C23	0.376
	C10	0.449		C24	0.486
	C11	0.174		C25	0.444
	C12	0.254		C26	0.702

（1）区域人口发展水平层面（B1）的年底常住人口（$q=0.566$）、人口自然增长率（$q=0.482$），区域经济发展水平层面（B2）的住宿餐饮业销售额（$q=0.575$），区域基础设施水平层面（B3）的移动电话年末用户率（$q=0.467$），以及区域社会福祉水平层面（B4）的特殊教育在校生（$q=0.702$）为主导因子，对福建耦合协调区的 ERECC 与 RDL 耦合协调过程产生最强作用力。

（2）区域人口发展水平层面整体贡献力最大，其次为区域社会福祉水平层面及区域经济发展水平，区域基础设施水平层面则呈现较低的贡献力。这表明福建依然依靠人口红利从区域发展路径上推动生态保护功能指向资源环境系统与区域发展系统的耦合协调；同时在居民福祉全面提升的背景下，经济发展水平的单一推动力量逐渐被削弱，区域社会福祉水平的影响力逐渐增强，成为仅次于人口层面的推动生态保护功能指向资源环境系统与区域发展系统耦合协调的第二大助力。

福建区域发展水平各评价指标两两之间呈现双因子增强或非线性增强。筛选出交互作用力度位于前列的因子（表 4-24），可知各因子的交互作用与福建全域情况一致，即区域社会福祉水平层面与其他层面因子交互后均显示最高 q 值，说明区域社会福祉水平对生态保护功能指向资源环境系统与区域发展系统的耦合协调进程同样起到催化剂的作用，且主要依靠客观福祉进行调控。

表 4-24　区域发展水平各因子对福建 ERECC 与 RDL 耦合协调区的交互探测结果

主导交互因子	q 值	交互类型
人口自然增长率∩特殊教育在校生	0.998	双因子增强
人均财政收入∩公共图书馆藏书	0.998	双因子增强
二三产业从业人员比例∩环境保护支出占政府财政支出比例	0.977	双因子增强
公路里程∩公共图书馆藏书	0.989	双因子增强

4.4.1.3　福建耦合失调区

福建生态保护功能指向资源环境系统与区域发展系统失调的行政区包括南平市与厦门市。进一步对比两个城市资源禀赋与区域发展方向可知，造成两个行政区失调的根本因素不一致。

（1）厦门市具有极低的 ERECC 与 RDL 耦合度，表明厦门生态保护功能指向资源环境系统与区域发展系统相关性较低。厦门市的发展定位为厦-泉-漳城市群经济发展的重要引擎，现代服务业、科技创新和亚太国际航运中心，以现代化港口风景旅游区，以生产和生活空间为主，同时高强度的生产和生活使得厦门市生态保护功能指向资源环境承载能力较低，但区域发展水平较高，因而二者关联度与相互作用程度均极低。其失调来源在于生态保护功能指向资源环境系统不突出，这种失调对厦门市整体区域发展并未带来较大负面影响。

（2）与厦门市相反，南平市有较高的 ERECC 与 RDL 耦合度，但耦合协调度较低，处于濒临失调状态，表明南平市生态保护功能指向资源环境系统与区域发展系统相互关系密切，但是这种密切关系未能达到共同促进南平市区域整体发展的作用，相反对南平区域整体发展起到一定制衡效果，这种制衡效果即为长期以来困扰闽江流域的环境保护与经济发展之间的矛盾。南平市作为闽江流域的上游，虽然自然资源丰富、生态价值丰厚，但生态优势难以有效转化为经济优势，生态与区域发展的矛盾尤为突出。因此，南平市因生态保护功能指向资源环境系统与区域发展系统互相掣肘而处于失调状态，故首要措施应该将南平市生态优势转为经济优势。

基于此，采用地理探测器进一步分析南平市生态保护功能指向资源环境系统与区域发展系统耦合失调的主导因素，结果见表 4-25、表 4-26。

由表 4-25 可知，生态敏感性对南平市耦合失调影响力远高于其他因子，q 值高达 0.936，是造成南平耦合失调的主控因素。由表 4-26 可知，在区域发展系统内，区域人口发展水平、区域经济发展水平各因素均对南平市耦合失调产生重要影响。以上 q 值的大小呼应上文分析，即南平市生态价值优势显著，但因人口流失与经济发展水平较低，现有的生态优势无法有效转化，造成南平市生态保护功能指向资源环境系统与区域发展系统相互制约的耦合失调现状。

表 4-25　ERECC 各因子对南平市 ERECC 与 RDL 耦合失调的贡献力 q 值

ERECC 各因子	水源涵养功能重要性	生物多样性维护功能重要性	水土保持功能重要性	生态敏感性
q 值	0.070	0.070	0.070	0.936

表 4-26　区域发展水平各因子对南平市 ERECC 与 RDL 耦合失调的贡献力 q 值

层面	评价指标	q 值	层面	评价指标	q 值
区域人口发展水平（B1）	C1	0.790	区域基础设施水平（B3）	C13	0.387
	C2	0.788		C14	0.771
	C3	0.771		C15	0.505
				C16	0.505
				C17	0.206
区域经济发展水平（B2）	C4	0.388	区域社会福祉水平（B4）	C18	0.349
	C5	0.789		C19	0.780
	C6	0.780		C20	0.040
	C7	0.765		C21	0.778
	C8	0.341		C22	0.790
	C9	0.549		C23	0.398
	C10	0.182		C24	0.441
	C11	0.404		C25	0.206
	C12	0.790		C26	0.770

4.4.2　福建城镇建设功能指向分区域影响因素识别

将表 4-15 各因子分不同耦合协调区域导入地理探测器，获得福建城镇建设功能指向资源环境系统各因子与区域发展系统各因子在 URECC 与 RDL 耦合协调过程中的影响力 q 值及两两因子交互 q 值。各探测因子均通过不同显著性水平的检验。

4.4.2.1 福建全域

1）福建城镇建设功能指向资源环境系统

从福建全域来看，福建城镇建设功能指向资源环境承载能力各影响因子对城镇建设功能指向资源环境系统与区域发展系统的协调发展贡献力梯度明显（表4-27）。城镇区位（$q=0.807$）、城镇灾害（$q=0.730$）、城镇水资源（$q=0.726$）为影响福建城镇建设功能指向资源环境系统与区域发展系统耦合协调格局形成的主控因子；城镇土地资源（$q=0.521$）、城镇气候（$q=0.476$）、城镇水环境（$q=0.333$）是影响福建耦合协调格局形成的次要因子；城镇大气环境（$q=0.164$）对福建耦合协调格局影响较为微弱。

表4-27 URECC各因子对福建全域URECC与RDL耦合协调的贡献力q值

URECC各因子	城镇土地资源	城镇水资源	城镇气候	城镇大气环境	城镇水环境	城镇灾害	城镇区位
q值	0.521	0.726	0.476	0.164	0.333	0.730	0.807

由表4-28和图4-3可知，福建城镇建设功能指向各因子的交互值q均大于单因素的q，影响因素两两之间均呈现非线性增强，说明城镇建设功能指向资源环境承载系统各因子两两交互后，进一步强化各因子对城镇建设功能指向资源环境承载系统与区域发展系统的耦合协调水平。根据交互后q值情况，城镇气候分别与城镇水资源和城镇灾害共同作用对福建城镇建设功能指向资源环境承载系统与区域发展系统的耦合发挥突出影响：城镇气候与城镇水资源和城镇灾害分别交互后均有最高的交互q值[q（城镇气候∩城镇水资源）=0.988，q（城镇气候∩城镇灾害）=0.988]；城镇区位不仅单项q值最高，在与其他因子交互后q值依然呈现极高水平，城镇灾害与城镇水资源与其余因子交互后q值也均较高。

表4-28 URECC各因子对福建全域URECC与RDL耦合协调的交互q值

q值	城镇土地资源	城镇水资源	城镇气候	城镇大气环境	城镇水环境	城镇灾害	城镇区位
城镇土地资源	0.521						
城镇水资源	0.983	0.726					
城镇气候	0.590	0.988	0.476				
城镇大气环境	0.561	0.825	0.645	0.164			
城镇水环境	0.695	0.901	0.735	0.552	0.333		

续表

q值	城镇土地资源	城镇水资源	城镇气候	城镇大气环境	城镇水环境	城镇灾害	城镇区位
城镇灾害	0.983	0.836	0.988	0.897	0.898	0.730	
城镇区位	0.975	0.949	0.980	0.938	0.982	0.949	0.807

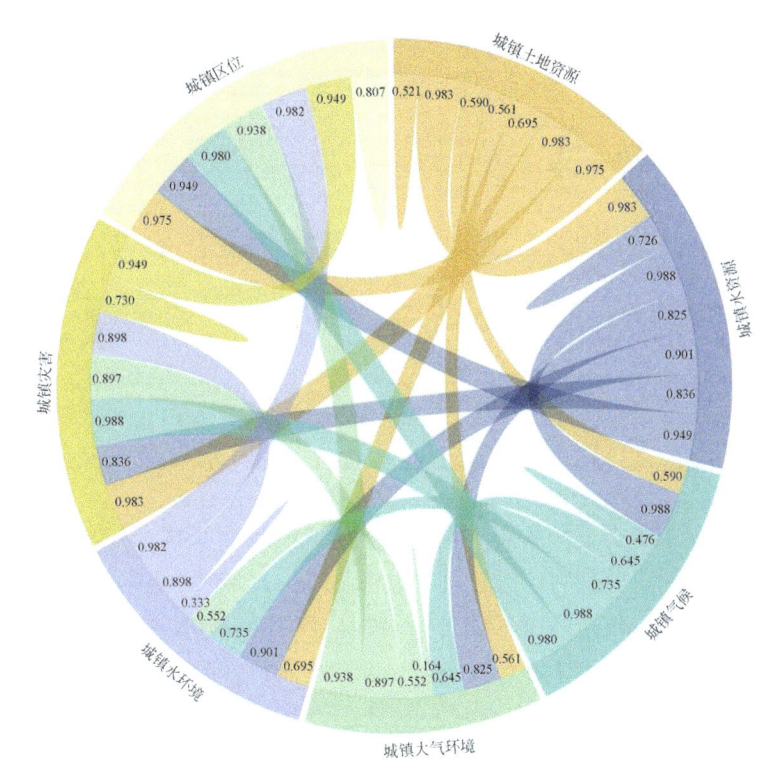

图 4-3　URECC 各因子对福建全域 URECC 与 RDL 耦合协调的交互作用

2）福建区域发展系统

从福建全域来看，区域发展系统各因子单项贡献力较高的为：居民可支配收入（$q=0.562$）>进出口总额（$q=0.547$）>上网率（使用电脑或其他设备）（$q=0.534$）>教育文化娱乐占居民生活消费支出比例（$q=0.476$）>移动电话年末用户率（$q=0.443$）>工业固定资产投资额（$q=0.424$）>每千人拥有机动车数（$q=0.412$），说明福建全域耦合格局的形成主要来自第二产业（工业固定资产投资额）、第三产业（进出口总额）、区域通信（移动电话年末用户率）、交通（每千人拥有机动车数）、主观福祉（居民可支配收入、教育文化娱乐占居民生活消费支出比例）共同作用的结果（表 4-29）。

表 4-29　区域发展水平各因子对福建全域 URECC 与 RDL 耦合协调的贡献力 q 值

层面	评价指标	q 值	层面	评价指标	q 值
区域人口发展水平（B1）	C1	0.305	区域基础设施水平（B3）	C13	0.245
	C2	0.212		C14	0.412
				C15	0.443
	C3	0.241		C16	0.534
				C17	0.010
区域经济发展水平（B2）	C4	0.334	区域社会福祉水平（B4）	C18	0.562
	C5	0.327		C19	0.346
	C6	0.278		C20	0.476
	C7	0.424		C21	0.374
	C8	0.311		C22	0.228
	C9	0.364		C23	0.203
	C10	0.222		C24	0.326
	C11	0.547		C25	0.317
	C12	0.384		C26	0.214

从区域发展水平各层面来看，区域经济、区域基础设施、区域社会福祉各因子的平均 q 值相近，分别为区域经济（$q=0.355$）>区域社会福祉（$q=0.338$）>区域基础设施（$q=0.329$）。区域人口对福建 URECC 与 RDL 的耦合协调格局形成的贡献力最为微弱，单因子 q 值分别为年底常住人口（$q=0.305$）>人口自然增长率（$q=0.241$）>人口密度（$q=212$）。此外，区域发展系统中，基础设施层面的每万人卫生技术人员数显示出极低的相关性，q 值仅为 0.010。

从区域发展水平各因子交互作用来看，福建区域发展水平各评价指标两两之间呈现双因子增强或非线性增强。筛选出交互作用力度位于前列的因子（表 4-30），可知在城镇建设功能指向下，福建区域发展系统中的区域社会福祉水平依然起到催化剂的作用，将区域人口、经济、基础设施进行调和，对福建全域的城镇建设功能指向资源环境系统与区域发展系统的耦合协调发挥重要作用。

表 4-30　区域发展系统各因子对福建全域 URECC 与 RDL 耦合协调
主导因子的交互探测结果

主导交互因子	q 值	交互类型
人口密度∩特殊教育在校生	0.983	双因子增强
二三产业从业人员比例∩环境保护支出占政府财政支出比例	0.993	双因子增强

续表

主导交互因子	q 值	交互类型
公路里程∩公共图书馆藏书	0.997	双因子增强
各类文艺展演活动次数∩公共图书馆藏书	0.994	双因子增强

4.4.2.2 福建耦合协调区

1）福建城镇建设功能指向资源环境系统

福建城镇建设功能指向资源环境系统与区域发展系统耦合协调的城市包括福州市、泉州市、龙岩市、漳州市、南平市、莆田市和三明市。将以上城市导入地理探测器，获得各因子对福建城镇建设功能指向资源环境系统与区域发展系统耦合协调的贡献力 q 值。

福建城镇建设功能指向资源环境承载能力各影响因子对城镇建设功能指向资源环境系统与区域发展系统的协调发展贡献力主、副、次作用明显。城镇土地资源（$q=0.929$）、城镇区位（$q=0.919$）为影响福建城镇建设功能指向资源环境系统与区域发展系统耦合协调格局形成的主控因子；城镇气候（$q=0.738$）是影响福建耦合协调的副因子；城镇水资源（$q=0.529$）、城镇灾害（$q=0.518$）是影响福建耦合协调的次要因子；而城镇大气环境（$q=0.292$）和城镇水环境（$q=0.108$）无论对于福建全域的耦合协调格局的总体形成，还是对福建耦合协调区域的促进效果，贡献力都比较微弱（表4-31）。

表4-31 URECC 各因子对福建 URECC 与 RDL 耦合协调区的贡献力 q 值

URECC 各因子	城镇土地资源	城镇水资源	城镇气候	城镇大气环境	城镇水环境	城镇灾害	城镇区位
q 值	0.929	0.529	0.738	0.292	0.108	0.518	0.919

由结果可知，福建城镇建设功能指向各因子的交互值 q 均大于单因素的 q，影响因素两两之间呈现双因子增强或非线性增强，说明城镇建设功能指向资源环境承载系统各因子两两交互后，进一步强化各因子对城镇建设功能指向资源环境承载系统与区域发展系统的耦合协调。根据交互后 q 值情况可知，城镇水环境与城镇区位作为重要交互因子，在与其余因子交互均显示较高 q 值：城镇水环境与城镇区位和城镇土地资源分别交互后均有较高的交互 q 值［q（城镇区位∩城镇水环境）=0.992，q（城镇土地资源∩城镇水环境）=0.990］；城镇土地资源、城镇区位与其余因子的综合交互影响较高，且城镇区位不仅单项 q 值最高，在与其他因子交互后 q 值依然呈现极高水平，表明城镇区位因子对城镇建设功能指向资

| 闽台资源环境承载能力与区域发展耦合机理及调控 |

源环境承载系统与区域发展系统的耦合协调至关重要（表4-32、图4-4）。

表4-32 URECC各因子对福建URECC与RDL耦合协调区的交互q值

q值	城镇土地资源	城镇水资源	城镇气候	城镇大气环境	城镇水环境	城镇灾害	城镇区位
城镇土地资源	0.929						
城镇水资源	0.961	0.529					
城镇气候	0.972	0.972	0.738				
城镇大气环境	0.986	0.713	0.987	0.292			
城镇水环境	0.990	0.835	0.862	0.688	0.108		
城镇灾害	0.961	0.781	0.972	0.881	0.829	0.518	
城镇区位	0.944	0.963	0.954	0.989	0.992	0.963	0.919

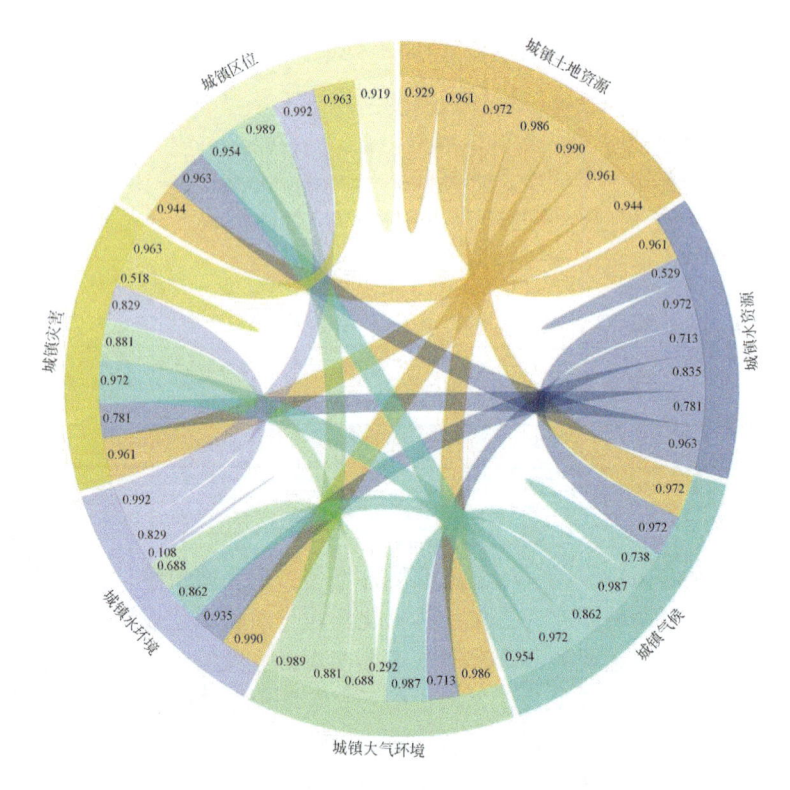

图4-4 URECC各因子对福建URECC与RDL耦合协调类型区的耦合协调交互作用

2) 福建区域发展系统

在区域发展系统中，对福建城镇建设功能指向资源环境承载系统与区域发展系统的耦合协调起到显著作用的因子分别为：各类文艺展演活动次数（$q=0.580$）>移动电话年末用户率（$q=0.579$）>二三产业从业人员比例（$q=0.579$）>公共图书馆藏书（$q=0.556$）>居民可支配收入（$q=0.545$）>进出口总额（$q=0.526$）>批发零售业销售额（$q=0.509$）。该表现与福建全域的耦合协调格局的形成较为相似，即福建城镇建设功能指向资源环境承载系统与区域发展系统的耦合协调主要受到第二、三产业（二三产业从业人员比例、进出口总额）、区域通信（移动电话年末用户率）、主观福祉（居民可支配收入）、客观福祉（各类文艺展演活动次数、公共图书馆藏书）的促进作用（表4-33）。

表4-33　区域发展水平各因子对福建 URECC 与 RDL 耦合协调区的贡献力 q 值

层面	评价指标	q 值	层面	评价指标	q 值
区域人口发展水平（B1）	C1	0.476	区域基础设施水平（B3）	C13	0.458
	C2	0.203		C14	0.265
				C15	0.579
	C3	0.415		C16	0.353
				C17	0.041
区域经济发展水平（B2）	C4	0.259	区域社会福祉水平（B4）	C18	0.545
	C5	0.465		C19	0.117
	C6	0.579		C20	0.306
	C7	0.288		C21	0.143
	C8	0.509		C22	0.426
	C9	0.385		C23	0.151
	C10	0.297		C24	0.556
	C11	0.526		C25	0.580
	C12	0.365		C26	0.255

从区域发展水平各层面来看，区域经济层面的总体促进作用更为突出（$q=0.408$），其次为区域人口层面（$q=0.365$），最后为区域社会福祉（$q=0.342$）与区域基础设施（$q=0.339$）。其中，基础设施层面的每万人卫生技术人员数依然显示出极低的相关性，q 值仅为 0.041。

从区域发展水平各因子交互作用来看，福建区域发展水平各评价指标两两之间呈现双因子增强或非线性增强。筛选出交互作用力度位于前列的因子，交互作用显著的因子集中在人均财政收入、每千人拥有机动车数、公路货运量、移动电话年末用户率四个指标，分别为：q（人均财政收入∩工业固定资产投资额）=0.998，q（人均财政收入∩每千人拥有机动车数）=0.989，q（公路货运量∩每千人拥有机动车数）=0.977，q（公路货运量∩移动电话年末用户率）=0.988，q（环境保护支出占政府财政支出比例∩移动电话年末用户率）=0.996，q（环境保护支出占政府财政支出比例∩二三产业从业人员比例）=0.990。

4.4.2.3 福建耦合失调区

福建城镇建设功能指向资源环境系统与区域发展系统耦合失调的行政区为宁德市与厦门市。进一步分析宁德市与厦门市的区域发展方向、城镇建设历程、自然资源本底等，可知两地资源环境系统与区域发展系统耦合失调的根源截然相反，因此将宁德市与厦门市分别导入地理探测器，并结合现有研究分析两地失调原因。

厦门市水土资源量天然不足，引发水土资源的紧约束性，这一直是长期以来困扰厦门市的首要资源环境问题。厦门本岛面积小，可用面积更是不足，支撑厦门市经济社会发展的空间载体非常有限，但厦门市在福建乃至全国都具有重要的经济地位，人口的集聚、企业的扎堆使得厦门市原本不足的水土资源更加紧张。虽然在2000年之后，厦门市把城镇开发工作逐步向岛外集聚，但该转移只是将紧约束难题转移而非解决，随着近几年厦门岛外快速发展，岛外空间也被侵占殆尽，水土紧约束再次成为制约厦门城镇建设指向资源环境系统与区域发展系统耦合失调的重要因素。因此，城镇建设功能指向的资源环境系统中，城镇土地资源与城镇水资源因子对厦门城镇建设功能指向的资源环境系统与区域发展系统耦合失调显示出极强的影响力；而城镇大气环境、城镇水环境的 q 值表现为较低水平，原因在于厦门城市定位为国际花园城市，对企业的准入门槛设定较高，严苛的标准之下环境污染水平较高的企业不得不转移或者技术升级，使得厦门市总体城镇大气环境、城镇水环境显示出较高水平，同时对城镇建设功能指向资源环境系统与区域发展系统耦合失调影响程度较低。

与厦门市相反，宁德市山地丘陵面积广大，水系发达，水资源丰富，海岸线曲折、海洋资源丰富，山海资源兼备。但资源环境约束力的大小一方面取决于资源环境的禀赋，另一方面还取决于其经济发展的效率。宁德市虽然具有优越的水土资源条件，可因其土地资源开发利用效率不高，区域经济水平较低，人口密度、基础设施、投资的软硬环境等相较于厦门市表现出巨大短板，使得宁德市城镇建设功能指向资源环境系统与区域发展系统整体呈现耦合失调状态。因此，相较于厦门，宁德市区域发展系统中人口层面与经济层面因子对宁德因子城镇建设功能指向的资源环境系统与区域发展系统耦合失调表现出更显著的 q 值：年底常住人口（$q=0.899$）>人口密度（$q=0.996$）>公路货运量（$q=0.812$）>公路里程（$q=0.703$）（表 4-34）。

表 4-34　区域发展水平各评价指标对宁德 URECC 与 RDL 耦合失调区的贡献力 q 值

层面	评价指标	q 值	层面	评价指标	q 值
区域人口发展水平（B1）	C1	0.899	区域基础设施水平（B3）	C13	0.703
	C2	0.996		C14	0.552
				C15	0.618
	C3	0.774		C16	0.324
				C17	0.133
区域经济发展水平（B2）	C4	0.259	区域社会福祉水平（B4）	C18	0.456
	C5	0.465		C19	0.137
	C6	0.579		C20	0.226
	C7	0.288		C21	0.163
	C8	0.499		C22	0.347
	C9	0.385		C23	0.171
	C10	0.812		C24	0.376
	C11	0.547		C25	0.208
	C12	0.304		C26	0.275

4.4.3　福建农业生产功能指向分区域影响因素识别

将表 4-15 各因子分不同耦合协调区域导入地理探测器，获得福建农业生产功能指向资源环境系统各影响因子与区域发展系统中各因子在 ARECC 与 RDL 耦合协调过程中的影响力 q 值及两两因子交互 q 值。各探测因子均通过不同显著性水平的检验。

4.4.3.1　福建全域

1）福建农业生产功能指向资源环境系统

从福建全域来看，福建农业生产功能指向资源环境承载能力各影响因子对城镇建设功能指向资源环境系统与区域发展系统的协调发展贡献力主次明显。农业土地资源对全域耦合协调格局的形成的贡献力最高，q 值为 0.822，农业水资源对全域耦合协调格局的形成的贡献力次高，q 值为 0.427，二者相差近 1 倍。其余因子均表现为较为微弱的贡献力。以上表明，福建农业生产功能指向的资源环境区域发展水平的耦合协调与区域农业土、水条件密切相关（表4-35）。

表4-35 ARECC各因子对福建全域ARECC与RDL耦合协调的贡献力q值

ARECC各因子	农业土地资源	农业水资源	农业气候	农业环境	农业灾害
q值	0.822	0.427	0.117	0.216	0.010

各因子的交互作用再次强化区域农业土、水条件对区域农业生产功能指向的资源环境系统与区域发展系统耦合协调的重要性。具体来看，福建农业生产功能指向各因子的交互值q均大于单因素的q，影响因素两两之间均呈现双因子增强或非线性增强（表4-36）。其中，农业土、水资源分别与农业环境的交互q值为两两交互q值最高的两组因子[q（农业土地资源∩农业环境）= 0.962，q（农业水资源∩农业环境）= 0.952]；此外农业土、水两两交互，以及农业土资源与农业灾害交互后也显示极高q值[q（农业土地资源∩农业灾害）= 0.908，q（农业土地资源∩农业水资源）= 0.906]。以上表现说明农业土、水资源作为单项因子时对福建全域的耦合协调进程起到重要作用，同时作为基础性因子，与其余要素结合后依然表现出重要作用。

表4-36 ARECC各因子对福建全域ARECC与RDL耦合协调的交互q值

q值	农业土地资源	农业水资源	农业气候	农业环境	农业灾害
农业土地资源	0.822				
农业水资源	0.906	0.427			
农业气候	0.857	0.720	0.117		
农业环境	0.962	0.952	0.522	0.216	
农业灾害	0.908	0.667	0.158	0.266	0.010

2）福建区域发展系统

从区域发展系统在福建全域的贡献力q值来看，福建全域的农业生产功能指向的资源环境与区域发展的耦合协调进程是区域人口、经济、基础设施、社会福祉各相关因素共同作用的结果（表4-37）。

区域发展系统各因子单项贡献力较高的为：二三产业从业人员比例（$q=0.635$）>人均财政收入（$q=0.545$）>人口自然增长率（$q=0.493$）>居民可支配收入（$q=0.414$）>移动电话年末用户率（$q=0.400$）。各层面整体q值也较为相近的：区域经济发展水平（$q=0.337$）>区域人口发展水平（$q=0.333$）>区域基础设施水平（$q=0.217$）>区域社会福祉水平（$q=0.214$）。以上表现进一步表明区域人口、经济、基础设施、社会福祉各相关因素共同促进福建农业生产功能指向的全域耦合协调。

第4章 福建资源环境系统与区域发展系统耦合协调分析

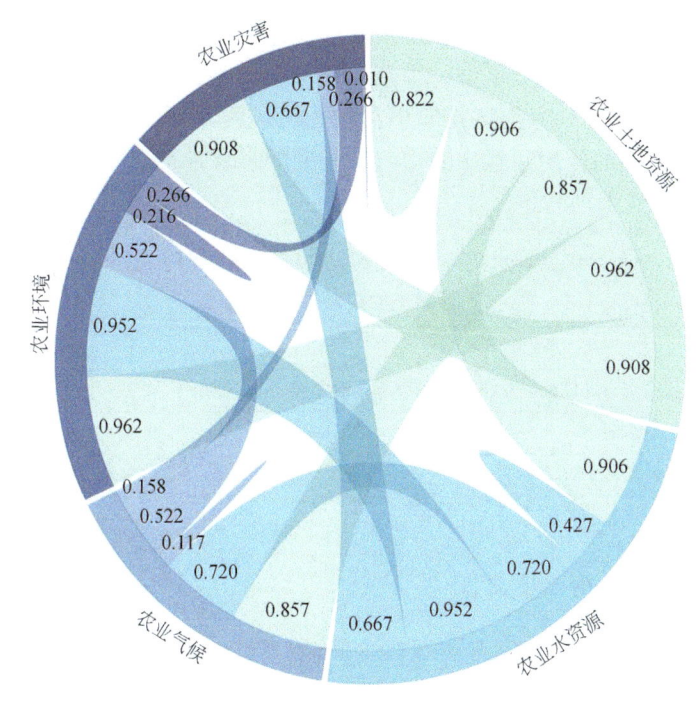

图 4-5 ARECC 各因子对福建全域 ARECC 与 RDL 耦合协调的交互作用

表 4-37 区域发展水平各因子对福建全域 ARECC 与 RDL 耦合协调的贡献力 q 值

层面	评价指标	q 值	层面	评价指标	q 值
区域人口发展水平（B1）	C1	0.247	区域基础设施水平（B3）	C13	0.265
	C2	0.260		C14	0.200
				C15	0.400
				C16	0.209
	C3	0.493		C17	0.013
区域经济发展水平（B2）	C4	0.307	区域社会福祉水平（B4）	C18	0.414
	C5	0.545		C19	0.133
	C6	0.635		C20	0.244
	C7	0.180		C21	0.096
	C8	0.332		C22	0.343
	C9	0.264		C23	0.112
	C10	0.248		C24	0.127
	C11	0.299		C25	0.279
	C12	0.220		C26	0.177

从区域发展水平各因子交互作用来看，福建区域发展水平各评价指标两两之间呈现双因子增强或非线性增强。筛选出的交互作用力度位于前列的因子如表4-38所示，说明在农业生产功能指向下，福建区域发展系统中的区域社会福祉水平依然起到催化剂的作用，且主要由政府主导的客观福祉激发其余因子对耦合协调产生的贡献力。

表4-38 区域发展水平各因子对福建全域ARECC与RDL耦合协调主导因子的交互探测结果

主导交互因子	q 值	交互类型
二三产业从业人员比例∩环境保护支出占政府财政支出比例	0.997	双因子增强
公路里程∩公共图书馆藏书	0.989	双因子增强
公共图书馆藏书∩各类文艺展演活动次数	0.998	双因子增强

4.4.3.2 福建耦合协调区

1) 福建农业生产功能指向资源环境系统

福建农业生产功能指向的资源环境系统与区域发展系统耦合协调的城市为泉州市、福州市、龙岩市、漳州市、三明市、莆田市、厦门市、宁德市。将以上城市导入地理探测器，获得各因子对福建生态保护功能指向的资源环境系统与区域发展系统耦合协调的贡献力 q 值。

由表4-39可知，相比于各因子对福建全域耦合类型的影响力特征，福建ARECC各因子 q 值发生较大变化。农业环境成为影响福建农业生产功能指向的资源环境系统与区域发展系统耦合协调的主控因子（$q=0.607$），农业土地资源次之（$q=0.546$）。其余因子贡献力接近且均较微弱。

表4-39 ARECC各因子对福建全域ARECC与RDL耦合协调区的贡献力 q 值

ARECC各因子	农业土地资源	农业水资源	农业气候	农业环境	农业灾害
q 值	0.546	0.105	0.059	0.607	0.118

从农业生产功能指向资源环境承载能力各影响因子的交互作用来看，福建农业生产功能指向各因子两两之间呈现双因子增强或非线性增强（表4-40、图4-6）。与单项因子的 q 值大小相似，农业土地资源与农业环境与其余因子交互后均显示出较高 q 值，再次强化农业土地资源与农业环境对福建农业生产功能指向的资源环境系统与区域发展系统耦合协调的重要作用。

表 4-40　ARECC 各因子对福建 ARECC 与 RDL 耦合协调类型区的交互 q 值

q 值	农业土地资源	农业水资源	农业气候	农业环境	农业灾害
农业土地资源	0.546				
农业水资源	0.761	0.105			
农业气候	0.637	0.470	0.059		
农业环境	0.904	0.879	0.950	0.607	
农业灾害	0.767	0.155	0.187	0.879	0.118

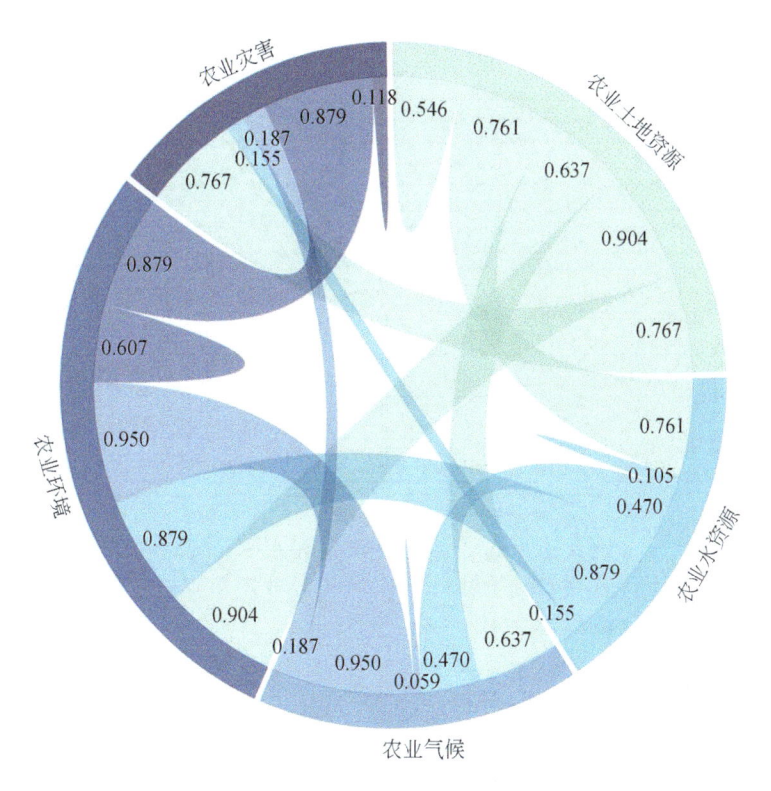

图 4-6　ARECC 各因子对福建 ARECC 与 RDL 耦合协调类型区的耦合协调交互作用

2）福建区域发展系统

在福建耦合协调类区尺度下，福建区域发展系统中区域经济大部分因子与社会福祉大部分因子具有较高贡献力。

区域发展水平各层面均有对城镇建设功能指向资源环境系统与区域发展系统的耦合协调均产生高贡献力的核心因子（表 4-41），分别为区域人口发展水平层面（B1）的人口自然增长率年底常住人口（$q=0.420$），区域经济发展水平层面

（B2）的二三产业从业人员比例（$q=0.529$），区域基础设施水平层面（B3）的移动电话年末用户率（$q=0.577$），区域社会福祉水平层面（B4）的居民可支配收入（$q=0.632$）。

表 4-41　区域发展水平各因子对福建 ARECC 与 RDL 耦合协调区的交互 q 值

层面	评价指标	q 值	层面	评价指标	q 值
区域人口发展水平（B1）	C1	0.420	区域基础设施水平（B3）	C13	0.261
	C2	0.277		C14	0.385
	C3	0.140		C15	0.577
				C16	0.280
				C17	0.043
区域经济发展水平（B2）	C4	0.401	区域社会福祉水平（B4）	C18	0.632
	C5	0.383		C19	0.312
	C6	0.529		C20	0.540
	C7	0.373		C21	0.240
	C8	0.375		C22	0.209
	C9	0.508		C23	0.289
	C10	0.232		C24	0.484
	C11	0.394		C25	0.292
	C12	0.394		C26	0.577

从各层面整体 q 值大小来看，区域经济发展水平（$q=0.399$）与区域社会福祉水平（$q=0.397$）整体贡献力最大，区域人口发展水平（$q=0.279$）与区域基础设施水平（$q=0.309$）贡献力次之。

综上表明，区域经济从第二产业（工业固定资产投资额、二三产业从业人员比例等）、第三产业（批发零售业销售额、住宿餐饮业销售额等）促进耦合协调，社会福祉从主观（居民可支配收入、教育文化娱乐占居民生活消费支出比例等）、客观（公共图书馆藏书、特殊教育在校生等）全方面促进耦合协调，同时区域人口与区域基础设施为辅助因素。

福建区域发展水平各评价指标两两之间呈现双因子增强或非线性增强。两两交互后 q 值较高的因子均为区域经济发展水平层面与区域社会福祉水平层面 [q（人均财政收入∩工业固定资产投资额）= 0.968，q（二三产业从业人员比例∩环境保护支出占政府财政支出比例）= 0.988，q（工业固定资产投资额∩各类文艺展演活动次数）= 0.972，q（公路里程∩公共图书馆藏书）= 0.967，q（环境保护支出占政府财政支出比例∩公共图书馆藏书）= 0.996]。以上表现再次加强福建区域经济与区域社会福祉水平对农业生产功能指向资源环境系统与区域发展系统的耦合协调的重要性。

4.4.3.3 福建耦合失调区

福建农业生产功能指向的资源环境系统与区域发展系统耦合失调的城市仅南平市一处。南平市是典型的山区,地处海峡西岸腹地,农业和农村经济发展基础良好,是著名的农业产区、福建重要的"粮仓",有 8 个省级商品粮基地县,形成了具有南平市地域特色的农业产业发展布局。虽然南平市具有显著的农业生产优势,但南平市农业粗放经营大量存在,以高投入获取高产出的生产经营理念仍然占据主导,农业生产功能指向的资源环境系统与区域发展系统中依然存在较多问题,致使南平市农业生产功能指向的资源环境系统与区域发展系统耦合失调。

在资源环境系统中,南平市气候温暖湿润,光热条件优越,降水丰沛,是福建多雨中心之一,水力资源丰富,土壤以红壤为主,适宜杉木、马尾松、毛竹、油茶等多种农林作物生长,具有较高的农业土、水优势,但农业环境不济、农业气候配合不够协调导致农业灾害频发等问题突出,致使南平市农业生产功能指向的资源环境系统与区域发展系统耦合失调。地理探测器的识别显示,农业土地资源与农业水资源 q 值较高,分别为 0.734 与 0.722,其次为农业气候 q 值,为 0.569,该表现与上文分析互相印证(表 4-42)。

表 4-42　ARECC 各因子对南平市 ARECC 与 RDL 耦合失调的影响力 q 值

ARECC 各因子	农业土地资源	农业水资源	农业气候	农业环境	农业灾害
q 值	0.734	0.722	0.569	0.397	0.267

在区域发展系统中,南平人口密度低,仅 129 人/km²,不及全省人口平均密度的一半,劳动力短缺制约了生产与消费市场的拓展,使得南平区域人口水平与区域经济发展水平均低于全省平均水平;同时,财政收入的短缺使得南平市基础设施建设投入不足,居民客观福祉无法提升,主观福祉相对较低,区域人口、经济、基础设施、社会福祉互相掣肘共同导致南平市农业生产功能指向的资源环境系统与区域发展系统的耦合失调。地理探测器的识别显示,人口层面,人口密度 q 值最高,为 0.361;区域经济层面,人均财政收入、二三产业从业人员比例、进出口总额、失业率均表现为较高 q 值,分别为 0.654、0.553、0.556、0.510;区域基础设施层面,移动电话年末用户率、上网率(使用电脑或其他设备)表现为较高 q 值,分比为 0.554、0.526;社会福祉层面,居民可支配收入表现为极高 q 值,且为区域发展系统中 q 值最高的因子,q 值为 0.762。以上表现与上文分析互相印证(表 4-43)。

表 4-43　区域发展系统各因子对南平市 ARECC 与 RDL 耦合失调的影响力 q 值

层面	评价指标	q 值	层面	评价指标	q 值
区域人口发展水平（B1）	C1	0.249	区域基础设施水平（B3）	C13	0.331
	C2	0.361		C14	0.383
	C3	0.306		C15	0.554
				C16	0.526
				C17	0.429
区域经济发展水平（B2）	C4	0.329	区域社会福祉水平（B4）	C18	0.762
	C5	0.654		C19	0.416
	C6	0.553		C20	0.392
	C7	0.373		C21	0.358
	C8	0.442		C22	0.649
	C9	0.462		C23	0.395
	C10	0.514		C24	0.295
	C11	0.556		C25	0.256
	C12	0.510		C26	0.457

综上，南平市优越的水土资源与农业环境在南平市农业生产功能指向的资源环境系统与区域发展系统耦合过程中发挥重要作用，但南平市区域人口、经济、基础设施、社会福祉互相掣肘，优越的农业条件在转化为区域发展动力的过程中转化不足，使得农业生产功能指向的资源环境系统与区域发展系统暂时表现为耦合失调状态。

第 5 章 台湾资源环境系统与区域发展系统耦合协调分析

5.1 台湾资源环境承载能力评价

5.1.1 生态保护功能指向的资源环境承载能力

依据前文对台湾 2010 年、2015 年、2019 年生态保护功能区的资源环境承载能力各因子进行评价，分别获得台湾 2010 年、2015 年、2019 年生态保护功能指向的水源涵养功能重要性、水土保持功能重要性、生物多样性维护功能重要性、生态敏感性指数，并集成后获得生态保护功能指向的资源环境承载能力。

5.1.1.1 水源涵养功能重要性评价

从台湾水源涵养功能重要性评价结果来看，台湾水源涵养功能重要性指数显著优于福建，且高值单元集中连片。从平均值来看：台湾水源涵养功能重要性指数高值区为宜兰县-南投县，次高值区为花莲县-台东县，呈现由北向南递减的特征。

对比 2010 年、2015 年、2019 年台湾各研究单元的水源涵养功能重要性指数，该指数呈现 2010~2015 年骤降，2015~2019 年稳步攀升的变化特征。具体来看，台湾各研究单元水源涵养功能重要性指数更为稳定，宜兰县和南投县水源涵养功能重要性指数在 2010 年、2015 年、2019 年三个时期均为最高，但台湾各研究单元高低值差异较大，马祖列岛水源涵养功能重要性指数在 2010 年、2015 年、2019 年三个时期均为最低。

5.1.1.2 水土保持功能重要性评价

从水土保持功能重要性评价结果来看，台湾水土保持功能重要性指数（除马祖列岛）普遍优于福建。从水土保持功能重要性指数平均值来看：台湾水土保持功能重要性高值研究单元为新竹县与南投县，并由西向东递减。

对比 2010 年、2015 年、2019 年台湾各研究单元的水土保持功能重要性指数，台湾变化特征与福建相反，2010~2015 年提升，2015~2019 年下降。具体来看，台湾各研究单元的水土保持功能重要性指数在 2010 年、2015 年、2019 年均经历先提高后下降过程。其中，新竹县水土保持功能重要性指数在三年内均为最高，其次为南投县。

5.1.1.3 生物多样性维护功能重要性评价

从台湾生物多样性维护功能重要性评价结果来看，台湾生物多样性维护功能重要性指数（除马祖列岛）显著高于福建，多年值先上升后下降。从生物多样性维护功能重要性指数平均值来看：台湾在宜兰县形成高值区，其次为台东县与南投县，在空间上表现为由台湾北部、南部向台湾中部递减。

对比 2010 年、2015 年、2019 年台湾各研究单元的生物多样性维护功能重要性指数，该指数在 2010~2015 年轻微提升，在 2015~2019 年轻微下降。在三个时期，宜兰县生物多样性维护功能重要性指数均为当年最高，其次为台东县。

5.1.1.4 生态敏感性评价

从台湾生态敏感性评价结果来看，台湾生态敏感性指数（除马祖列岛）普遍高于福建，且逐年上升。从生态敏感性指数平均值来看：台湾生态敏感性指数高值研究单元为南投县与花莲县，呈现由台湾岛中部向台湾岛四周递减的特征。

对比 2010 年、2015 年、2019 年台湾各研究单元的生态敏感性指数，台湾各研究单元的生态敏感性指数变化各不相同：宜兰县、南投县、台东县、花莲县 2015 年生态敏感性指数较 2010 年上升，新竹县 2015 年生态敏感性指数较 2010 年下降；宜兰县 2019 年生态敏感性指数较 2015 年继续上升，南投县、花莲县生态敏感性指数保持不变，台东县、新竹县则有所下降。

5.1.1.5 生态保护功能指向的资源环境承载能力评价

依据"双评价"集成方法将台湾水源涵养功能重要性、水土保持功能重要性、生物多样性维护功能重要性、生态敏感性评价结果进行集成，获得台湾生态保护功能指向的资源环境承载能力。

从台湾生态保护功能指向的资源环境承载能力评价结果来看，台湾生态保护功能指向的资源环境承载能力总体高于福建，空间分布特征为大面积的高值片区与中值片区混杂。以各研究单位为分区进行统计，台湾生态保护功能指向的资源环境承载能力高低分异更加明显：台湾宜兰县、南投县生态保护功能指向的资源环境承载能力较高，其次为台东县、花莲县、新竹县，马祖列岛生态保护功能指向的资源环境承载能力为台湾最低（表5-1）。

表5-1 2010年、2015年、2019年台湾生态保护功能指向的资源环境承载能力

地区	研究单元	生态保护功能指向的资源环境承载能力					
		2010年	2015年	2015年较2010年变化	2019年	2019年较2015年变化	三年平均
台湾	马祖列岛	1.2229	1.2103	-0.0126	1.2212	0.0109	1.2181
	宜兰县	2.4687	2.4189	-0.0498	2.4779	0.0590	2.4552
	南投县	2.4678	2.4444	-0.0234	2.5167	0.0723	2.4763
	台东县	2.3251	2.3119	-0.0132	2.3929	0.0810	2.3433
	花莲县	2.3410	2.2624	-0.0786	2.3208	0.0584	2.3081
	新竹县	2.3117	2.1963	-0.1154	2.2831	0.0868	2.2637

根据台湾生态保护功能指向资源环境承载能力各因子空间分布与时间变化趋势可知，台湾各因子变化特征基本一致，且与福建变化特征相反，即2015年较2010年上升，2019年较2015年下降。作为由水源涵养功能重要性、水土保持功能重要性、生物多样性维护功能重要性、生态敏感性集成的生态保护功能指向资源环境承载能力，台湾多年值的变化特征为先下降后上升，原因在于台湾生态敏感性指数作为负面因子，对台湾整体生态承载能力产生更大影响。台湾在地质上属于造山活动带，构造复杂而且脆弱，多火山，常地震；土壤以红壤为主，黄壤次之，土壤酸性强，有机质缺乏，速效性养分含量低，抗蚀性能差；台湾全岛气候湿润，雨量丰沛，属中国降雨最多的地区，年降水量一般在1500～3000mm，一年80%～85%的降水集中在5～10月。台湾脆弱的地质构造，陡峻的地形，年内多台风、暴雨，这些因素叠加使得台湾水土流失敏感性极高，水土流失现象严重。为此，早在20世纪50年代初，台湾学者就已开展水土保持工作，在1961年成立负责水土保持工作的专门部门"山地农牧局"，至今已60余年，开展由政府、大学、科研单位和民众共同驱动的水土保持工作。因此，台湾生态保护功能指向资源环境承载能力总体呈现上升趋势。

5.1.2 城镇建设功能指向的资源环境承载能力

依据表3-3对台湾2010年、2015年、2019年城镇建设功能指向区的资源环境承载能力各因子进行评价，分别获得台湾2010年、2015年、2019年城镇土地资源指数、城镇水资源指数、城镇气候指数、城镇大气环境指数、城镇水环境指

数、城镇地质灾害危险性指数、城镇地震灾害危险性指数，并集成后获得城镇建设功能指向的资源环境承载能力。

5.1.2.1 城镇土地资源评价

由于坡度因子及高程因子具有极强稳定性，城镇建设功能指向的城镇土地资源指数在十年间未发生较大变化。从台湾城镇土地资源的空间评价结果来看，城镇土地资源指数由台湾西部沿海向台湾中部递减。具体来看，台湾城镇土地资源指数虽然也呈现一定程度的破碎性，但破碎程度较低，高值区域与低值区域界线明显，即台湾平原区为高值区，台湾山地区为低值区；从台湾各研究单元分区统计来看，台湾城镇土地资源指数最高的为外岛，分别为澎湖县与金门岛，台湾本岛同样存在两个高值区——位于台湾岛南部的嘉义市以及台湾岛北部的新竹市。

5.1.2.2 城镇水资源评价

台湾城镇水资源评价采用的是县级行政区的地表径流量，因此 2010 年、2015 年、2019 年城镇水资源指数较为稳定。从台湾城镇水资源的空间评价结果来看，台湾城镇水资源指数总体偏低，其中嘉义市、金门岛为台湾城镇水资源指数最低的研究单元；台湾各研究单元中，城镇水资源指数最高的为高雄市，其次为台中市、新北市，分别位于台湾岛南端、中部与北端。台湾为水资源匮乏地区，离散的分布情况使得台湾城镇水资源调应不及时，从而导致台湾本岛缺水事件时常发生。

5.1.2.3 城镇气候评价

从台湾城镇气候评价结果来看，台湾城镇气候指数总体高于福建，且研究单元城镇气候指数的增长值也较高。在空间上，台湾城镇气候指数总体由台湾岛北部向台湾岛南部递减。台湾城镇气候指数较高的研究单元为，位于台湾岛西北部的新竹市、桃园市、新北市、基隆市，以及位于台湾岛中部的台中市，而位于台湾岛南部的高雄市城镇气候指数为台湾各研究单元中最低。

对比 2010 年、2015 年、2019 年台湾各研究单元的城镇气候指数，台湾各研究单元的城镇气候指数在 2010~2015 年部分上升，2015~2019 年各研究单元城镇气候指数均不同程度提高。具体来看，台湾除基隆市、金门岛、台北市、高雄市外，其余研究单元的城镇气候指数在 2010~2015 年表现为轻微提高，2015~2019 年各研究单元的城镇气候指数均不同程度提高。

5.1.2.4 城镇环境评价

从台湾城镇环境评价结果来看，台湾城镇大气环境指数由台湾岛北部向南部递减，城镇水环境指数由台湾岛中部向台湾岛两端递减。具体来看，空间上，台湾城镇大气环境指数最高的研究单元为澎湖县，其次为基隆市、新竹市、台北市、新北市；台湾城镇水环境指数最高的研究单元同样为澎湖县，其次为台中市、基隆市、新北市、台北市、嘉义市，可见台湾城镇大气环境指数与城镇水环境指数较高的地区有一定程度的重合，且这些地区区域发展水平较高，该规律与环境库兹涅茨曲线不吻合，主要原因在于台湾以对环境污染较轻的现代服务业为第一大产业和主导动力。

对比 2010 年、2015 年、2019 年台湾各研究单元的城镇环境指数：台湾各研究单元的城镇大气环境指数与城镇水环境指数在 2010 年、2015 年、2019 年未发生较大变化，原因同样为台湾主导产业为环境污染较轻的现代服务业。

5.1.2.5 城镇灾害评价

由于地震动峰值加速度、活动断层分布、地质灾害点均具有较强稳定性，台湾城镇地震灾害危险性指数与地质灾害危险性指数在 10 年间未发生较大变化。

相比于福建，台湾具有极高的地震动峰值加速度及密集的活动断层，且台湾泥石流、滑坡等地质灾害点密集，各灾害点地质灾害频发，其中嘉义市地质灾害频发，地质灾害危险性指数为台湾最高，基隆市、高雄市、台中市的城镇地震灾害危险性指数与地质灾害危险性指数均处于较高水平；外岛（金门岛与澎湖县）虽然远离地震带，但其地质灾害危险性指数也较高。原因在于，台湾地处于最活跃的环太平洋地震带上，为太平洋西岸亚欧大陆板块与菲律宾海板块的碰撞点上，由于菲律宾海板块持续地推挤亚欧大陆板块，板块交界处的地壳产生折曲与造山运动，台湾本岛在地体构造上产生许多南北向的逆断层，是我国地震最激烈、最频繁的地区之一。

5.1.2.6 城镇区位优势度评价

从台湾城镇区位优势度评价结果来看，台湾城镇区位优势度的高值区位于台湾岛西部沿海片区，以研究单元为分区进行统计，城镇区位优势度较高区域集中于台湾岛北部，分别为新竹市、基隆市、台北市、桃园市。

对比 2010 年、2015 年、2019 年台湾各研究单元的城镇区位优势度指数可知，台湾大部分研究单元城镇区位优势度指数在十年间由增加逐渐转为减少。具体来看，2010～2015 年，台湾台中市、桃园市、高雄市、新竹市城镇区位优势度指数有所增加，其余研究单元城镇区位优势度指数稳定不变或产生轻微下降；而 2015～2019 年，这种下降特征更为明显，除基隆市与新北市以外，其余研究单元城镇区位优势度指数稳定不变或持续下降。原因在于，台湾自 1990 年起加速推动生活圈道路系统的兴建，1999 年全面完成台湾地区"生活圈道路系统建设计划"，目前已形成国道 9 条、省道 97 条（其中含快速公路 15 条）、市/县道 158 条（含澎湖县 5 条）、区/乡道约 2243 条、专用公路 35 条。台湾岛内可利用土地紧张，因此可供用作道路开发的土地资源有限，因此城镇区位优势度指数保持稳定或有所下降。

5.1.2.7 城镇建设功能指向的资源环境承载能力评价

依据"双评价"集成方法将台湾城镇土地资源评价、城镇水资源评价、城镇气候评价、城镇大气环境评价、城镇水环境评价、城镇灾害评价、城镇区位优势度评价的评价结果进行集成，获得台湾城镇建设功能指向的资源环境承载能力。

从台湾城镇建设功能指向的资源环境承载能力评价结果来看，台湾高值点分布在台湾岛西北端与台湾岛西南端。以各研究单元为分区进行统计后可知：台湾城镇建设功能指向的资源环境承载能力空间分布特征明显，即北高南低。台湾北部的新竹市显著高于台湾岛中部与南部研究单元，其次为台北市；位于外岛的金门岛的城镇建设功能指向的资源环境承载能力为台湾第三高；同样为外岛的澎湖县城镇建设功能指向的资源环境承载能力为台湾最低。

对比 2010 年、2015 年、2019 年台湾各研究单元的城镇建设功能指向的资源环境承载能力可知：2010～2015 年，台湾除新竹市、桃园市、高雄市，其余地区城镇建设功能指向的资源环境承载能力均未发生较大变化，显示出极强的稳定性；2015～2019 年，承载力降低的地区则主要为低值区（嘉义市、高雄市等）。

5.1.3 农业生产功能指向的资源环境承载能力

依据表 3-4 对台湾 2010 年、2015 年、2019 年农业生产功能指向的资源环境承载能力各因子进行评价，分别获得台湾 2010 年、2015 年、2019 年农业生产功能指向的农业土地资源指数、农业水资源指数、农业气候指数、农业环境指数、农业灾害指数，并集成后获得农业生产功能指向的资源环境承载能力。

5.1.3.1 农业土地资源评价

由于坡度因子及高程因子具有较强稳定性，农业生产功能指向的农业土地资源评价在十年间未产生较大变化。从台湾农业土地资源的空间评价结果来看,台湾农业土地资源指数中部高、两端低,高值片区集中连续成片。

5.1.3.2 农业水资源评价

从台湾农业水资源评价结果来看,台湾农业水资源指数多年平均值介于2.8346(苗栗县)至3.9766(嘉义县)(表5-2)。在空间分布上,台湾农业水资源指数从台湾中部阿里山脉向台湾岛北端、西部、南端逐渐降低;按各研究单元进行分区统计,各研究单元农业水资源指数高低分异更显著,即嘉义县远高于台湾其余研究单元。

表5-2 台湾农业水资源指数

研究单元	2010年	2015年	2015年较2010年变化	2019年	2019年较2015年变化	三年平均
嘉义县	3.9014	3.7626	−0.1388	4.2658	0.5032	3.9766
屏东县	3.0000	3.0000	0.0000	4.0000	1.0000	3.3333
云林县	3.0306	2.8641	−0.1665	3.6206	0.7565	3.1718
台南市	2.9728	2.8198	−0.1530	3.6987	0.8789	3.1638
彰化县	2.7747	2.5869	−0.1878	3.3116	0.7247	2.8910
苗栗县	2.6703	2.5525	−0.1178	3.2809	0.7284	2.8346

对比2010年、2015年、2019年台湾各研究单元的农业水资源指数可知,台湾农业水资源指数的多年变化特征与福建相反,2010~2015年,除屏东县以外,台湾其余研究单元农业水资源指数呈微弱下降,平均下降0.1528;2015~2019年,台湾全部农业水资源指数呈显著提高,平均提高0.7653,提高最多的为屏东县,同时在2019年,嘉义县成为台湾三个时期农业水资源指数最高的研究单元。

台湾农业水资源评价结果由多年平均降水量以及农业水资源可利用量集成。缺水问题一直是台湾面临的重要资源问题,为此,一方面,台湾通过推动农田水利设施更新及改善、推广旱作管路灌溉设施、建置自动水文测报及灌溉系统、健全农田水利会抗旱应变机制四个方面强化农业水资源的利用及应用,同时随着整体通信与云端技术的发展,配合农业用水管理利用的相关科技工具,以提升农业水资源保育及永续利用的管理效能;另一方面,自2017年以来,台湾陆续提出"产业稳定供水策略""农田水利会改制升格"等农田水利事业重大政策,对农业灌溉用水调配利用的政策方向影响重大。综上,台湾通过开发水资源,增加调蓄水设施,蓄存天然降水或节约水量,进一步降低供水压力,使得台湾农业水资源指数2019年较2015年得到较大提升。

5.1.3.3 农业气候评价

从台湾农业气候评价结果来看，台湾农业水资源指数多年平均值介于4.4452（嘉义县）至4.8831（屏东县）（表5-3）。在空间分布上，台湾农业气候指数与农业水资源指数空间分布一致，即从台湾中部阿里山脉向台湾岛北端、西部、南端逐渐降低；按各研究单元进行分区统计，各研究单元农业气候指数均较高且较为接近，屏东县、台南市、彰化县、云林县农业气候指数均高于4.8000，嘉义县农业气候指数为农业生产功能区最低，为4.4452。

对比2010年、2015年、2019年台湾各研究单元的农业气候指数可知，台湾农业气候指数先下降后上升。具体来看，台湾农业气候指数十年间也表现为先下降后上升的趋势，2010～2015年，嘉义县、云林县农业气候指数分别增加0.6808、0.4174，其余研究单元均不同程度下降；2015～2019年，嘉义县、云林县农业气候指数继上一时段上升后，在这一时段表现为下降，分别下降了0.4272、0.1633，其余研究单元均不同程度增加，平均增加0.4573。

表5-3 台湾农业气候指数

研究单元	2010年	2015年	2015年较2010年变化	2019年	2019年较2015年变化	三年平均
屏东县	5.0000	4.6493	-0.3507	5.0000	0.3507	4.8831
台南市	4.9568	4.6141	-0.3427	5.0000	0.3859	4.8569
彰化县	4.8016	4.7804	-0.0212	4.9853	0.2050	4.8558
云林县	4.5826	5.0000	0.4174	4.8367	-0.1633	4.8065
苗栗县	5.0000	4.1027	-0.8973	4.9903	0.8876	4.6976
嘉义县	4.1337	4.8145	0.6808	4.3873	-0.4272	4.4452

5.1.3.4 农业环境评价

由于土壤质地具有较强稳定性，农业生产功能指向的农业环境评价在十年间未产生较大变化。从台湾农业环境的空间评价结果来看，台湾农业环境指数的空间分布较为集中，高值区为台湾岛中南部的嘉义县、台湾岛西北部的苗栗县，且其农业环境指数显著高于其余研究单元。

5.1.3.5 农业灾害评价

闽台农业灾害易发水平受雨涝、高温热害及大风灾害影响。从闽台农业灾害评价结果来看，台湾农业灾害指数高于福建，为雨涝、高温热害及大风灾害易发地区。在空间上，台湾农业灾害指数最高的为位于台湾岛西南部的台南市，农业灾害指数为5，并以台南市为中心向台湾岛两端逐渐降低。

对比2010年、2015年、2019年农业气候各研究单元的农业灾害指数可知，闽台农业灾害指数在十年间均发生不同程度的波动，且台湾农业灾害恶化更加严重。2010~2015年，台湾彰化县、屏东县农业灾害指数上升，而2015~2019年，仅台南市农业灾害指数上升，其余研究单元农业灾害指数均发生下降。

总体而言，台湾不仅农业灾害指数较高，且农业灾害程度在十年间总体仍在上升。原因在于，台湾位于亚洲大陆的边缘、四面环海，在大气-海洋-陆地交互作用之下，自然灾害频发。其中，台风是台湾第一气象灾害，台湾位于西太平洋地区（平均一年生成26个台风），恰是台风路径所经之处，是中国沿海各省中遭受台风侵袭最多的地区之一；在台风高发的6~9月，台湾同时遭受西南气流、梅雨锋面、东北季风及夏季热对流豪雨等致灾性天气侵袭，极易引发区域性极端强降雨事件，产生雨涝灾害；同时，梅雨季节期间，太平洋副热带高压的强度异常增强，不利于台湾对流系统的发展，进而造成干旱。综上，在雨涝、高温热害及大风等灾害频发且互相叠加之下，台湾农业灾害易发水平十分突出。

5.1.3.6 农业生产功能指向的资源环境承载能力评价

依据"双评价"集成方法将台湾农业土地资源评价、农业水资源评价、农业气候评价、农业环境评价、农业灾害评价的评价结果进行集成，获得台湾农业生产功能指向的资源环境承载能力。

如表5-4所示，从台湾农业生产功能指向的资源环境承载能力评价结果来看，台湾农业生产功能指向的资源环境承载能力总体高于福建，各研究单元承载力较为接近，2010~2019年先下降后上升；从闽台农业生产功能指向的资源环境承载能力空间分布来看：台湾农业生产功能指向的资源环境承载能力高低值区集中成片，高值片区为台湾岛西部嘉南平原与屏东平原。嘉南平原与屏东平原分别为台湾第一大平原与第二大平原，平原沃野千里、土地肥沃、河流密布、灌溉便利，为台湾岛农业最为集中的地带；以各研究单元为分区进行统计，台湾各研究单元农业生产功能指向的资源环境承载能力接近，介于2.50~3.33，空间分布上以位于嘉南平原的台南市与嘉义县为最高值，农业生产功能指向的资源环境承载能力向四周逐渐降低。

对比2010年、2015年、2019年台湾各研究单元的农业生产功能指向的资源环境承载能力可知，台湾农业生产功能指向的资源环境承载能力十年间先下降后上升。2010~2015年，除嘉义县农业生产功能指向的资源环境承载能力提高（提高值为0.1281）外，台湾其余研究单元承载力均产生下降；但2015~2019年，台湾农业生产功能区的承载力均表现为不同程度的提高，其中苗栗县提高得最多，为0.7017。

表5-4 2010年、2015年、2019年台湾农业生产功能指向的资源环境承载能力

地区	研究单元	农业生产功能指向的资源环境承载能力						
		2010年	2015年	2015年较2010年变化	2019年	2019年较2015年变化	三年平均
台湾	彰化县	3.0025	2.7940	-0.2085	3.2034	0.4094	3.0000
	云林县	2.8870	2.8268	-0.0602	3.2419	0.4151	2.9852
	屏东县	2.5220	2.3600	-0.1620	2.6037	0.2437	2.4952
	台南市	3.2924	3.2003	-0.0921	3.4906	0.2903	3.3278
	苗栗县	2.6197	2.2283	-0.3914	2.9300	0.7017	2.5927
	嘉义县	2.9566	3.0847	0.1281	3.1738	0.0891	3.0717

综合分析台湾农业土地资源指数、农业水资源指数、农业气候指数、农业环境指数、农业灾害指数可知：台湾综合的农业生产功能指向的资源环境承载能力表现出优异的水平；在台湾农业土地资源指数与农业环境指数十年间较为稳定的前提下，虽然台湾农业水资源指数与农业气候指数均先下降后上升，但台湾农业灾害易发性在十年间有所减弱，最终使得台湾多年农业生产功能指向的资源环境承载能力表现为显著提升。

5.2 台湾区域发展水平评价

通过对原始数据进行数据处理，运用主客观评价法，从区域人口水平、区域经济水平、区域基础设施水平、区域福祉水平四个层面，以台湾地级市行政单位为研究单元[①]，对台湾2010年、2015年、2019年三个时间节点的区域发展水平

[①] 本书旨在构建一套突破传统人口与经济发展水平的单一刻画的、基于社会福祉理念的闽台区域发展水平评价体系。我国在党的十九大报告（2017年）中首次以文件形式提出"增进民生福祉"，台湾省对福祉的官网统计始于2013年，本研究期内（2010年、2015年、2019年）缺少部分年份的闽台社会福祉的官方统计数据。为统一研究单元并确保数据来源的真实可靠，本章以闽台地级行政区为研究单元对闽台区域发展水平进行评价。

进行评价。

5.2.1 台湾区域发展水平时间变化规律及对比

对比 2010 年、2015 年、2019 年台湾各研究单元的区域发展水平时间变化规律（表 5-5、表 5-6）。

表 5-5　2010 年、2015 年、2019 年台湾省区域发展水平评价结果

研究单元	2010 年	2015 年	2019 年	平均值	位序
台北市	0.467	0.372	0.471	0.437	1
台中市	0.261	0.306	0.372	0.313	2
新北市	0.292	0.31	0.327	0.309	3
高雄市	0.263	0.305	0.323	0.297	4
桃园市	0.257	0.294	0.329	0.293	5
台南市	0.216	0.277	0.29	0.261	6
新竹市	0.258	0.242	0.255	0.252	7
新竹县	0.216	0.211	0.251	0.226	8
彰化县	0.196	0.195	0.219	0.203	9
基隆市	0.195	0.178	0.227	0.2	10
嘉义市	0.182	0.195	0.203	0.193	11
宜兰县	0.167	0.174	0.213	0.184	12
苗栗县	0.165	0.204	0.174	0.181	13
屏东县	0.153	0.159	0.186	0.166	14
花莲县	0.15	0.151	0.17	0.157	15
南投县	0.145	0.143	0.164	0.151	16
云林县	0.137	0.145	0.159	0.147	17
金门岛	0.145	0.146	0.149	0.147	18
马祖列岛	0.137	0.148	0.141	0.142	19
澎湖县	0.131	0.133	0.152	0.138	20
嘉义县	0.129	0.129	0.14	0.133	21
台东县	0.115	0.119	0.139	0.124	22
台湾区域发展水平均值	0.199	0.206	0.23	—	—

表 5-6 2010 年、2015 年、2019 年台湾区域发展水平变化率

研究单元	2015 年较 2010 年/%	位序	2019 年较 2015 年/%	位序	平均变化率/%	位序
台中市	17.24	3	21.57	4	19.41	1
台南市	28.24	1	4.69	18	16.47	2
宜兰县	4.19	10	22.41	3	13.30	3
桃园市	14.40	5	11.90	12	13.15	4
高雄市	15.97	4	5.90	15	10.94	5
屏东县	3.92	11	16.98	6	10.45	6
台东县	3.48	12	16.81	7	10.14	7
基隆市	−8.72	21	27.53	1	9.41	8
新竹县	−2.31	19	18.96	5	8.32	9
澎湖县	1.53	13	14.29	9	7.91	10
云林县	5.84	9	9.66	13	7.75	11
南投县	−1.38	18	14.69	8	6.65	12
花莲县	0.67	15	12.58	10	6.62	13
彰化县	−0.51	17	12.31	11	5.90	14
新北市	6.16	8	5.48	16	5.82	15
嘉义市	7.14	7	4.10	19	5.62	16
苗栗县	23.64	2	−14.71	22	4.47	17
嘉义县	0.00	16	8.53	14	4.26	18
台北市	−20.34	22	26.61	2	3.14	19
马祖列岛	8.03	6	−4.73	21	1.65	20
金门岛	0.69	14	2.05	20	1.37	21
新竹市	−6.20	20	5.37	17	−0.41	22
台湾区域发展水平均值	4.62	—	11.04	—	7.83	—

（1）2010 年、2015 年、2019 年三个时间节点区域发展水平最高的城市均为北部区域的台北市，且这种"台北单峰模式"在台湾已经延续近 80 年。2010 年台北市区域发展水平遥遥领先于其他城市，区域发展水平为 0.467，在 2015 年产

生较大降低，下降了20.34%，到达0.372；但在2019年再次提升至0.471，提高率为26.61%，并达到闽台三个时间节点区域发展水平最高值，其2010～2019年年平均变化率为3.14%。

（2）台湾北部区域的新北市与桃园市、中部区域的台中市、南部区域的高雄市区域发展水平在三个时期均为闽台前八名之内。在空间上，台湾岛形成北、中、南高值点的"三足鼎立"空间特征。这种空间分布格局自20世纪60年代以后逐渐形成，并在2010～2019年继续稳固。四个城市在2010年、2015年、2019年区域发展水平稳步提升，介于0.257～0.372，稳定处于台湾区域发展水平前五行列。

5.2.2 台湾区域发展水平空间分异及对比

对比台湾各城市区域发展水平空间分布特征可知：台湾区域发展水平高值区逐渐集中，各城市区域发展水平持续扩大。

（1）2010年台湾区域发展水平总体呈现北部高于南部，西部高于东部、两端高于中部的分布形态，并在台湾岛北端的台北市与台湾南部的台南市-高雄市分别呈现两个区域发展水平高值圈，区域发展水平较低的城市则分布于台湾岛中部及东部区域。

（2）2015年台湾岛两处区域发展水平高值圈更为集聚，台湾南部的台南-高雄高值圈的区域发展水平逼近台北高值圈，位于台湾中部的嘉义市高值圈凸显；台湾岛区域发展水平依然呈现北部高于南部、西部高于东部、两端高于中间的分布形态。

（3）2019年台湾岛区域发展水平同样继续提升，但各高值区的区域发展水平继续提升，低值区的区域发展水平却持续较低，极化现象严重，空间失衡加剧。

5.2.3 台湾区域发展水平时空分异原因

综合分析台湾区域发展水平的时间变化规律及区域发展水平的空间分布特征可知，2010～2014年，台湾行政区进行重大改制：新北市于2010年升格为"直辖市"，台中县与台中市、台南县与台南市分别合并升格为"行政院直辖市"台中市、台南市，高雄县与高雄市合并升格为"行政院直辖市"高雄市；桃园县于2014年升格为"行政院直辖市"桃园市，自此，加上台北市，台湾全域形成北、中、南共6个"行政院直辖市"（简称"六大城市"），以期"带动周边区域发展"。但2010～2019年台湾各城市区域发展水平显示，台湾在台湾岛北、中、南形成一主两副三个高值区均与六大城市空间分布重合，各高值区（六大城市）极化效应显著，高值区与非高值区的区域发展水平差距持续扩大。

（1）以台湾岛北端的台北市为主的"单峰型"高值区，集聚新北市、基隆市组成的台北都会区、桃园都会区，成为台湾区域发展水平的高值圈。形成原因在于：一方面，台湾北部区域为台湾最早发展的区域，其中台北市从20世纪70年代末期起发展成为世界都市之一，为世界都市阶层体系中的次级世界都市，集合了全台湾主要企业的总部与跨国企业，以及包括服务经济、都市基础设施、国际电脑资讯网路建设与创新改革环境等在内的促进区域发展的各类要素资源，为新时代台湾的进步象征，表现为最高的区域发展水平；另一方面，桃园县于2014年升格为"行政院直辖市"桃园市，接收台北都会区的溢出资源，以及桃园捷运与五股杨梅高架桥的新建，区域发展水平逐渐提升。

（2）台湾中部的台中彰化大都会区为台湾其中一个副高值区。形成原因在于：台湾中部的台中彰化大都会区是台湾第二大都会区，是台湾南、北交通的中点之一，自2010年台中县与台中市合并升格为"行政院直辖市"（台中市）后，该区域发展再次腾飞，一方面，台铁基本上完成了台中都会区铁路高架捷运化计划，台湾第二大港——台中港及台中机场作为交通引擎，使台中市区完成缝合，消弭都市发展的障碍；另一方面，中部科学园区在西屯区与后里区设有台中基地、后里与七星基地，使台中市成为高科技产业与精密机械的重镇。台中市凭借优越的地理位置与便利的公路网而成为区域的消费中心，外加二级产业蓬勃发展带来更多外来人口，因此服务业高度发达，进而区域发展水平逐渐提升。

（3）台湾南部的高雄大都会区及台南大都会组成了台湾另外一个区域发展水平副高值区。形成原因在于：高雄大都会区为台湾第三大都会区，是台湾主要的重工业发展区域，台湾南部第一大城，位于高雄大都会区的高雄港是台湾第一大港，为台湾进出口的重要港口，使得高雄大都会区成为台湾重要的国际港口枢纽都会。台南大都会区是台湾最早创建的城市，是台湾南部科技业重镇，"中央研究院南院"、工业技术研究院南院与南部科学园区的设立，以及台湾成功大学与交通大学台南校区，使得台南市成为台湾南部的产学重镇。高雄大都会区及台南大都会区与高雄大都会区为光电产业聚落、集成电路产业聚落、精密机械产业聚落、5G产业聚落、生技医材产业聚落等高新技术产业集群区，吸引人才流入，推动经济增长，完善基础设施，实现区域发展水平的提高。

5.3 台湾资源环境系统与区域发展系统耦合协调度时空分异

5.3.1 台湾生态保护功能指向耦合协调时空分异

5.3.1.1 生态保护功能指向耦合度时空分异

台湾各城市在2010年、2015年、2019年3个时期内ERECC与RDL耦合度大部分处于高水平耦合阶段，少部分处于拮抗阶段，但各城市生态保护功能指向资源环境系统与区域发展系统之间耦合阶段波动较大（表5-7）。

表5-7 2010年、2015年、2019年台湾ERECC与RDL耦合度及耦合阶段

城市	2010年 耦合度	2010年 耦合阶段	2015年 耦合度	2015年 耦合阶段	2019年 耦合度	2019年 耦合阶段	平均 耦合度	平均 耦合阶段	位序
桃园市	0.998	高水平耦合	0.997	高水平耦合	0.998	高水平耦合	0.998	高水平耦合	1
台中市	0.997		0.999		0.993		0.996		2
台南市	0.994		0.995		0.989		0.993		3
新北市	0.978		0.971		0.981		0.977		4
新竹市	0.989		0.970		0.967		0.975		5
台北市	0.959		0.979		0.965		0.968		6
高雄市	0.949		0.951		0.964		0.955		7
基隆市	0.921		0.887		0.961		0.923		8
新竹县	0.944		0.891		0.908		0.914		9
宜兰县	0.937		0.931		0.860		0.909		10
嘉义市	0.884		0.903		0.905		0.897		11
彰化县	0.869		0.850		0.862		0.860		12
苗栗县	0.858		0.884		0.732	拮抗	0.825		13
台东县	0.927		0.600	拮抗	0.910	高水平耦合	0.812		14

| 141 |

续表

城市	2010年 耦合度	2010年 耦合阶段	2015年 耦合度	2015年 耦合阶段	2019年 耦合度	2019年 耦合阶段	平均 耦合度	平均 耦合阶段	位序
屏东县	0.751	拮抗	0.705	拮抗	0.791	拮抗	0.749	拮抗	15
花莲县	0.718	拮抗	0.724	拮抗	0.778	拮抗	0.740	拮抗	16
金门岛	0.746	拮抗	0.656	拮抗	0.633	拮抗	0.678	拮抗	17
马祖列岛	0.785	拮抗	0.680	拮抗	0.559	拮抗	0.675	拮抗	18
澎湖县	0.676	拮抗	0.590	拮抗	0.695	拮抗	0.654	拮抗	19
云林县	0.685	拮抗	0.597	拮抗	0.605	拮抗	0.629	拮抗	20
南投县	0.658	拮抗	0.578	拮抗	0.596	拮抗	0.611	拮抗	21
嘉义县	0.577	拮抗	0.482	磨合	0.467	磨合	0.509	拮抗	22

（1）桃园市、台中市、台南市2010年、2015年、2019年3个时期耦合度均处于极高水平，三个时期耦合度平均值分别为0.998、0.996、0.993，分别位列台湾各城市前三，显示出生态保护功能指向资源环境系统与区域发展系统之间的极强关联。

（2）新北市、新竹市、台北市、高雄市、基隆市、新竹县、宜兰县、嘉义市、彰化县2010年、2015年、2019年3个时期ERECC与RDL的耦合度均高于0.8，生态保护功能指向资源环境系统与区域发展系统之间的耦合程度稳定处于高水平耦合阶段，两个系统之间良性耦合关系越来越强，稳定且逐步向有序的方向发展。

（3）苗栗县与台东县在三个时期生态保护功能指向资源环境系统与区域发展系统耦合关系发生较大变动：苗栗县从高水平耦合阶段跌至拮抗阶段，台东县从2010年高水平耦合阶段跌至拮抗阶段，而后重返高水平耦合阶段。

（4）屏东县、花莲县、金门岛、马祖列岛、澎湖县、云林县、南投县在3个时期均较为稳定地处于拮抗阶段，生态保护功能指向资源环境系统与区域发展系统之间相互制衡、配合，呈现出一定的良性耦合特征；嘉义县在2010年、2015年、2019年3个时期耦合度均为台湾最低，从拮抗阶段降低至磨合阶段。

5.3.1.2 生态保护功能指向耦合协调度时空分异

分析台湾各城市生态保护功能指向资源环境系统与区域发展系统之间耦合协调关系的时空变化情况可知：

首先，在空间分布上，台湾岛大部分城市的生态保护功能指向资源环境系统与区域发展系统之间处于耦合协调，耦合程度由台湾北端、台湾中部、台湾南端分别向四周逐渐降低，耦合失调的城市位于台湾东部台东县与澎湖县。

其次，2010年、2015年、2019年3个时期内，虽然台湾各城市ERECC与RDL的耦合协调度均有不同程度的动荡，但生态保护功能指向资源环境系统与区域发展系统之间的总体稳定处于耦合协调关系（表5-8）。

表5-8 2010年、2015年、2019年台湾ERECC与RDL耦合协调度及耦合协调类型

城市	2010年	耦合协调类型	2015年	耦合协调类型	2019年	耦合协调类型	平均	耦合协调类型	位序
台北市	0.861	良好协调	0.807	良好协调	0.833	良好协调	0.833	良好协调	1
台中市	0.736	中级协调	0.731	中级协调	0.747	中级协调	0.738	中级协调	2
新竹市	0.749		0.694	初级协调	0.689	初级协调	0.711		3
新竹县	0.728		0.691		0.713	中级协调	0.711		4
台南市	0.716		0.707	中级协调	0.693		0.705		5
桃园市	0.717		0.698		0.697	初级协调	0.704		6
彰化县	0.699		0.654		0.686		0.680		7
新北市	0.683		0.667		0.649		0.667		8
苗栗县	0.678		0.650	初级协调	0.566	勉强协调	0.632		9
嘉义市	0.631		0.627		0.629		0.629	初级协调	10
高雄市	0.635	初级协调	0.625		0.613	初级协调	0.624		11
基隆市	0.626		0.577		0.643		0.616		12
屏东县	0.603		0.583		0.629		0.605		13
南投县	0.609		0.534		0.557		0.567		14
花莲县	0.617		0.502	勉强协调	0.547	勉强协调	0.555	勉强协调	15
云林县	0.580		0.528		0.548		0.552		16
宜兰县	0.560		0.516		0.495		0.524		17
金门岛	0.538	勉强协调	0.486		0.475		0.500		18
马祖列岛	0.561		0.498		0.439	濒临失调	0.499	濒临失调	19
嘉义县	0.523		0.456		0.458		0.479		20
澎湖县	0.482	濒临失调	0.430		0.479		0.464		21
台东县	0.262	中度失调	0.173	严重失调	0.237	中度失调	0.224	中度失调	22

（1）台北市生态保护功能指向资源环境系统与区域发展系统之间耦合协调程度总体处于台湾最高水平。台北市在2010年ERECC与RDL的耦合协调度为0.861，生态保护功能指向资源环境系统与区域发展系统之间为良好耦合关系，但在2015年，耦合协调度降低至0.807，在2019年耦合协调度有所回升至在

0.833，最终将生态保护功能指向资源环境系统与区域发展系统之间耦合协调关系保持于良好协调状态。

（2）新竹市、新竹县、台南市、桃园市生态保护功能指向资源环境系统与区域发展系统之间耦合协调关系在中级协调与初级协调之间来回波动；苗栗县、基隆市、屏东县、南投县、花莲县生态保护功能指向资源环境系统与区域发展系统之间耦合协调关系在初级协调与勉强协调之间来回波动；宜兰县、金门岛、马祖列岛、嘉义县生态保护功能指向资源环境系统与区域发展系统之间耦合协调关系在勉强协调与濒临失调之间来回波动；以上城市在2010~2015年ERECC与RDL的耦合协调度均不同程度的下降，以至于生态保护功能指向资源环境系统与区域发展系统之间耦合协调关系均跌至次一级的耦合协调水平。在2015~2019年，以上波动的城市中，基隆市、花莲县、屏东县、南投县、新竹县、台中市、嘉义县转跌为增，增长率介于11.43%~0.52%。

（3）台中市、彰化县、新北市生态保护功能指向资源环境系统与区域发展系统之间耦合协调关系未发生较大变化，但这些城市的ERECC与RDL的耦合协调度均有不同程度的波动。其中，新北市十年间连续下跌，彰化县在2010~2015年ERECC与RDL的耦合协调度骤跌约6.5%。

（4）台东县生态保护功能指向资源环境系统与区域发展系统之间相互关系在严重失调与中度失调之间波动。根据5.3.1.1节分析，台东县的生态保护功能指向资源环境系统与区域发展系统之间处于较高水平的耦合阶段，但两个系统的耦合失调，这种高耦合阶段、低耦合协调水平并存表明台东县生态保护功能指向资源环境系统与区域发展系统之间相关性极高，但二者相互作用效果较差，甚至出现互相掣肘。结合前文可知，台东县具有较高的生态保护功能指向资源环境承载能力，但其区域发展水平却为闽台最低水平，该表现说明，与福建南平市类似，台东县同样具有较高的自然资源禀赋无法有效地转化为区域发展优势的难题，这一难题使得生态保护功能指向资源环境系统与区域发展系统之间的矛盾极为突出，阻碍了台东县整体区域可持续发展。

5.3.2 台湾城镇建设功能指向耦合协调时空分异

5.3.2.1 城镇建设功能指向耦合度时空分异

2010年、2015年、2019年3个时期内（表5-9），台湾各城市城镇建设功能指向资源环境系统与区域发展系统耦合程度大部分处于高水平耦合阶段。其中，马祖列岛、金门岛、花莲县、澎湖县在2010年、2015年、2019年3个时期内耦合度发生一定下降，在 2019 年均为拮抗阶段；台东县在十年间耦合度有较大波动，2010 年耦合度为 0.498，在 2015 年下降至 0.244，又在 2019 年上升至 0.563。

表 5-9　2010 年、2015 年、2019 年台湾 URECC 与 RDL 耦合度及耦合阶段

城市	2010年 耦合度	2010年 耦合阶段	2015年 耦合度	2015年 耦合阶段	2019年 耦合度	2019年 耦合阶段	平均 耦合度	平均 耦合阶段	位序
台南市	0.999	高水平耦合	0.999	高水平耦合	0.999	高水平耦合	0.999	高水平耦合	1
台中市	0.999		0.999		0.997		0.998		2
彰化县	0.999		0.999		0.999		0.999		3
新北市	0.999		0.998		0.991		0.999		19
新竹市	0.991		0.999		0.999		0.997		4
云林县	0.998		0.993		0.997		0.996		5
桃园市	0.992		0.988		0.994		0.991		6
新竹县	0.966		0.999		0.982		0.982		7
苗栗县	0.996		0.999		0.944		0.981		8
嘉义市	0.975		0.978		0.986		0.980		9
高雄市	0.999		0.955		0.942		0.965		10
台北市	0.936		0.967		0.950		0.951		11
嘉义县	0.975		0.898		0.974		0.949		12
基隆市	0.944		0.899		0.976		0.940		13
屏东县	0.920		0.890		0.948		0.920		14
宜兰县	0.930		0.831		0.840		0.867		15
南投县	0.901		0.806		0.835		0.847		16
马祖列岛	0.941		0.853		0.734		0.843		17
金门岛	0.856		0.765		0.742		0.788		18
花莲县	0.802		0.704	拮抗阶段	0.774	拮抗	0.760	拮抗	20
澎湖县	0.696	拮抗	0.596		0.733		0.675		21
台东县	0.498		0.244	低水平耦合	0.563		0.435	磨合	22

5.3.2.2　城镇建设功能指向耦合协调度时空分异

分析台湾各城市城镇建设功能指向资源环境系统与区域发展系统之间耦合协

调关系的时空变化情况可知（表 5-10）：2010 年、2015 年、2019 年 3 个时期内，台湾各城市 URECC 与 RDL 的耦合协调度均有不同程度的下降，但城镇建设功能指向资源环境系统与区域发展系统之间总体依然耦合协调。

表 5-10　2010 年、2015 年、2019 年台湾 URECC 与 RDL 耦合协调度及耦合协调类型

城市	2010 年 耦合协调度	2010 年 耦合协调类型	2015 年 耦合协调度	2015 年 耦合协调类型	2019 年 耦合协调度	2019 年 耦合协调类型	平均 耦合协调度	平均 耦合协调类型	位序
高雄市	0.763	中级协调	0.854	良好协调	0.836	良好协调	0.817	良好协调	1
台北市	0.828	良好协调	0.785	中级协调	0.810	中级协调	0.808	良好协调	2
台中市	0.770	中级协调	0.760	中级协调	0.783	中级协调	0.771	中级协调	3
桃园市	0.791	中级协调	0.782	中级协调	0.682	初级协调	0.752	中级协调	4
台南市	0.675	初级协调	0.683	初级协调	0.646	初级协调	0.668	初级协调	5
新竹市	0.651	初级协调	0.611	初级协调	0.607	初级协调	0.623	初级协调	6
新北市	0.779	中级协调	0.776	中级协调	0.300	中度失调	0.618	初级协调	7
基隆市	0.606	初级协调	0.569	勉强协调	0.624	初级协调	0.599	勉强协调	8
宜兰县	0.566	勉强协调	0.582	勉强协调	0.506	勉强协调	0.551	勉强协调	9
嘉义市	0.549	勉强协调	0.554	勉强协调	0.545	勉强协调	0.549	勉强协调	10
花莲县	0.566	勉强协调	0.512	勉强协调	0.549	勉强协调	0.542	勉强协调	11
新竹县	0.537	勉强协调	0.552	勉强协调	0.518	勉强协调	0.536	勉强协调	12
彰化县	0.523	勉强协调	0.501	勉强协调	0.516	勉强协调	0.513	勉强协调	13
屏东县	0.499	濒临失调	0.479	濒临失调	0.520	勉强协调	0.499	濒临失调	14
苗栗县	0.518	勉强协调	0.515	勉强协调	0.443	濒临失调	0.492	濒临失调	15
澎湖县	0.472	濒临失调	0.427	濒临失调	0.461	濒临失调	0.453	濒临失调	16
金门岛	0.479	濒临失调	0.435	濒临失调	0.425	濒临失调	0.447	濒临失调	17
南投县	0.471	濒临失调	0.423	濒临失调	0.436	濒临失调	0.444	濒临失调	18
马祖列岛	0.466	濒临失调	0.416	濒临失调	0.367	濒临失调	0.417	濒临失调	19
台东县	0.417	轻度失调	0.284	中度失调	0.342	轻度失调	0.348	轻度失调	20
云林县	0.353	轻度失调	0.322	轻度失调	0.330	轻度失调	0.335	轻度失调	21
嘉义县	0.330	轻度失调	0.292	中度失调	0.256	中度失调	0.293	中度失调	22

（1）高雄市城镇建设功能指向资源环境系统与区域发展系统之间的总体耦合协调程度最高，且耦合协调度平均增长率最大。在 2010 年、2015 年、2019 年 3 个时期台北市的耦合协调度均处于较高水平，分别为 0.763、0.854、0.836，

表明高雄市城镇建设功能指向资源环境系统与区域发展系统之间关系总体良好协调；且 2010~2015 年高雄市 URECC 与 RDL 的耦合协调度出现较高提升，由中级协调提升至良好协调，增加率为 11.91%，虽然在 2015~2019 年出现一定水平的下降，但总体 URECC 与 RDL 的耦合协调度依然提升 4.91%，为台湾城镇建设功能指向资源环境系统与区域发展系统之间耦合协调最高水平。

（2）台中市、台南市、新竹市、宜兰县、嘉义市、花莲县、新竹县、彰化县、澎湖县、金门岛、南投县、云林县在 2010 年、2015 年、2019 年 3 个时期虽然 URECC 与 RDL 的耦合协调度数值有所波动，但这些城市所处的城镇建设功能指向资源环境系统与区域发展系统之间耦合协调关系均未发生变化。

从空间分布来看，处于耦合协调阶段的城市主要集中于北部区域（台北市、新北市、桃园市、新竹市、基隆市），以及台中市、台南市、高雄市，并以这些城市为中心，耦合协调度向南、向北、向东逐渐降低。

最后，台湾各城市耦合度与耦合协调程度的一致性水平差异显著：①高雄市、台北市、新北市、台中市、桃园市、台南市、新竹市耦合度与耦合协调度一致性较高，即高耦合度匹配较高的耦合协调度，这些城市在城镇发展方向上已经能够充分发挥自身城镇建设功能指向的资源环境承载能力，使之与各自区域发展系统相匹配实现区域的整体发展。②基隆市、宜兰县、嘉义市、新竹县、彰化县、屏东县、苗栗县、云林县、嘉义县具有城镇建设功能指向资源环境系统与区域发展系统的高度关联度，但两个系统之间的协调水平却较低，城镇建设功能指向资源环境系统与区域发展系统之间关系在勉强协调与濒临失调之间徘徊，说明这些城市尚不能发挥自身城镇建设功能指向的资源环境承载能力，使得城镇建设功能指向资源环境系统与区域发展系统之间相互作用效果极差。③花莲县、澎湖县、台东县耦合度与耦合协调度均较低，其城镇建设功能指向资源环境系统与区域发展系统不仅关联性低，而且互相作用弱。其中，根据前文对三个城市承载力的评价可知，花莲县与台东县主要发挥其生态保护功能指向资源环境系统对区域发展的承载力，城镇建设功能指向资源环境承载能力不突出，因而与区域发展系统关联性低；而澎湖县城镇建设功能指向资源环境承载能力极低，其承载力主要约束来自城镇土、水、区位因子，土、水的限制，使得澎湖县区位不佳，进而导致澎湖县缺乏区域发展的动力，致使区域发展水平位于闽台整体下游水平，城镇建设功能指向资源环境系统与区域发展系统表现为耦合失调状态。

5.3.3 台湾农业生产功能指向耦合协调时空分异

5.3.3.1 农业生产功能指向耦合度时空分异

2010年、2015年、2019年,台湾各城市农业生产功能指向资源环境系统与区域发展系统耦合程度大部分处于高水平耦合阶段(表5-11)。具体来看,台中市、新竹县、新北市、高雄市、澎湖县、彰化县、基隆市在三个时期均稳定处于

表5-11 2010年、2015年、2019年台湾ARECC与RDL耦合度及耦合阶段

城市	2010年	耦合阶段	2015年	耦合阶段	2019年	耦合阶段	平均	耦合阶段	位序
台中市	0.997	高水平耦合	0.997	高水平耦合	0.997	高水平耦合	0.997	高水平耦合	1
新竹县	0.997		0.981		0.981		0.986		2
新北市	0.985		0.989		0.973		0.982		3
高雄市	0.985		0.995		0.942		0.974		4
澎湖县	0.933		0.992		0.998		0.974		5
彰化县	0.962		0.974		0.946		0.961		6
基隆市	0.874		0.960		0.960		0.931		7
苗栗县	0.956		0.985		0.795	拮抗	0.912		8
嘉义市	0.753	拮抗	0.860		0.934		0.849		9
金门岛	0.719		0.859		0.965		0.848		10
云林县	0.898	高水平耦合	0.827		0.806	高水平耦合	0.844		11
马祖列岛	0.677	拮抗	0.825		0.996		0.833		12
屏东县	0.831		0.778	拮抗	0.845		0.818		13
宜兰县	0.851	高水平耦合	0.851	高水平耦合	0.741		0.814		14
嘉义县	0.836		0.716		0.672		0.741		15
南投县	0.773		0.701	拮抗	0.671		0.715		16
花莲县	0.748	拮抗	0.650		0.703	拮抗	0.700	拮抗	17
台东县	0.749		0.477	磨合	0.767		0.664		18
桃园市	0.610		0.622		0.623		0.618		19
新竹市	0.445	磨合阶	0.535	拮抗阶段	0.715		0.565		20
台南市	0.509	拮抗	0.527		0.595		0.544		21
台北市	0.199	低水平耦合	0.240	低水平耦合	0.249	低水平耦合	0.229	低水平耦合	22

高水平耦合阶段，南投县、花莲县、桃园市、台南市在三个时期均稳定处于拮抗阶段，台北市在三个时期稳定处于低水平耦合阶段；苗栗县、嘉义市、金门岛、云林县、马祖列岛、屏东县、宜兰县、嘉义县在三个时期内在高水平耦合阶段与拮抗阶段之间波动，台东县、新竹县则在磨合阶段与拮抗阶段之间波动。

5.3.3.2 农业生产功能指向耦合协调度时空分异

2010年、2015年、2019年3个时期内，台湾农业生产功能指向资源环境系统与区域发展系统之间协调与失调城市各占一半（表5-12）。

表5-12 2010年、2015年、2019年台湾ARECC与RDL耦合协调度及耦合协调类型

城市	2010年	耦合协调类型	2015年	耦合协调类型	2019年	耦合协调类型	平均	耦合协调类型	位序
新北市	0.829	良好协调	0.812	良好协调	0.805	良好协调	0.815	良好协调	1
高雄市	0.815		0.769	中级协调	0.836		0.807		2
台中市	0.794	中级协调	0.776		0.825		0.798	中级协调	3
新竹县	0.638		0.596		0.629	初级协调	0.621	初级协调	4
彰化县	0.613	初级协调	0.547		0.614		0.591		5
宜兰县	0.625		0.570	勉强协调	0.561		0.585		6
花莲县	0.598		0.540		0.590		0.576	勉强协调	7
屏东县	0.555	勉强协调	0.542		0.595	勉强协调	0.564		8
苗栗县	0.594		0.551		0.531		0.559		9
南投县	0.543		0.471		0.516		0.510		10
云林县	0.462	濒临失调	0.417	濒临失调	0.447	濒临失调	0.442	濒临失调	11
桃园市	0.433		0.428		0.427		0.429		12
基隆市	0.391	轻度失调	0.389		0.483		0.421		13
嘉义县	0.401	濒临失调	0.356		0.367	轻度失调	0.375		14
嘉义市	0.330		0.376		0.416	濒临失调	0.374		15
台南市	0.354		0.358	轻度失调	0.370		0.361	轻度失调	16
新竹市	0.337	轻度失调	0.330		0.392	轻度失调	0.353		17
台北市	0.315		0.312	轻度失调	0.339		0.322		18
台东县	0.321		0.199	严重失调	0.278	中度失调	0.266		19
澎湖县	0.249		0.230		0.314	轻度失调	0.264		20
金门岛	0.234	中度失调	0.224	中度失调	0.248		0.235	中度失调	21
马祖列岛	0.244		0.226		0.232	中度失调	0.234		22

(1) 新北市、高雄市具有较高的 ARECC 与 RDL 的耦合协调度，平均耦合协调度分别为 0.815、0.807，农业生产功能指向资源环境系统与区域发展系统之间水平处于良好协调状态。但两市在十年间耦合协调度均未得到较大程度的提升，甚至产生一定程度的下降，其中新北市 2010~2019 年下降 2.90%。

(2) 台中市为台湾唯一一个在十年间农业生产功能指向资源环境系统与区域发展系统之间的耦合协调上升一个阶段的城市。台中市 2010 年 ARECC 与 RDL 的耦合协调度为 0.794，经历波动后，在 2019 年上升至 0.825，上升了 3.90%，从农业生产功能指向资源环境系统与区域发展系统的中级协调程度进入良好协调。

(3) 台湾农业生产功能指向资源环境系统与区域发展系统之间耦合协调关系总体下降。台湾不仅超过一半的城市处于耦合失调状态，而且在 2010~2015 年，仅嘉义市、台南市 ARECC 与 RDL 的耦合协调度有所增长，其余城市均不同程度下降。其中，虽然桃园市、新北市农业生产功能指向资源环境系统与区域发展系统之间耦合度保持不变，但其耦合协调度均连续下降。

(4) 从空间分布上来看，台湾各城市 ARECC 与 RDL 耦合协调度的高低值交错分布，高值区稳定处于台湾岛北部与台湾岛南部，次高值区处于台湾岛中段，而台湾岛北部与中部之间、中部与南部之间均为低值区，整体 ARECC 与 RDL 耦合协调度呈现高低值交错分布的特征。

5.4 台湾资源环境系统与区域发展系统耦合影响因素识别

5.4.1 台湾生态保护功能指向分区域影响因素识别

将表 4-15 各因子分不同耦合协调型区域（表 5-13）导入地理探测器，获得台湾生态保护功能指向资源环境系统与区域发展系统中各因子在 ERECC 与 RDL 耦合协调过程中的影响力 q 值及两两因子交互 q 值。各探测因子均通过不同显著性水平的检验。

表 5-13　台湾省各功能指向资源环境系统与区域发展耦合协调分区

耦合协调类型	ERECC 与 RDL	URECC 与 RDL	ARECC 与 RDL
良好协调	台北市	高雄市、台北市	新北市、高雄市
中级协调	台中市、新竹市、新竹县、台南市、桃园市	台中市、桃园市	台中市

续表

耦合协调类型	ERECC 与 RDL	URECC 与 RDL	ARECC 与 RDL
初级协调	彰化县、新北市、苗栗县、嘉义市、高雄市、基隆市、屏东县	台南市、新竹市、新北市	新竹县
勉强协调	南投县、花莲县、云林县、宜兰县	基隆市、宜兰县、嘉义市、花莲县、新竹县、彰化县	彰化县、宜兰县、花莲县、屏东县、苗栗县、南投县
濒临失调	金门岛、马祖列岛、嘉义县、澎湖县	屏东县、苗栗县、澎湖县、金门岛、南投县、马祖列岛	云林县、桃园市、基隆市
轻度失调	无	台东县、云林县	嘉义县、嘉义市、台南市、新竹市、台北市
中度失调	台东县	嘉义县	台东县、澎湖县、金门岛、马祖列岛
极度失调	无	无	无

5.4.1.1 台湾全域

1) 台湾生态保护功能指向资源环境系统

从台湾全域来看（表5-14），台湾生态保护功能指向资源环境承载能力各因子对生态保护功能指向资源环境系统与区域发展系统的协调发展的贡献力较为相近。各因子贡献力情况为：水土保持功能重要性（$q=0.442$）>生物多样性维护功能重要性（$q=0.366$）>水源涵养功能重要性（$q=0.361$）>生态敏感性（$q=0.336$）。

表5-14 ERECC各因子对台湾全域ERECC与RDL耦合协调的贡献力 q 值

ERECC各因子	水土保持功能重要性	生物多样性维护功能重要性	水源涵养功能重要性	生态敏感性
q 值	0.442	0.366	0.361	0.336

从各因子交互作用来看（表5-15、图5-1），台湾生态保护功能指向各因子的交互值 q 均显著大于单因素的 q，影响因素两两之间呈现双因子增强或非线性增强，说明各因子两两交互后进一步强化各因子对生态保护功能指向资源环境系统与区域发展系统的耦合协调。其中，与福建全域尺度下生态保护功能指向资源环境系统各因子的交互 q 值情况一致，台湾生态敏感性与其他因子交互后，也表现出极高影响力：q（生态敏感性∩水源涵养功能重要性）=0.893，q（生态敏感

性∩生物多样性维护功能重要性）= 0.874，q（生态敏感性∩水土保持功能重要性）= 0.927。

表 5-15 ERECC 各因子对台湾全域 ERECC 与 RDL 耦合协调的交互 q 值

q 值	水源涵养功能重要性	生物多样性维护功能重要性	水土保持功能重要性	生态敏感性
水源涵养功能重要性	0.361			
生物多样性维护功能重要性	0.792	0.366		
水土保持功能重要性	0.789	0.859	0.442	
生态敏感性	0.893	0.874	0.927	0.336

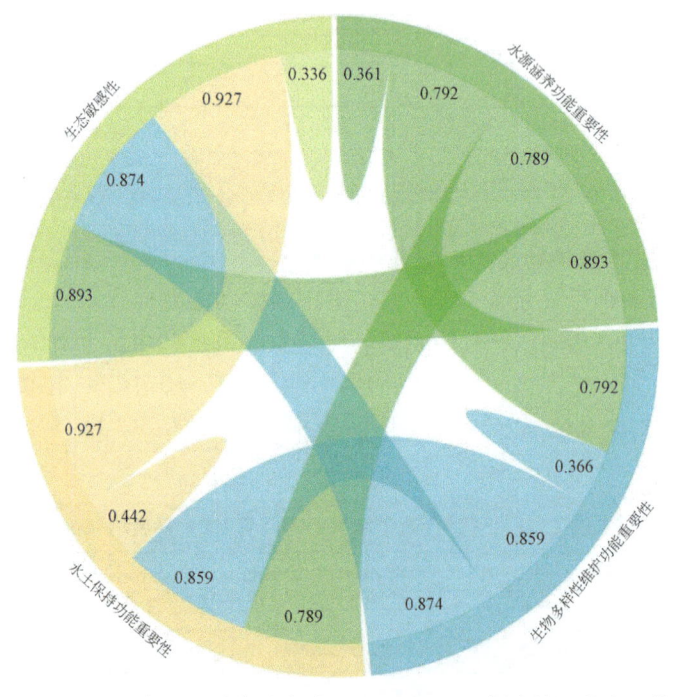

图 5-1 ERECC 各因子对台湾全域 ERECC 与 RDL 耦合协调的交互作用

2）台湾区域发展系统

从台湾全域来看，区域发展水平各评价指标对台湾资源环境与区域发展耦合度的影响作用均较低（表 5-16）。

第5章 | 台湾资源环境系统与区域发展系统耦合协调分析

表 5-16　区域发展水平各因子对台湾全域 ERECC 与 RDL 耦合协调的贡献力 q 值

层面	评价指标	q 值	层面	评价指标	q 值
区域人口发展水平（B1）	C1	0.311	区域基础设施水平（B3）	C13	0.099
	C2	0.219		C14	0.048
				C15	0.359
	C3	0.224		C16	0.172
				C17	0.069
区域经济发展水平（B2）	C4	0.197	区域社会福祉水平（B4）	C18	0.255
	C5	0.017		C19	0.114
	C6	0.186		C20	0.236
	C7	0.187		C21	0.167
	C8	0.389		C22	0.126
	C9	0.207		C23	0.085
	C10	0.125		C24	0.065
	C11	0.149		C25	0.206
	C12	0.169		C26	0.219

（1）区域发展水平各层面均有对生态保护功能指向资源环境系统与区域发展系统的良好协调产生较高贡献力的因子，分别为：区域人口发展水平（B1）的年底常住人口（$q=0.311$），区域经济发展水平（B2）的批发零售业销售额（$q=0.389$），区域基础设施水平（B3）的移动电话年末用户率（$q=0.359$），区域社会福祉水平（B4）的居民可支配收入（$q=0.255$）。

（2）从各层面平均 q 值来看，台湾区域人口发展水平对台湾资源环境与区域发展耦合度的总体贡献力最高，区域经济发展水平、区域基础设施水平、区域社会福祉水平以较为平衡的相互关系对台湾全域的生态保护功能指向资源环境系统与区域发展系统的耦合协调进程起到促进作用，各层面平均 q 值为：区域人口发展水平（$q=0.251$）>区域经济发展水平（$q=0.181$）>区域社会福祉水平（$q=0.164$）>区域基础设施水平（$q=0.149$）。

台湾区域发展水平各评价指标两两之间呈现双因子增强或非线性增强。筛选出交互作用力度位于前列的因子，如表 5-17 所示。

（1）与福建一致，社会福祉层面因子与其余因子交互后均显示较高 q 值，表明台湾区域发展系统中社会福祉对台湾全域的生态保护功能指向资源环境系统与区域发展系统的耦合协调进程的推动同样起到催化剂的作用，与经济层面、基础设施层面各指标两两交互后对生态保护功能指向的资源环境系统与区域发展系的耦合协调进程产生巨大影响：q（工业固定资产投资额∩环境保护支出占政府财政支出比例）=0.863，q［上网率（使用电脑或其他设备）∩文化支出占政府财政支出比例］=0.895，q（教育文化娱乐占居民生活消费支出比例∩公共图书馆藏书）=0.880。

表5-17　区域发展水平各因子对台湾ERECC与RDL耦合协调区主导因子交互探测结果

主导交互因子	交互q值	交互类型
工业固定资产投资额∩环境保护支出占政府财政支出比例	0.863	双因子增强
上网率（使用电脑或其他设备）∩文化支出占政府财政支出比例	0.895	双因子增强
教育文化娱乐占居民生活消费支出比例∩公共图书馆藏书	0.880	双因子增强
人口自然增长率∩人口密度	0.852	双因子增强
人口自然增长率∩住宿餐饮业销售额	0.814	双因子增强

（2）与福建不同的是，台湾区域发展系统中人口层面与经济层面两两叠加后同样对台湾全域的生态保护功能指向资源环境系统与区域发展系统的耦合协调进程起到加速作用：q（人口自然增长率∩人口密度）=0.852，q（人口自然增长率∩住宿餐饮业销售额）=0.814。

综上说明，需从文化福祉、教育福祉、医疗福祉等多种角度以组合叠加的方式促进ERECC与RDL的耦合协调。

5.4.1.2　台湾耦合协调区

1）台湾生态保护功能指向资源环境系统

台湾生态保护功能指向的资源环境系统与区域发展系统耦合协调的城市为台湾北部区域（台北市、新竹市、新竹县、桃园市、新北市、基隆市、宜兰县）、中部区域的台中市、彰化县、苗栗县、南投县、云林县，南部区域的台南市、屏东县、高雄市，东部区域的花莲县。将以上城市导入地理探测器，获得各因子对台湾生态保护功能指向的资源环境系统与区域发展系统耦合协调的贡献力q值。

在台湾耦合协调类型区尺度下，水源涵养功能重要性成为影响台湾ERECC与RDL耦合协调的主导因子，4个因素的q值排序为：水源涵养功能重要性（q=0.384）>生态敏感性（q=0.266）>水土保持功能重要性（q=0.204）>生物多样性维护功能重要性（q=0.202）（表5-18）。

从生态保护功能指向资源环境承载能力各影响因子的交互作用来看，台湾生态保护功能指向各因子两两之间呈现双因子增强或非线性增强。与台湾全域交互q值一致，生态敏感性与其余因子两两交互后q值均有极大提升，该特征再次说明生态敏感性对促进台湾生态保护功能指向资源环境系统与区域发展系统的耦合

第 5 章 | 台湾资源环境系统与区域发展系统耦合协调分析

协调有重要意义（表 5-19、图 5-2）。

表 5-18　ERECC 各因子对台湾 ERECC 与 RDL 耦合协调类型区的贡献力 q 值

ERECC 各因子	水源涵养功能重要性	生物多样性维护功能重要性	水土保持功能重要性	生态敏感性
q 值	0.384	0.202	0.204	0.266

表 5-19　ERECC 各因子对台湾 ERECC 与 RDL 耦合协调类型区的交互 q 值

q 值	水源涵养功能重要性	生物多样性维护功能重要性	水土保持功能重要性	生态敏感性
水源涵养功能重要性	0.384			
生物多样性维护功能重要性	0.798	0.202		
水土保持功能重要性	0.552	0.781	0.204	
生态敏感性	0.910	0.782	0.855	0.266

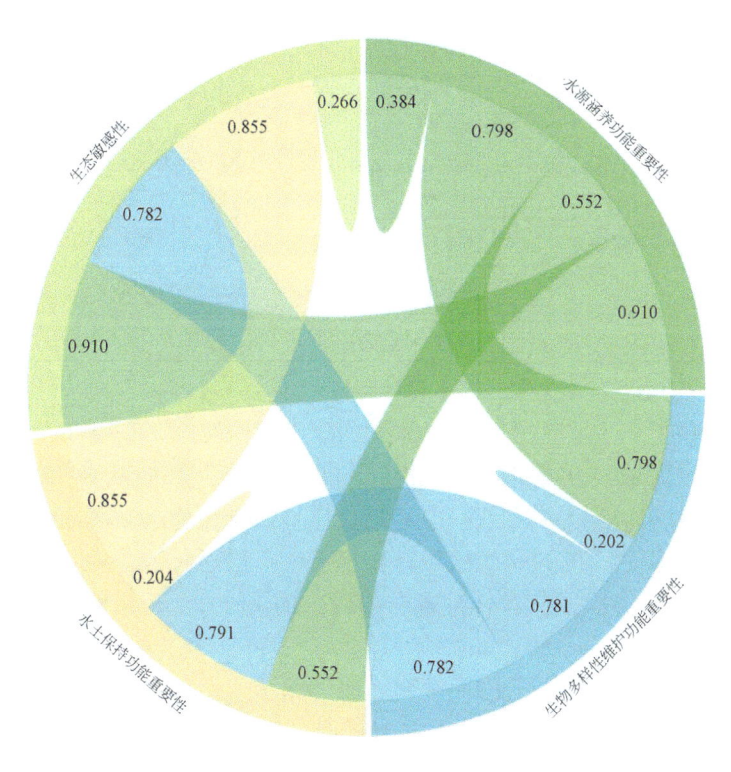

图 5-2　ERECC 各因子对台湾 ERECC 与 RDL 耦合协调类型区的耦合协调交互作用

2) 台湾区域发展系统

从台湾耦合协调区来看，区域发展水平各层面均有对生态保护功能指向资源环境系统与区域发展系统的耦合协调产生高贡献力的核心因子，其中区域人口发展水平层面因子对生态保护功能指向资源环境系统与区域发展系统的耦合协调产生最大贡献力，该表现与福建耦合协调区基本一致（表5-20）。

表 5-20　区域发展系统各因子对台湾 ERECC 与 RDL 耦合协调区的贡献力 q 值

层面	评价指标	q 值	层面	评价指标	q 值
区域人口发展水平（B1）	C1	0.352	区域基础设施水平（B3）	C13	0.091
	C2	0.342		C14	0.087
				C15	0.398
	C3	0.271		C16	0.221
				C17	0.279
区域经济发展水平（B2）	C4	0.238	区域社会福祉水平（B4）	C18	0.412
	C5	0.019		C19	0.156
	C6	0.332		C20	0.314
	C7	0.264		C21	0.164
	C8	0.391		C22	0.180
	C9	0.240		C23	0.133
	C10	0.121		C24	0.176
	C11	0.211		C25	0.099
	C12	0.117		C26	0.258

（1）区域人口发展水平层面（B1）的年底常住人口（$q=0.352$）、人口密度（$q=0.342$），区域经济发展水平层面（B2）的二三产业从业人员比例（$q=0.332$）、批发零售业销售额（$q=0.391$），区域基础设施水平层面（B3）的移动电话年末用户率（$q=0.398$），区域社会福祉水平层面（B4）的居民可支配收入（$q=0.412$）为主导因子，对台湾耦合协调区的 ERECC 与 RDL 耦合协调过程产生较高的影响力。

（2）区域人口发展水平层面整体贡献力最大，区域经济发展水平、区域社会福祉水平、区域基础设施水平贡献力相近，各层面平均 q 值分别为：B1（$q=0.322$）>B3（$q=0.215$）>B2（$q=0.215$）>B4（$q=0.210$）。

以上结果表明，主观福祉（居民可支配收入）、基础设施（移动电话年末用户率)、第三产业发展水平（批发零售业销售额）是促进台湾生态保护功能指向资源环境系统与区域发展系统的耦合协调的主要因素；台湾耦合协调区在区域发展系统上，主要依靠人口的红利推动生态保护功能指向资源环境系统与区域发展系统的耦合协调。

台湾区域发展水平各评价指标两两之间呈现双因子增强或非线性增强，筛选出交互作用力度位于前列的因子，如表5-21所示。

表5-21　区域发展水平各因子对台湾 ERECC 与 RDL 耦合协调区主导因子的交互探测结果

主导交互因子	q值	交互类型
年底常住人口∩教育文化娱乐占居民生活消费支出比例	0.921	双因子增强
二三产业从业人员比例∩教育支出占政府财政支出比例	0.928	双因子增强
教育支出占政府财政支出比例∩教育文化娱乐占居民生活消费支出比例	0.935	双因子增强
环境保护支出占政府财政支出比例∩公共图书馆藏书	0.909	双因子增强
每万人卫生技术人员数∩教育文化娱乐占居民生活消费支出比例	0.989	双因子增强

台湾耦合协调区与台湾全域区域发展水平各层面与其他层面交互 q 值表现一致，即各层面因子与其余层面交互后 q 值均高于各层面内部因素交互 q 值，其中区域社会福祉水平层面与其他层面因素交互后总体显示较高 q 值。

以上说明，一方面，台湾协调区区域社会福祉水平对生态保护功能指向资源环境系统与区域发展系统的耦合协调同样起到催化剂的作用；另一方面，台湾资源环境系统与区域发展系统的耦合协调的提高是居民的主观福祉（如教育文化娱乐占居民生活消费支出比例）与客观福祉（如教育支出占政府财政支出比例）共同作用的结果。

5.4.1.3　台湾耦合失调区

台湾生态保护功能指向的资源环境系统与区域发展系统耦合失调的城市包括外岛（金门岛、马祖列岛、澎湖县），南部区域的嘉义县和台东县。其中，嘉义县为台湾重要的农业县，农作物以稻米为主，其他杂粮蔬果等也相当丰富多元，同时兼具养殖渔业与小规模畜牧业；又因受限于农业县的发展，工业与服务业成长动能不足，因此嘉义县的耦合失调主要源于嘉义县以农业生产功能指向为主导，生态保护功能指向的资源环境系统与区域发展系统相关性较低。

将台湾耦合失调的城市导入地理探测器，获得该类型下影响因子贡献力 q 值。

1) 台湾生态保护功能指向资源环境系统

由表 5-22 可知，台湾生态保护功能指向的资源环境系统各因子均对台湾 ERECC 与 RDL 耦合失调产生极高影响力，四个因子 q 值分别为：生态敏感性（$q=0.917$）>生物多样性维护功能重要性（$q=0.901$）>水源涵养功能重要性（$q=0.899$）>水土保持功能重要性（$q=0.678$）。台湾生态保护功能指向的资源环境系统与区域发展系统的耦合失调显然与生态保护功能指向的资源环境系统的整体能力有关，生态敏感性低、生物多样性维护功能强、水源涵养能力好，则生态保护功能指向的资源环境系统与区域发展系统耦合协调，反之，则造成耦合失调，如金门岛、马祖列岛、澎湖县、台东县。

表 5-22　ERECC 各因子对台湾 ERECC 与 RDL 耦合失调区的影响力 q 值

ERECC 各因子	水源涵养功能重要性	生物多样性维护功能重要性	水土保持功能重要性	生态敏感性
q 值	0.899	0.901	0.678	0.917

从生态保护功能指向资源环境系统各因子的交互作用来看（表 5-23、图 5-3），台湾生态保护功能指向各因子两两之间呈现非线性增强。其中，水土保持功能重要性作为单项因子时 q 值为 0.678，当与其余因子两两交互后 q 值均高于其余因子两两交互 q 值，表明了台湾水土保持工作对台湾耦合失调区的重要作用。台湾水土治理工作经验丰富，早在 20 世纪 50 年代初台湾专家学者就已开展水土保持工作，在 1961 年起成立负责水土保持工作的专门部门，至今已 60 余年，开展由台湾当局、大学、科研单位和民众四轮驱动的水土保持工作。但台湾由于灾害的复合性，水土流失造成的损失十分严峻，因此水土流失问题依然为影响台湾 ERECC 与 RDL 耦合协调的重要因素。

表 5-23　ERECC 各因子对台湾 ERECC 与 RDL 耦合失调区的交互 q 值

q 值	水源涵养功能重要性	生物多样性维护功能重要性	水土保持功能重要性	生态敏感性
水源涵养功能重要性	0.899			
生物多样性维护功能重要性	0.916	0.901		
水土保持功能重要性	0.912	0.913	0.678	
生态敏感性	0.951	0.937	0.951	0.917

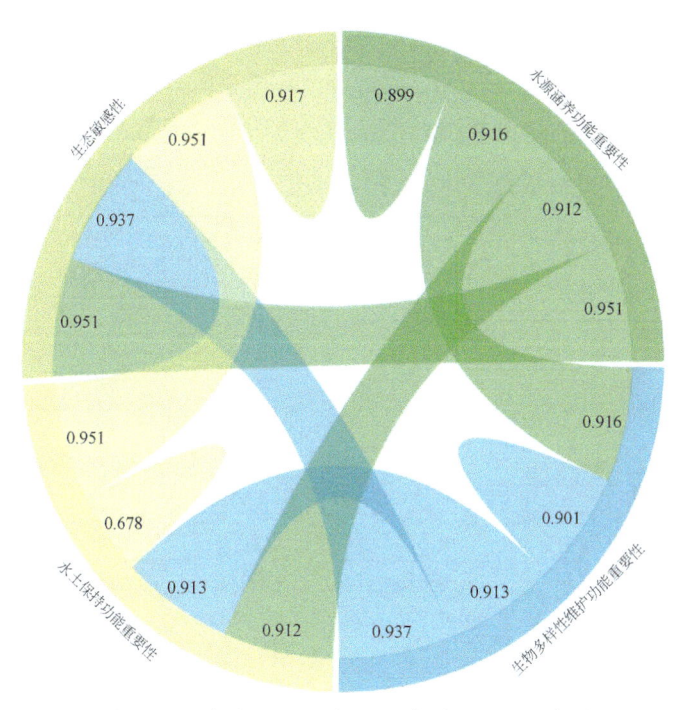

图 5-3　ERECC 各因子对台湾 ERECC 与 RDL 耦合失调区的耦合失调交互作用

2）台湾区域发展系统

从台湾耦合失调区来看，造成台湾耦合失调的因子主要来自社会福祉层面，如人口密度、人口增长、区域经济、区域交通、通信设施、居民主客观福祉等多因素（表 5-24），如区域人口发展水平层面（B1）的人口密度（$q=0.375$）、人口自然增长率（$q=0.319$），区域经济发展水平层面（B2）的失业率（$q=0.326$），区域基础设施水平层面（B3）的公路里程（$q=0.501$）、移动电话年末用户率（$q=0.563$）、上网率（使用电脑或其他设备）（$q=0.561$），区域社会福祉水平层面（B4）的居民可支配收入（$q=0.739$）、文化支出占政府财政支出比例（$q=0.807$）。从各因子 q 值大小来看，区域基础设施水平（$q=0.418$）与区域社会福祉水平（$q=0.406$）整体贡献力大，其次为区域人口发展水平（$q=0.282$），区域经济发展水平则呈现较低的贡献力（$q=0.153$）。

处于耦合失调区的金门岛、马祖列岛、澎湖县更是以上因子多重叠加的结果。具体来看：

金马地区（金门岛、马祖列岛）与澎湖县为外岛，受到地理环境、人口稀少、资源贫瘠等因素的影响，发展程度远远落后于台湾本岛，又因离岛的特殊地理位置与台湾本岛联系较少。2000 年后台湾通过《离岛建设条例》，对金马地区施行"小三通"，金马地区开始加强基础设施建设，其区域发展才有所起色；但经过二十多年的发展，金马地区基础设施依然落后于台湾本岛。以上使得金马地区与澎湖县的基础设施建设与人口成为资源环境系统与区域发展系统耦合协调的重要短板，制约资源环境系统与区域发展系统的耦合协调。

表 5-24　区域发展系统各因子对台湾 ERECC 与 RDL 耦合失调区的影响力 q 值

层面	评价指标	q 值	层面	评价指标	q 值
区域人口发展水平（B1）	C1	0.152	区域基础设施水平（B3）	C13	0.501
	C2	0.375		C14	0.304
				C15	0.563
	C3	0.319		C16	0.561
				C17	0.160
区域经济发展水平（B2）	C4	0.214	区域社会福祉水平（B4）	C18	0.739
	C5	0.105		C19	0.124
	C6	0.173		C20	0.311
	C7	0.237		C21	0.461
	C8	0.029		C22	0.470
	C9	0.072		C23	0.807
	C10	0.183		C24	0.317
	C11	0.035		C25	0.356
	C12	0.326		C26	0.071

台东县生态保护功能指向的资源环境系统与区域发展系统耦合失调的根本原因与南平市相似，即生态优势无法高效转化为经济优势。台东县拥有特殊的山、海、林、泉等自然资源，生态保护功能重要性高，被誉为台湾岛的"后山净土"，且不仅有丰富的自然景观，同时具有农村文化的多样性与当地文化的多元性，虽然自然资源禀赋优异，但受限于地形引起的交通不畅、人口外流等多种因素，将生态保护功能指向的资源环境承载能力转化为区域发展动能的转化能力低，表现为生态保护功能指向的资源环境系统与区域发展系统耦合失调。

综上，台湾的生态保护功能指向的资源环境系统与区域发展系统耦合失调主要源于主客观福祉（居民可支配收入、文化支出占政府财政支出比例），其次为交通（公路里程）、通信［移动电话年末用户率、上网率（使用电脑或其他设备）］等区域基础设施的建设不足以及人口流失（人口密度、人口增长）。

5.4.2　台湾城镇建设功能指向分区域影响因素识别

将表4-15各因子分不同耦合协调型区域（表5-13）导入地理探测器，获得台湾城镇建设功能指向资源环境承载能力各影响因子与区域发展水平各评价指标对 URECC 与 RDL 耦合协调过程中的影响力 q 值及两两因子交互 q 值。各探测因子均通过不同显著性水平的检验。

5.4.2.1 台湾全域

1) 台湾城镇建设功能指向资源环境系统

从台湾全域来看（表 5-25），台湾城镇建设功能指向资源环境承载能力各影响因子对城镇建设功能指向资源环境系统与区域发展系统的协调发展的贡献力均较为接近，其中城镇水资源（$q=0.493$）、城镇土地资源（$q=0.491$）、城镇大气环境（$q=0.482$）、城镇区位（$q=0.456$）相对而言对台湾全域城镇建设功能指向资源环境系统与区域发展系统耦合协调格局形成具有较高影响力。

表 5-25 URECC 各因子对台湾全域 URECC 与 RDL 耦合协调的贡献力 q 值

URECC 各因子	城镇土地资源	城镇水资源	城镇气候	城镇大气环境	城镇水环境	城镇灾害	城镇区位
q 值	0.491	0.493	0.335	0.482	0.263	0.350	0.456

从城镇功能指向资源环境各因子交互作用来看（表 5-26、图 5-4），台湾城镇建设功能指向各因子的交互值 q 均大于单因素的 q，影响因素两两之间呈现双因子增强或非线性增强，说明城镇建设功能指向资源环境承载系统各因子两两交互后，进一步强化各因子对城镇建设功能指向资源环境承载系统与区域发展系统的耦合协调。城镇土地资源与城镇区位因子在与其余因子交互后影响力提升显著；城镇水环境作为单项因子时候对台湾全域的耦合协调的贡献较为微弱，q 值仅 0.263，当其与其余因子交互后整体 q 值有显著提升。

表 5-26 URECC 各因子对台湾全域 URECC 与 RDL 耦合协调的交互 q 值

q 值	城镇土地资源	城镇水资源	城镇气候	城镇大气环境	城镇水环境	城镇灾害	城镇区位
城镇土地资源	0.491						
城镇水资源	0.950	0.493					
城镇气候	0.761	0.896	0.335				
城镇大气环境	0.962	0.859	0.936	0.482			
城镇水环境	0.879	0.729	0.787	0.763	0.263		
城镇灾害	0.968	0.969	0.966	0.802	0.690	0.350	
城镇区位	0.873	0.901	0.758	0.819	0.813	0.918	0.456

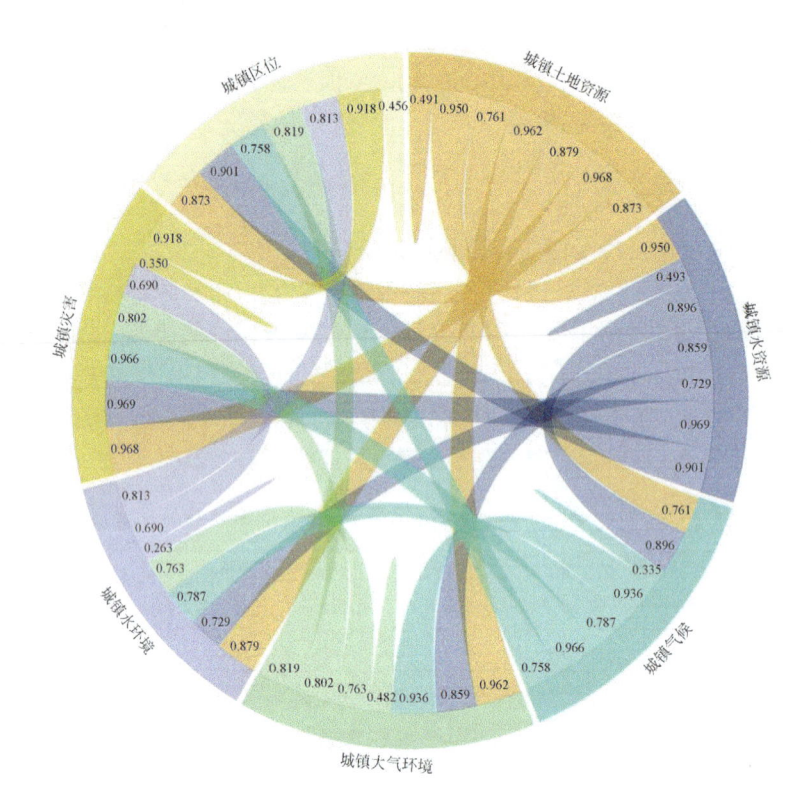

图 5-4　URECC 各因子对台湾全域 URECC 与 RDL 耦合协调的交互作用

与福建显著不同的在于，台湾城镇灾害叠加台湾赖以生存的水、土、大气要素后，交互 q 值成为最高的前三组 [q （城镇灾害∩城镇土地资源）= 0.968q，（城镇灾害∩城镇水资源）= 0.969q，（城镇灾害∩城镇气候）= 0.966]，是影响台湾城镇建设功能指向资源环境承载系统与区域发展系统的耦合协调水平的重要因素，该表现与台湾地震灾害与地质灾害有强烈关联。从前文灾害评价中可知，台湾地震灾害危险性指数与地质灾害危险性指数均远高于福建，且地震灾害危险性与地质灾害危险性均位于世界前列，成为影响台湾城镇功能指向资源环境系统与区域发展系统耦合协调的重大短板。

2）台湾区域发展系统

在台湾全域范围内，区域发展系统各因子单项贡献力较高的为：批发零售业销售额（q=0.495）、移动电话年末用户率（q=0.488）；其次为公路里程（q=0.350）、居民可支配收入（q=0.321）、年底常住人口（q=0.314）、二三产业从业人员比例（q=0.302）；文化支出占政府财政支出比例（q=0.085）、恩格尔系数（q=0.071）、人均财政收入（q=0.010）对城镇功能指向的资源环境承载能力与区域发展耦合协调几乎不产生影响。各层面总体 q 值较为接近，且均呈现较低水平：区域基础设施水平（$q=0.271$）>区域人口发展水平（$q=0.269$）>区域经济发展水平（$q=0.252$）>区域社会福祉水平（$q=0.172$）。相比于台湾城镇功能指向的资源环境系统各因子的贡献力，台湾城镇建设功能指向资源环境系统与区域发展系统的耦合协调与区域发展系统相关性较低，更多地依靠台湾城镇功能指向的自然资源本底，尤其依靠城镇建设功能指向资源环境系统各因子交互作用产生的影响力（表 5-27）。

表 5-27　区域发展水平各因子对台湾全域 URECC 与 RDL 耦合协调的贡献力 q 值

层面	评价指标	q 值	层面	评价指标	q 值
区域人口发展水平（B1）	C1	0.314	区域基础设施水平（B3）	C13	0.350
	C2	0.224		C14	0.102
	C3	0.269		C15	0.488
				C16	0.275
				C17	0.138
区域经济发展水平（B2）	C4	0.287	区域社会福祉水平（B4）	C18	0.321
	C5	0.010		C19	0.071
	C6	0.302		C20	0.138
	C7	0.214		C21	0.155
	C8	0.495		C22	0.265
	C9	0.257		C23	0.085
	C10	0.258		C24	0.125
	C11	0.228		C25	0.186
	C12	0.215		C26	0.203

从区域发展水平各因子交互作用来看，台湾区域发展水平各评价指标两两之间呈现双因子增强或非线性增强。筛选出交互作用力度位于前列的因子，如表 5-28 所示，区域发展系统各层面交互后 q 值最高的因子大部分来自社会福祉层面，表明虽然社会福祉单项因子 q 值均较低，但其与其他层面因子交互后均能发挥较大影响力，起到催化剂的作用，将区域人口、经济、基础设施进行调和，促进台湾城镇建设功能指向资源环境系统与区域发展系统的耦合协调。

表 5-28　区域发展系统各因子对台湾全域 URECC 与 RDL 耦合协调
主导因子的交互探测结果

主导交互因子	交互 q 值	交互类型
人口自然增长率∩住宿餐饮业销售额	0.858	双因子增强
二三产业从业人员比例∩文化支出占政府财政支出比例	0.939	双因子增强
每万人卫生技术人员数∩环境保护支出占政府财政支出比例	0.901	双因子增强
居民可支配收入∩各类文艺展演活动次数	0.847	双因子增强

5.4.2.2　台湾耦合协调型

1）台湾城镇建设功能指向资源环境系统

台湾城镇建设功能指向的资源环境系统与区域发展系统耦合协调的城市包括台湾北部区域的台北市、新北市、基隆市、桃园市、新竹市、新竹县、宜兰县，中部区域的台中市、彰化县，西南部区域的高雄市、嘉义市、台南市，以及东部区域的花莲县。将以上城市导入地理探测器，获得各因子对台湾城镇建设功能指向资源环境系统与区域发展系统耦合协调的贡献力 q 值。

在台湾耦合协调区中，城镇灾害和城镇水资源对城镇建设功能指向资源环境系统与区域发展系统的协调发展贡献明显，其次为城镇土地资源（表 5-29）。城镇灾害（$q=0.695$）、城镇水资源（$q=0.650$）、城镇土地资源（$q=0.557$）、城镇气候（$q=0.494$）为影响城镇建设功能指向的资源环境系统与区域发展系统耦合协调的主控因子；城镇大气环境（$q=0.325$）、城镇水环境（$q=0.314$）、城镇区位（$q=0.313$）为影响城镇建设功能指向的资源环境系统与区域发展系统耦合协调的次要因子。

表 5-29　URECC 各因子对台湾 URECC 与 RDL 耦合协调区的贡献力 q 值

URECC 各因子	城镇土地资源	城镇水资源	城镇气候	城镇大气环境	城镇水环境	城镇灾害	城镇区位
q 值	0.557	0.650	0.494	0.325	0.314	0.695	0.313

从交互作用来看，台湾城镇建设功能指向各因子的交互值 q 均大于单因素的 q，影响因素两两之间均呈现双因子增强或非线性增强（表 5-30、图 5-5）。其中，城镇土资源与城镇灾害不仅单因子 q 值较高，在与其余因子两两交互后 q 值也较高，进一步强化城镇灾害、城镇土地资源在台湾城镇建设功能指向资源环境系统与区域发展系统的耦合协调发展中的主控地位。

表 5-30 URECC 各因子对台湾 URECC 与 RDL 耦合协调区的交互 q 值

q 值	城镇土地资源	城镇水资源	城镇气候	城镇大气环境	城镇水环境	城镇灾害	城镇区位
城镇土地资源	0.557						
城镇水资源	0.957	0.650					
城镇气候	0.763	0.919	0.494				
城镇大气环境	0.978	0.905	0.988	0.325			
城镇水环境	0.974	0.818	0.893	0.552	0.314		
城镇灾害	0.957	0.957	0.949	0.925	0.962	0.695	
城镇区位	0.974	0.871	0.876	0.874	0.776	0.972	0.313

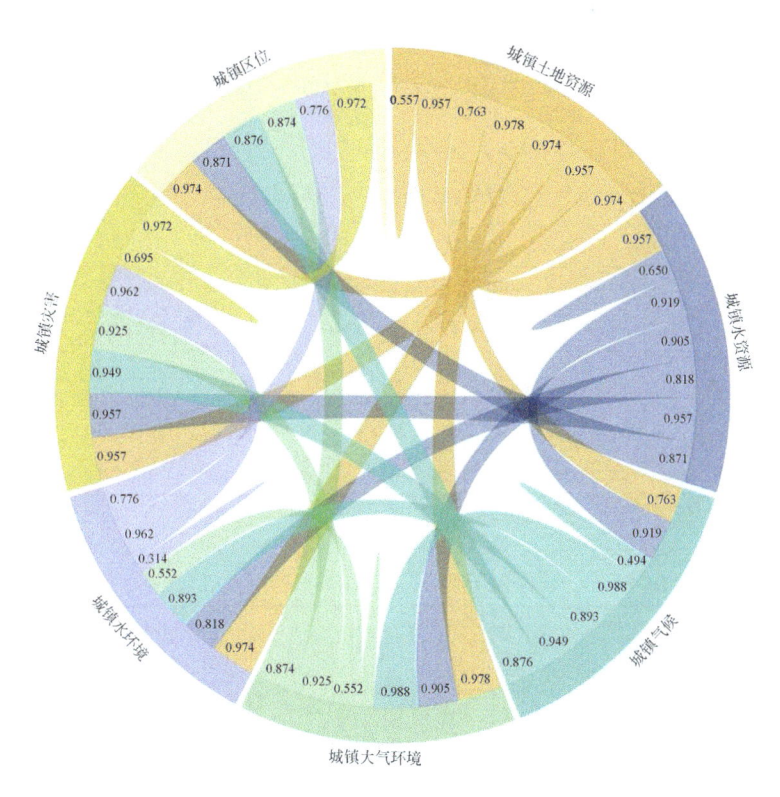

图 5-5 URECC 各因子对台湾 URECC 与 RDL 耦合协调区的交互作用

2) 台湾区域发展系统

在台湾耦合协调区内，区域发展系统各因子单项贡献力较高的为：批发零售业销售额（q = 0.532）>金融机构本外币各项贷款余额（q = 0.495）>上网率（使用电脑或其他设备）（$q=0.457$），为影响台湾耦合协调的主要因素；其次为公路货运量（$q=0.406$）>移动电话年末用户率（$q=0.400$）>公路里程（$q=0.396$）>工业固定资产投资额（$q=0.372$）>每万人卫生技术人员数（$q=0.365$）>年底常住人口（$q=0.359$），为影响台湾耦合协调的次要因素。以上单项因子较多来自区域经济发展层面与区域基础设施层面，从区域发展水平各层面来看，区域经济发展、区域基础设施整体 q 值最高，分别为 0.318 与 0.367。此外，区域发展系统中恩格尔系数（$q=0.096$）与人均财政收入（$q=0.002$）对耦合协调几乎不产生影响（表 5-31）。

表 5-31　区域发展水平各因子对台湾 URECC 与 RDL 耦合协调区的贡献力 q 值

层面	评价指标	q 值	层面	评价指标	q 值
区域人口发展水平（B1）	C1	0.359	区域基础设施水平（B3）	C13	0.396
	C2	0.282		C14	0.219
				C15	0.400
	C3	0.113		C16	0.457
				C17	0.365
区域经济发展水平（B2）	C4	0.495	区域社会福祉水平（B4）	C18	0.243
	C5	0.002		C19	0.096
	C6	0.313		C20	0.275
	C7	0.372		C21	0.210
	C8	0.532		C22	0.295
	C9	0.242		C23	0.184
	C10	0.406		C24	0.249
	C11	0.308		C25	0.235
	C12	0.192		C26	0.144

从区域发展水平各因子交互作用来看，台湾区域发展水平各评价指标两两之间呈现双因子增强或非线性增强。筛选出交互作用力度位于前列的因子可知，各层面交互后 q 值较高的组合为：q（人口自然增长率∩公共图书馆藏书）=0.983，q[工业固定资产投资额∩上网率（使用电脑或其他设备）]=0.985，q[上网率（使用电脑或其他设备）∩公共图书馆藏书]=0.987，q（教育文化娱乐占居民生活消费支出比例∩环境保护支出占政府财政支出比例）=0.997，表明台湾城镇建设功能指向的资源环境系统与区域发展系统是区域全面、平衡发展下的综合性结果。

5.4.2.3 台湾耦合失调区

1) 台湾城镇建设功能指向资源环境系统

台湾城镇建设功能指向的资源环境系统与区域发展系统耦合失调的城市为外岛（澎湖县、金门岛、马祖列岛），台湾中部区域的苗栗县、南投县、云林县，台湾西南部区域的嘉义县、屏东县，台湾南部区域的台东县。其中，除南投县与外岛（澎湖县、金门岛、马祖列岛）外，其余地区均以农立县，但以上地区依然具备一定的城镇建设功能，因此仍需进一步分析资源环境系统与区域发展系统各因子对耦合失调的影响因素。

将以上城市导入地理探测器，获得各因子对台湾城镇建设功能指向资源环境系统与区域发展系统耦合协调的贡献力 q 值。

在台湾耦合失调区内，城镇区位及城镇灾害显示出更为重要的影响力，q 值分别为 0.819 与 0.787，城镇土、水、大气环境较之台湾全域，贡献力稍显薄弱，但依然表现出一定的重要性，q 值分别为 0.597、0.517、0.567（表5-32）。对比台湾耦合协调区可知，城镇灾害、城镇土地资源、城镇水资源不仅是促进耦合协调的重要因素，也是导致失调的重要因素，对台湾城镇建设功能指向的资源环境系统与区域发展系统耦合协调格局起到"双刃剑"的效果，可以说，成也"城镇灾害、土、水"，败也"城镇灾害、土、水"。同时，也说明，治理好台湾城镇灾害，科学管理台湾的土、水资源，是整治台湾城镇建设功能指向的资源环境系统与区域发展系统耦合失调的关键策略。

表5-32　URECC各因子对台湾URECC与RDL耦合失调区的贡献力 q 值

URECC各因子	城镇土地资源	城镇水资源	城镇气候	城镇大气环境	城镇水环境	城镇灾害	城镇区位
q 值	0.597	0.517	0.337	0.567	0.303	0.787	0.819

从交互作用来看，台湾城镇建设功能指向各因子的交互值 q 均大于单因素的 q，影响因素两两之间呈现双因子增强或非线性增强（表5-33、图5-6）。其中，城镇区位不仅作为单项因子时贡献度最高，在与其他因子交互后的整体 q 值也处于较高水平，同时对比台湾耦合协调区城镇区位的贡献力可知，城镇区位是加速耦合失调的重要因素。

2) 台湾区域发展系统

台湾耦合失调区中，区域发展系统各因子单项贡献力较高的因子均来自区域社会福祉层面（表5-34），分别为：环境保护支出占政府财政支出比例（$q=0.587$）>文化支出占政府财政支出比例（$q=0.525$）>教育支出占政府财政支出比例（$q=0.427$）>每千人拥有机动车数（$q=0.400$）>居民可支配收入（$q=0.384$）。从区域发展水平各层面来看，区域社会福祉整体 q 值最高，为 0.328，其次为区域基础设施层面（$q=0.293$）。

表 5-33　URECC 各因子对台湾 URECC 与 RDL 耦合失调区的交互 q 值

q 值	城镇土地资源	城镇水资源	城镇气候	城镇大气环境	城镇水环境	城镇灾害	城镇区位
城镇土地资源	0.597						
城镇水资源	0.632	0.517					
城镇气候	0.849	0.848	0.337				
城镇大气环境	0.699	0.693	0.914	0.567			
城镇水环境	0.877	0.661	0.741	0.872	0.303		
城镇灾害	0.830	0.824	0.820	0.897	0.824	0.787	
城镇区位	0.850	0.844	0.866	0.917	0.903	0.843	0.819

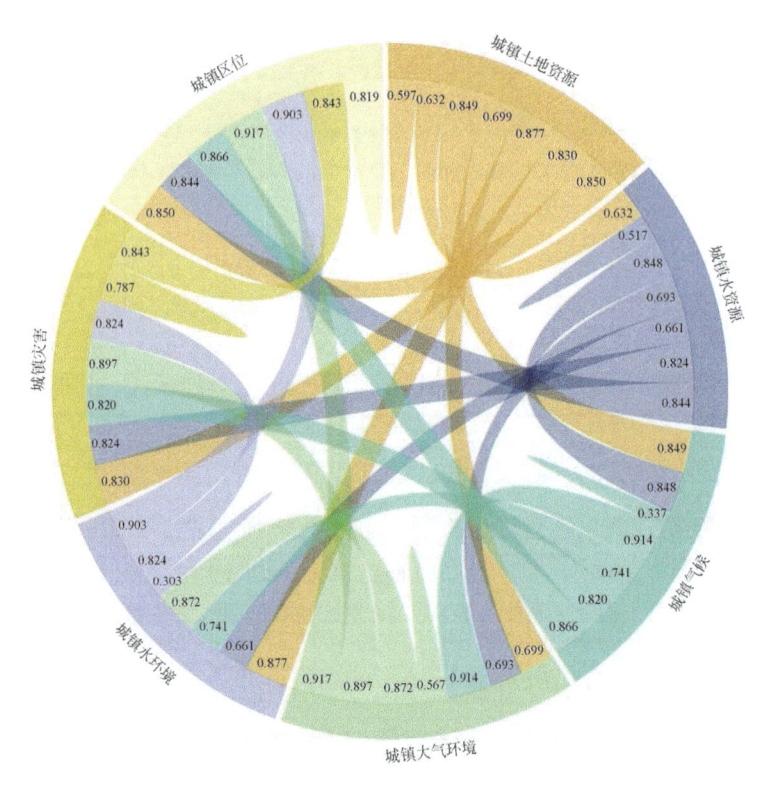

图 5-6　URECC 各因子对台湾 URECC 各因子耦合失调区的交互作用

表 5-34　区域发展水平各因子对台湾 URECC 与 RDL 耦合失调区的贡献力 q 值

层面	评价指标	q 值	层面	评价指标	q 值
区域人口发展水平（B1）	C1	0.042	区域基础设施水平（B3）	C13	0.104
	C2	0.059		C14	0.400
				C15	0.282
	C3	0.248		C16	0.338
				C17	0.343
区域经济发展水平（B2）	C4	0.162	区域社会福祉水平（B4）	C18	0.384
	C5	0.132		C19	0.087
	C6	0.209		C20	0.295
	C7	0.197		C21	0.427
	C8	0.162		C22	0.587
	C9	0.205		C23	0.525
	C10	0.293		C24	0.207
	C11	0.053		C25	0.302
	C12	0.143		C26	0.136

在区域发展系统各因子交互作用中，依然以社会福祉层面各因子与其余层面因子交互后贡献力较高：q（人口密度∩文化支出占政府财政支出比例）=0.992，q（公路货运量∩教育支出占政府财政支出比例）=0.978，q［上网率（使用电脑或其他设备）∩恩格尔系数］=0.998。从以上各个角度均说明社会福祉层面对台湾城镇建设功能指向资源环境承载能力与区域发展耦合失调过程的重要作用。

5.4.3　台湾农业生产功能指向分区域影响因素识别

将表 4-15 各因子分不同耦合协调区域（表 5-13）导入地理探测器，获得台湾农业生产功能指向资源环境承载能力各因子与区域发展水平各因子在 ARECC 与 RDL 耦合协调过程中的影响力 q 值及两两因子交互 q 值。各探测因子均通过不同显著性水平的检验。

5.4.3.1　台湾全域

1）台湾农业生产功能指向资源环境系统

从台湾全域尺度来看，台湾农业环境是影响耦合协调的主控因子（q=0.626），农业土地资源是次要因子（q=0.452），其余因子 q 对台湾全域产生的影响则较为微弱（表5-35）。

表5-35 ARECC各因子对台湾全域ARECC与RDL耦合协调的贡献力q值

ARECC各因子	农业土地资源	农业水资源	农业气候	农业环境	农业灾害
q值	0.452	0.152	0.148	0.626	0.131

从农业生产功能指向资源环境系统各影响因子的交互作用来看（表5-36、图5-7），台湾农业生产功能指向各因子两两之间呈现双因子增强或非线性增强，且增强效果显著，交互后q值均比单因子q值提升至少一倍。其中，农业环境与农业土地资源与其余因子交互后的q值在所有交互组合处于较高水平[q（农业土地资源∩农业环境）=0.979，q（农业环境∩农业灾害）=0.922，q（农业土地资源∩农业水资源）=0.884，q（农业土地资源∩农业灾害）=0.844，q（农业水资源∩农业环境）=0.837，q（农业气候∩农业环境）=0.816]，说明台湾农业生产功能指向资源环境系统与区域发展系统耦合协调的形成是基于农业环境与农业土地资源的耦合协调过程。

表5-36 ARECC各因子对台湾全域ARECC与RDL耦合协调的交互q值

q值	农业土地资源	农业水资源	农业气候	农业环境	农业灾害
农业土地资源	0.452				
农业水资源	0.884	0.152			
农业气候	0.666	0.516	0.148		
农业环境	0.979	0.837	0.816	0.626	
农业灾害	0.844	0.499	0.502	0.922	0.131

2）台湾区域发展系统

区域发展系统各因子对台湾全域农业生产功能指向资源环境系统与区域发展系统的耦合协调的影响力均较低（表5-37）。其中，住宿餐饮业销售额（q=0.363）、年底常住人口（q=0.359）、公路货运量（q=0.346）为区域发展系统中贡献力较高的因子，二三产业从业人员比例（q=0.090）、特殊教育在校生（q=0.089）、人口密度（q=0.083）、人均财政收入（q=0.041）对台湾全域农业生产功能指向资源环境系统与区域发展系统的耦合协调几乎无影响。

从各层面整体q值大小来看，区域人口发展水平与区域经济发展水平整体贡献力最大，区域基础设施水平与区域社会福祉水平贡献力相近且均较低，各层面平均q值分别为：B1（q=0.232）>B2（q=0.203）>B3（q=0.168）>B4（q=

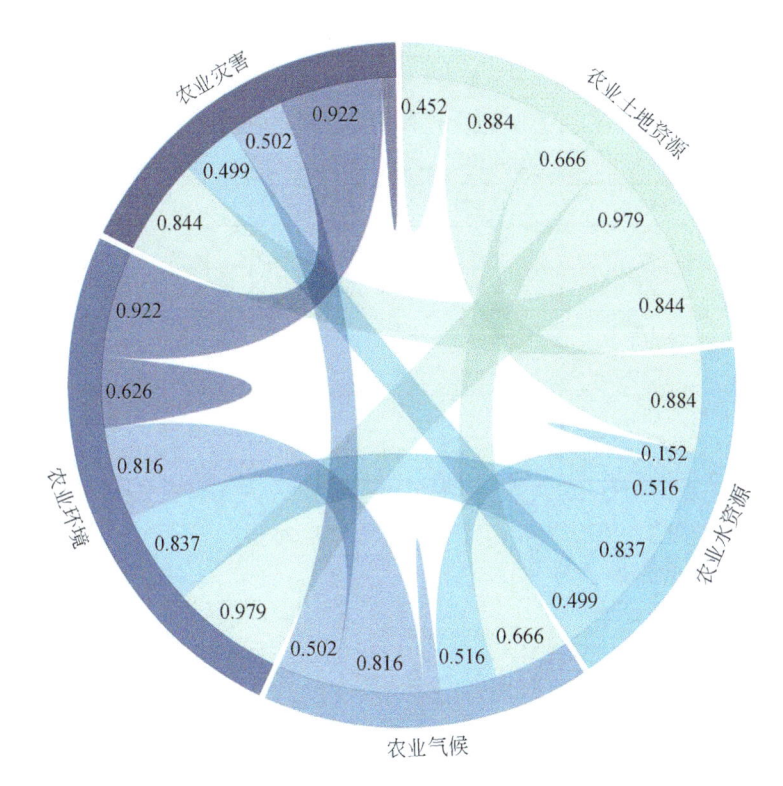

图 5-7　ARECC 系统各因子对台湾全域 ARECC 与 RDL 耦合协调的交互作用

0.159)。结合单项因子 q 值与各层面整体 q 值可知，台湾全域农业生产功能指向资源环境系统与区域发展系统的耦合协调主要来自劳动力与经济的推动，但总体而言，区域发展系统对耦合协调的形成的影响力均较低。

表 5-37　区域发展系统各因子对台湾全域 ARECC 与 RDL 耦合协调的贡献力 q 值

层面	评价指标	q 值	层面	评价指标	q 值
区域人口发展水平（B1）	C1	0.359	区域基础设施水平（B3）	C13	0.229
	C2	0.083		C14	0.205
				C15	0.120
	C3	0.254		C16	0.180
				C17	0.105

续表

层面	评价指标	q 值	层面	评价指标	q 值
区域经济发展水平（B2）	C4	0.142	区域社会福祉水平（B4）	C18	0.169
	C5	0.041		C19	0.115
	C6	0.090		C20	0.138
	C7	0.293		C21	0.205
	C8	0.240		C22	0.142
	C9	0.363		C23	0.191
	C10	0.346		C24	0.211
	C11	0.135		C25	0.170
	C12	0.178		C26	0.089

5.4.3.2 台湾耦合协调区

1）台湾农业生产功能指向资源环境系统

台湾农业生产功能指向的资源环境系统与区域发展系统耦合协调的城市为新北市、高雄市、台中市、新竹县、彰化县、宜兰县、花莲县、屏东县、苗栗县、南投县。将以上城市导入地理探测器，获得各因子对台湾生态保护功能指向资源环境系统与区域发展系统耦合协调的贡献力 q 值。

相较于台湾全域，农业功能指向资源环境系统各因子在耦合协调区的影响力均较高（表5-38），首要因子为农业灾害（$q=0.696$），其次为农业土地资源（$q=0.643$）、农业水资源（$q=0.581$）与农业气候（$q=0.578$），最后为农业环境（$q=0.474$）。

表5-38　ARECC 各因子对台湾 ARECC 与 RDL 耦合协调区的贡献力 q 值

ARECC 各因子	农业土地资源	农业水资源	农业气候	农业环境	农业灾害
q 值	0.643	0.581	0.578	0.474	0.696

从农业生产功能指向资源环境承载能力各影响因子的交互作用来看，台湾生态保护功能指向各因子两两之间均呈现非线性增强（表5-39、图5-8）。交互后 q 值均高于 0.85，其中农业灾害因子与其余因子交互后表现出更高的影响力，而成为主导台湾农业生产功能指向的资源环境系统与区域发展系统耦合协调的重要因素。台湾位于菲律宾海板块和亚欧大陆板块聚合边界，一个造山作用活跃的构造区，常年被台风、地震、雨涝侵袭，农业灾害频发，因此对于协调区而言，科学

第 5 章 | 台湾资源环境系统与区域发展系统耦合协调分析

应对与防治农业灾害成为维持并持续提升台湾农业生产功能指向的资源环境系统与区域发展系统耦合协调的首要方向。

表 5-39　ARECC 各因子对 ARECC 与 RDL 耦合协调区的交互 q 值

q 值	农业土地资源	农业水资源	农业气候	农业环境	农业灾害
农业土地资源	0.643				
农业水资源	0.963	0.581			
农业气候	0.977	0.869	0.578		
农业环境	0.955	0.965	0.884	0.474	
农业灾害	0.979	0.914	0.860	0.980	0.696

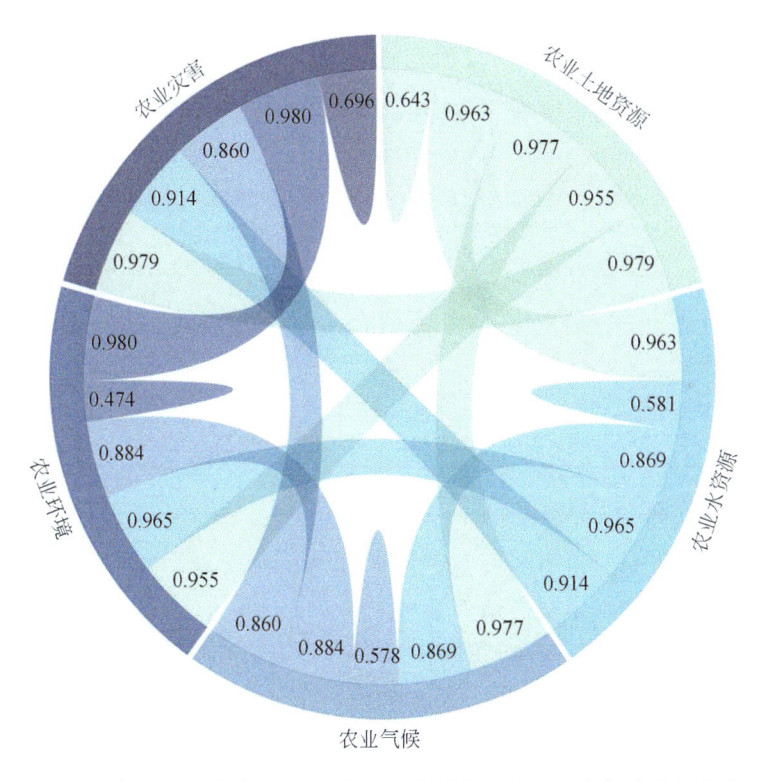

图 5-8　ARECC 各因子对台湾 ARECC 与 RDL 耦合协调类型区的耦合协调的交互作用

2) 台湾区域发展系统

相比于台湾全域，台湾耦合协调型区的区域发展系统各层面均对农业生产功能指向资源环境系统与区域发展系统的耦合协调表现出较高的影响力

(表5-40)，最高 q 值因子为批发零售业销售额（$q=0.674$），其次为公路里程（$q=0.636$）、公路货运量（$q=0.596$）、二三产业从业人员比例（$q=0.539$）、居民可支配收入（$q=0.538$）、金融机构本外币各项贷款余额（$q=0.512$）等因子。从各层面整体 q 值大小来看，区域基础设施水平整体贡献力最大（$q=0.440$），区域人口发展水平（$q=0.413$）与区域经济发展水平（$q=0.417$）接近且次之。

表5-40　区域发展系统各因子对台湾ARECC与RDL耦合协调区的贡献力 q 值

层面	评价指标	q 值	层面	评价指标	q 值
区域人口发展水平（B1）	C1	0.443	区域基础设施水平（B3）	C13	0.636
	C2	0.455		C14	0.419
	C3	0.340		C15	0.373
				C16	0.425
				C17	0.347
区域经济发展水平（B2）	C4	0.512	区域社会福祉水平（B4）	C18	0.538
	C5	0.036		C19	0.228
	C6	0.539		C20	0.232
	C7	0.476		C21	0.394
	C8	0.674		C22	0.452
	C9	0.282		C23	0.375
	C10	0.596		C24	0.433
	C11	0.327		C25	0.376
	C12	0.314		C26	0.325

以上表明，区域基础设施（通信与交通等）与区域经济（第三产业等）是推动农业生产功能指向资源环境系统与区域发展系统耦合协调的主要力量，区域劳动力（年底常住人口、人口密度）是促进农业生产功能指向资源环境系统与区域发展系统耦合协调的辅助力量。此外，在众因子中，人均财政收入（$q=0.036$）与台湾农业生产功能指向资源环境系统与区域发展系统的耦合协调几乎无关，该表现与台湾经济体制有较大关联。

5.4.3.3　台湾耦合失调区

1）台湾农业生产功能指向资源环境系统

台湾农业生产功能指向的资源环境系统与区域发展系统耦合失调的城市为外岛（澎湖县、金门岛、马祖列岛），台湾北部区域的台北市、基隆市、桃园市、新竹市，台湾西南部区域的嘉义市、嘉义县、台南市，台湾中部区域的云林县，台湾南部区域的台东县。将以上城市导入地理探测器，获得各因子对台湾农业生产功能指向的资源环境系统与区域发展系统耦合失调的影响力 q 值。

与对台湾全域的影响关系一致（表5-41），农业环境（$q=0.866$）对耦合失调区的影响作用最为显著，其次为农业土地资源（$q=0.692$），其余因子也发挥较高影响 q 值分别为：农业灾害（$q=0.509$）>农业水资源（$q=0.403$）>农业气候（$q=0.373$）。

表5-41　ARECC各因子对台湾ARECC与RDL耦合失调区的影响力 q 值

ARECC各因子	农业土地资源	农业水资源	农业气候	农业环境	农业灾害
q 值	0.692	0.403	0.373	0.866	0.509

从农业生产功能指向资源环境承载能力各影响因子的交互作用来看，台湾农业生产功能指向各因子两两之间均呈现非线性增强（表5-42、图5-9）。其中，农业土地资源和农业灾害与其余因子交互后 q 值均较高[q（农业土地资源∩农业灾害）=0.951，q（农业环境∩农业灾害）=0.951]，该表现再次说明农业土地资源和农业灾害不仅作为单项因子对台湾农业生产功能指向资源环境系统与区域发展系统的耦合失调带来极高负面影响，在与其余因子叠加后更是加剧了其负面效果。

表5-42　ARECC各因子对台湾ARECC与RDL耦合失调区的交互 q 值

q 值	农业土地资源	农业水资源	农业气候	农业环境	农业灾害
农业土地资源	0.692				
农业水资源	0.816	0.403			
农业气候	0.861	0.738	0.373		
农业环境	0.878	0.883	0.921	0.866	
农业灾害	0.951	0.863	0.838	0.951	0.509

2）台湾区域发展系统

在台湾耦合失调区中，区域发展水平各因子对台湾农业生产功能指向资源环境系统与区域发展系统的耦合失调的影响力均较为接近（表5-43）。其中，q 值最高的为工业固定资产投资额（$q=0.438$），其次为每万人卫生技术人员数（$q=0.375$）。社会福利层面的各个因子 q 值均处在中游水平且互相接近，使得该层面

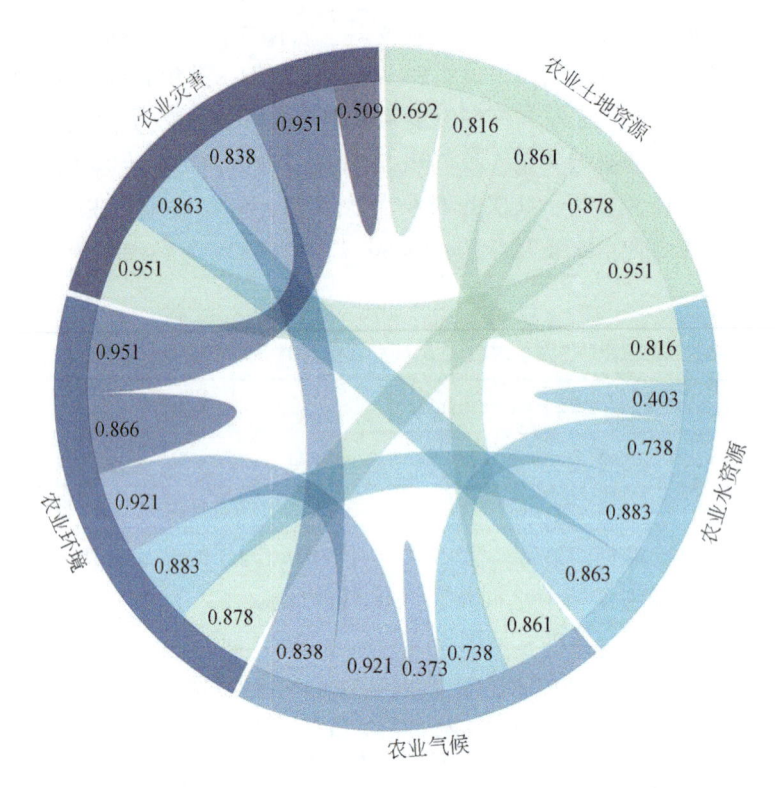

图 5-9 ARECC 各因子对台湾 ARECC 与 RDL 耦合失调区的交互作用

整体 q 值最高，为 0.241，区域基础设施水平与区域经济水平层面整体 q 值（q 值分别为 0.238 与 0.218）次之。人口密度（$q=0.084$）、进出口总额（$q=0.068$）、上网率（使用电脑或其他设备）（$q=0.062$）与耦合失调的形成几乎不相关。

表 5-43 区域发展系统各评价指标对台湾 ARECC 与 LRD 耦合失调区的贡献力 q 值

层面	评价指标	q 值	层面	评价指标	q 值
区域人口发展水平（B1）	C1	0.207	区域基础设施水平（B3）	C13	0.229
				C14	0.301
	C2	0.084		C15	0.222
				C16	0.062
	C3	0.188		C17	0.375

续表

层面	评价指标	q 值	层面	评价指标	q 值
区域经济发展水平（B2）	C4	0.229	区域社会福祉水平（B4）	C18	0.241
	C5	0.169		C19	0.115
	C6	0.319		C20	0.253
	C7	0.438		C21	0.175
	C8	0.202		C22	0.260
	C9	0.150		C23	0.300
	C10	0.234		C24	0.274
	C11	0.068		C25	0.310
	C12	0.149		C26	0.237

台湾区域发展水平各评价指标两两之间呈现双因子增强或非线性增强，即双因子对耦合水平的共同影响力均大于单因子所发挥的影响力。筛选出交互作用力度位于前列的因子可知，交互后 q 值较高的组合较多来自社会福祉层面的因子（表 5-44）。

表 5-44　区域发展系统各因子对台湾 ARECC 与 RDL 耦合失调主导因子的交互探测结果

主导交互因子	q 值	交互类型
人口密度 ∩ 文化支出占政府财政支出比例	0.961	双因子增强
公路货运量 ∩ 每万人卫生技术人员数	0.962	双因子增强
公路里程 ∩ 教育支出占政府财政支出比例	0.943	双因子增强
居民可支配收入 ∩ 教育文化娱乐占居民生活消费支出比例	0.980	双因子增强

总体而言，区域社会福祉层面及其各因子是台湾农业生产功能指向资源环境系统与区域发展系统耦合失调的主要因素，但其影响水平依然较低，说明台湾农业生产功能指向资源环境系统与区域发展系统耦合失调主要受到资源环境系统各因子的影响。此外，基隆市、台北市、新竹市及外岛农业生产功能指向的资源环境承载能力不突出，无法与自身区域发展水平相匹配，这成为这些地区农业生产功能指向的资源环境系统与区域发展系统耦合失调的根源。

本章通过综合分析闽台现有对社会人口、经济、基础设施、福祉的统计方式与统计数据，构建一套突破传统人口与经济发展水平的单一刻画的、基于社会福祉理念的闽台区域发展水平评价体系，设计思路如下。

（1）运用文献计量统计工具，在大陆文献数据库（知网、万方等）与台湾主流文献数据库（华艺学术文献数据库、台湾博硕士论文知识加值系统等）内以"区域""发展""评价"等为关键词进行文献分析，获得评价指标底层指标库。

（2）在底层指标库的基础上，综合考虑构建原则、闽台现有的权威统计资料、闽台区域发展方式、发展目标与特点、指标认可度等，对底层指标库进行剔除与筛选，如因闽台对"城镇化"定义不同，采用人口密度对人口集中水平进行衡量；因闽台衡量区域经济水平的角度不同，调整闽台常用表征区域经济发展水平评价指标，采用贷款余额反映金融机构对当地经济的支持力度，以反映闽台区域经济发展水平；结合闽台对社会福祉的共同理解，从物质生活层面和精神生活层面对区域发展水平中社会福祉层面进行构建等。

采用统一标准评价海峡两岸（闽台）区域发展水平并进行对比，评价结果如下。

（1）对比 2010 年、2015 年、2019 年闽台各研究单元的区域发展水平时间变化规律可知：在三个时段，福建总体区域发展水平高于台湾；三个时段台湾台北市区域发展水平均为闽台最高水平，嘉义县、台东县区域发展水平均为闽台最低水平；从变化趋势上看，闽台在三个时段区域发展水平均呈现上升趋势，但福建增长程度高于台湾。

（2）对比闽台各城市区域发展水平空间分布特征可知：闽台均有区域发展水平的高值区，福建高值区逐渐扩散，各城市区域发展水平差距缩小；台湾高值区逐渐集中，各城市区域发展差距持续扩大。

（3）综合分析闽台区域发展水平的时间变化规律及区域发展水平的空间分布特征可知：闽台虽然各自存在多个区域发展水平较高的高值区，但各城市区域发展水平差异变化不同。福建在闽东福州都市圈及闽东南泉−厦都市圈形成一主一副两个高值区，但各高值区涓滴效应显著，带动周围城市实现区域发展水平的总体提升；台湾在台湾岛北、中、南形成一主两副三个高值区均与六大城市空间分布重合，各高值区极化效应显著，高值区与非高值区的区域发展水平差距持续扩大，主要原因在于台湾都会改制后，社会要素资源短时间内的空间集聚带来的负面效应。

第6章　闽台资源环境系统与区域发展系统耦合协调对比

6.1　闽台资源环境系统与区域发展系统耦合时空对比

6.1.1　闽台生态保护功能指向下的耦合时空对比

将福建与台湾2010年、2019年、2019年生态保护功能指向资源环境系统与区域发展系统之间的耦合协调关系进行对比分析。

（1）从时间变化上来看，福建各城市生态保护功能指向资源环境系统与区域发展系统之间的耦合协调关系稳定而台湾动荡；从空间分布来看，福建生态保护功能指向资源环境系统与区域发展系统之间的耦合协调面积大，耦合协调度均较高，而台湾耦合协调度高低值交错，高值区分散。

（2）福建福州市、泉州市与台湾台北市三个城市生态保护功能指向资源环境系统与区域发展系统之间不仅具有极高关联度，还表现出较高耦合协调水平，说明两个系统能够互相作用共同促进福州市、泉州市、台北市区域发展。

（3）福建生态保护功能指向资源环境系统与区域发展系统耦合协调水平总体而言高于台湾，说明福建各城市将生态保护功能指向的资源环境承载能力转化为区域发展的转化能力更高，对区域发展产生的正向效应更佳。

（4）福建生态保护功能指向资源环境系统与区域发展系统之间的耦合协调水平较低的城市主要分布于福建西部（闽西北山区），台湾生态保护功能指向资源环境系统与区域发展系统之间的耦合协调水平较低的城市主要分布于台湾岛东部区域与外岛（金门岛与澎湖县）。这些城市在自然地理特征与区域发展方面具有一定相似性：在自然地理特征上，地形阻隔（如闽西北受鹫峰山—戴云山—博平岭阻隔，金门岛、马祖列岛为外岛，台东县、花莲县受到中央山脉和海岸山脉阻隔）导致与外界流通不便，使得这些地区较为孤立特殊，因而开发较晚，区域发展水平较低，无法发挥经济引擎作用将生态优势转化为区域发展，生态保护功能指向资源环境系统与区域发展系统之间互相掣肘，阻碍这些地区整体区域可持续发展。

6.1.2 闽台城镇建设功能指向下的耦合时空对比

将福建与台湾 2010 年、2019 年、2019 年城镇建设功能指向资源环境系统与区域发展系统耦合协调程度进行对比分析。

闽台城镇建设功能指向资源环境系统与区域发展系统耦合失调城市具有一定差异。

（1）空间上耦合协调度偏低的城市主要分布于远离台湾海峡区域，福建耦合协调度偏低的城市分布于福建西北、西南内陆地区，台湾耦合协调度偏低的城市主要分布于台湾岛东侧。

（2）从时间变化来看，2010 年、2019 年、2019 年三个时期福建城镇建设功能指向资源环境系统与区域发展系统耦合协调度总体上升，而台湾耦合协调度总体下降。

从耦合度与耦合协调度匹配程度来看，2010 年、2015 年、2019 年三个时期，福建与台湾大部分城市城镇建设功能指向资源环境系统与区域发展系统的耦合程度与协调程度较为匹配。具体如下：

（1）首先，福建福州市与台湾台北市、高雄市城镇建设功能指向资源环境系统与区域发展系统不仅高度耦合相关，而且二者良性互促，共同促进区域发展。

（2）福建各城市（除厦门市之外）自 2010 年起的十年间城镇建设功能指向的资源环境系统与区域发展系统二者之间良性互促格局十分稳定，稳步促进区域整体发展。

（3）台湾北部区域作为台湾经济文化最发达、交通最便利、人口密度最大的地区，在 2010 年、2015 年、2019 年三个时期城镇建设功能指向的资源环境系统与区域发展系统均具有较高水平的耦合协调度，URECC 与 RDL 不仅具有高耦合度，而且二者能够良性互促，总体呈现稳定高协调度。

（4）台湾南部区域作为台湾最早开发的区域，具有优越的自然条件、经济基础及海陆空发达的交通体系，在 2010 年、2015 年、2019 年三个时期城镇建设功能指向的资源环境系统与区域发展系统总体次于北部区域，南部区域各城市（除嘉义县）总体较为稳定地处于高协调状态。台湾中部区域、东部区域、金马区域各城市 URECC 与 RDL 的耦合协调度分属于台湾总体中游偏下水平，这三个区域由于台湾区域开发战略或地形阻隔等各种原因，在开发时序与开发水平上均低于北部区域与南部区域，自然资源本底的城镇建设功能未能有效与区域发展水平互惠互促。

（5）福建厦门市与台湾嘉义县的城镇建设功能指向资源环境系统与区域发展系统不仅低耦合而且低协调。进一步对比两个城市资源禀赋与区域发展方向可知，造成两个城市 URECC 与 RDL 耦合度与耦合协调度均较低的原因不同，具体来看，厦门市自身区域发展定位以生产和生活空间为主，厦门市人口密度常年居福建之首，本岛建设用地却十分紧缺，同时本岛水资源缺乏，虽然得益于福建两大调水工程，水资源有所缓解，但厦门市城镇建设功能指向的资源环境系统与区域发展系统之间的关系依然紧张，因而城镇建设功能指向资源环境系统与区域发展系统低耦合且低耦合协调；嘉义县位于台湾最早开发的南部区域，是台湾重要的渔业产区，为城市化程度不高的农业县，其城镇建设功能指向的资源环境系统与区域发展系统的关联程度低，因而 URECC 与 RDL 表现为高水平耦合与耦合失调并存。

6.1.3　闽台农业生产功能指向下的耦合时空对比

将福建与台湾 2010 年、2019 年、2019 年农业生产功能指向资源环境系统与区域发展系统耦合协调程度进行对比分析，可以得出以下结论。

（1）从耦合协调度变化趋势来看，2010~2015 年，闽台各城市 ARECC 与 RDL 的耦合协调程度均一定水平的下降，福建总体下降程度较为轻微，台湾除嘉义市、台南市外，其余城市 ARECC 与 RDL 的耦合协调度均下降。

（2）福建整体农业功能指向资源环境系统与区域发展系统耦合失调程度较为轻微，在三个时期仅南平市一个城市处于耦合失调状态；而台湾耦合失调程度更为严重，耦合失调面积较大，分别为台北市、基隆市、桃园市、新竹市、云林县、嘉义县、嘉义市、台南市、台东县、金门岛、澎湖县、马祖列岛。

（3）空间分布上，福建 ARECC 与 RDL 的耦合协调度以福州市、泉州市为高值点，并向福州南部、北部、西部地区逐渐递减；而台湾 ARECC 与 RDL 的耦合协调度高低值分布交错。

从耦合度与耦合协调度匹配程度来看，2010 年、2015 年、2019 年三个时期，福建与台湾各城市耦合-耦合协调分属类型呈现显著区别，具体如下。

（1）福建仅南平市农业生产功能指向资源环境系统与区域发展系统耦合失调，且表现为 ARECC 与 RDL 高耦合度与低耦合协调度并存。原因在于，南平市山地多、平原少、中低产田多、高产田少、耕地资源不足、林地资源丰富，南平市土地资源的基本特点使得南平市农业生产功能指向的资源环境承载能力不突出，无法与区域发展水平相匹配，因而其农业功能指向资源环境系统与区域发展系统高耦合与失调并存。

（2）除南平市以外，福建大部分城市农业生产功能指向资源环境系统与区域发展系统之间高度关联并且互相协调。其中，福州市、泉州市在 2010 年、2015 年、2019 年三个时期农业功能指向的资源环境系统与区域发展系统不仅高度关联，且良性互促，区域处于可持续发展状态。

（3）与福建大部分耦合协调的特征相反，台湾大部分城市农业生产功能指向资源环境系统与区域发展系统属于耦合失调，但其低耦合协调度与低耦合度并存，即农业生产功能指向资源环境系统与区域发展系统关联度一般，且两个系统互促程度同样一般。原因在于，一方面，台湾农业资源丰富，以农业生产为导向的资源环境承载能力突出，这使得"生产型"农业曾在台湾地区经济发展中占据主导地位；但从 20 世纪 60 年代末以来，随着工业崛起，农业生产类型、内部结构、经营方式已经发生重大变化，传统农业已经逐步转型为具有台湾特色的现代农业，由单一产出农产品的"生产型"农业向休闲农业等具有"新价值链"的农业转变。另一方面，传统农业式微，通信、半导体、精密器械自动化等新型高科技工业成为台湾加速产业升级的关键性产业，同时，"科学岛"计划的进行，使得台湾主导产业转型成功，再者，由于工业转型，服务业得以发展，台湾二三产业比例远远高于农业比例，尤其高于"生产型"农业比例。因此，基于自然资源本底的农业生产功能指向的资源环境系统与区域发展系统表现为高度关联但是低协调甚至失调，且由于休闲农业、高新技术产业比例高，台湾 ARECC 与 RDL 的耦合协调度总体低于福建。

本章在将闽台资源环境承载能力划分为不同功能指向的基础上，采用耦合协调模型，分析闽台生态保护功能指向资源环境承载能力、城镇建设功能指向资源环境承载能力、农业生产功能指向资源环境承载能力分别与区域发展水平的相互作用的强度（耦合度）及质量（耦合协调度）及其时空分异。分析结果如下。

（1）闽台 2010 年、2019 年、2019 年生态保护功能指向资源环境系统与区域发展系统之间的耦合协调关系：福建各城市生态保护功能指向资源环境系统与区域发展系统之间的耦合协调关系稳定而台湾动荡；福建生态保护功能指向资源环境系统与区域发展系统之间的耦合协调面积大，耦合协调度均较高，而台湾耦合协调度高低值交错，高值区分散。

（2）闽台 2010 年、2019 年、2019 年城镇建设功能指向资源环境系统与区域发展系统之间的耦合协调关系：闽台城镇建设功能指向资源环境系统与区域发展系统耦合协调度偏低的城市主要分布于远离台湾海峡区域，福建耦合协调度偏低的城市分布于福建西北、西南内陆地区，台湾耦合协调度偏低的城市主要分布于台湾岛东侧；2010 年、2019 年、2019 年三个时期福建城镇建设功能指向资源环境系统与区域发展系统耦合协调度总体上升，而台湾耦合协调度总体下降。

（3）闽台 2010 年、2019 年、2019 年农业生产功能指向资源环境系统与区域发展系统之间的耦合协调关系：福建整体农业功能指向资源环境系统与区域发展系统耦合失调程度较为轻微，台湾耦合失调程度更为严重；2010~2015 年，闽台各城市 ARECC 与 RDL 的耦合协调程度均一定水平地下降，但福建总体下降程度较为轻微，台湾除嘉义市、台南市外，其余城市 ARECC 与 RDL 的耦合协调度均下降；空间分布上，福建 ARECC 与 RDL 的耦合协调度以福州市、泉州市为高值点，并向福州市南部、北部、西部逐渐递减；而台湾 ARECC 与 RDL 的耦合协调度高低值交错分布。

6.2 闽台资源环境系统与区域发展系统耦合影响因子分区对比

本章通过地理探测器，从不同地域功能分区识别影响闽台资源环境与区域发展耦合的因素。具体如下。

1） 福建生态保护功能指向资源环境系统与区域发展系统耦合因子

（1）在福建生态保护功能指向资源环境系统与区域发展系统耦合因子中，生态敏感性是影响福建生态保护功能指向资源环境系统与区域发展系统耦合协调的主导因子；在耦合失调区，厦门市因生态保护功能指向资源环境承载能力不突出而处于失调区，南平市则因生态优势难以有效转化为经济优势而处于失调区。

（2）区域发展系统中经济层面因子为主导因子，此外区域人口、区域基础设施、区域社会福祉以较为平衡的相互关系对福建全域的生态保护功能指向资源环境系统与区域发展系统的耦合协调起到促进作用。

2） 台湾生态保护功能指向资源环境系统与区域发展系统耦合因子

（1）生态保护功能指向资源环境系统各因子对台湾生态保护功能指向资源环境系统与区域发展系统的协调发展的贡献力均较为相当；在耦合失调区，生态敏感性、生物多样性维护功能重要性、水源涵养功能重要性对台湾生态保护功能指向的资源环境系统与区域发展系统耦合失调产生巨大影响。

（2）区域发展系统中，台湾区域人口对台湾资源环境系统与区域发展系统耦合度的总体贡献力最高，区域经济、区域基础设施、区域社会福祉以较为平衡的相互关系对台湾全域的生态保护功能指向资源环境系统与区域发展系统的耦合协调进程起到促进作用；在耦合失调区，造成台湾耦合失调的因子主要来自社会福祉层面，并且是人口密度、人口增长、区域经济、区域交通、通信设施、居民主客观福祉等多因素共同作用的结果。

3）福建城镇建设功能指向资源环境系统与区域发展系统耦合因子

（1）在福建全域与协调区，城镇区位、城镇灾害、城镇水资源为影响福建城镇建设功能指向资源环境系统与区域发展系统耦合协调格局形成的主控因子；城镇土、水资源配置是宁德市与厦门市城镇建设功能指向资源环境系统与区域发展系统耦合失调的主要原因。

（2）区域发展系统中，区域社会福祉水平依然起到催化剂的作用，将区域人口、经济、基础设施进行调和，对福建全域的城镇建设功能指向资源环境系统与区域发展系统的耦合协调发挥重要作用；在耦合协调区，福建城镇建设功能指向资源环境系统与区域发展系统的耦合协调主要受到二三产业、区域通信、主观福祉、客观福祉的促进作用；在失调区（厦门市与宁德市），两地资源环境系统与区域发展系统耦合失调的根源截然相反。

4）台湾城镇建设功能指向资源环境系统与区域发展系统耦合因子

（1）在城镇建设功能指向资源环境系统，城镇灾害、土、水、大气、区位对台湾全域城镇建设功能指向资源环境系统与区域发展系统耦合协调格局形成发挥较高影响力，这几个因素在耦合失调区中表现得更为明显。

（2）区域发展系统中，台湾城镇建设功能指向资源环境系统与区域发展系统的耦合协调与区域发展系统相关性较低，更多地依靠台湾城镇建设功能指向的自然资源本底，尤其依靠城镇建设功能指向资源环境系统各因子交互作用产生的影响力。

5）福建农业生产功能指向资源环境系统与区域发展系统耦合因子

（1）农业生产功能指向资源环境系统中，农业土地资源对福建全域农业生产功能指向资源环境系统与区域发展系统耦合协调格局的形成贡献力最高；在耦合协调区，农业环境为主控因子；在耦合失调区（南平市），南平市农业粗放经营大量存在，以高投入获取高产出的生产经营理念仍然占据主导，致使南平市农业生产功能指向的资源环境系统与区域发展系统耦合失调。

（2）在福建全域，福建全域的农业生产功能指向的资源环境系统与区域发展系统的耦合协调是区域人口、经济、基础设施、社会福祉各相关因素共同作用的结果；在耦合协调区，区域经济与区域社会福祉水平具有重要性；在失调区（南平市），区域人口、经济、基础设施、社会福祉互相掣肘成为制约南平市耦合协调的众多复杂因素。

6）台湾农业生产功能指向资源环境系统与区域发展系统耦合因子

（1）农业生产功能指向资源环境系统中，农业土地资源和农业环境对台湾全域农业生产功能指向资源环境系统与区域发展系统耦合协调格局的形成贡献力最高；在耦合协调区，农业灾害影响力突出；在耦合失调区，农业土地资源和农业灾害再次对耦合失调发挥更大作用。

（2）区域发展系统中，台湾全域农业生产功能指向资源环境系统与区域发展系统的耦合协调主要来自劳动力与经济的推动，但总体而言，区域发展系统对耦合协调的形成的影响力较低。

6.2.1 闽台生态保护功能指向下的影响因子对比

6.2.1.1 生态保护功能指向的资源环境系统

根据前文地理探测器结果，在福建生态保护功能指向的资源环境系统内部因素中，生态敏感性不仅是影响福建全域生态保护功能指向资源环境系统与区域发展系统耦合协调形成的重要因素，而且随着协调向失调的恶化，生态敏感性的影响力越发增强，成为福建生态保护功能指向资源环境系统与区域发展系统耦合协调或失调的主控因子（表6-1）。

表6-1 闽台生态保护功能指向资源环境系统与区域发展系统耦合协调分区主控因子

分区	福建	台湾
全域	生态敏感性	水土保持功能重要性
协调区		水源涵养功能重要性
失调区		生态敏感性、生物多样性维护功能重要性、水源涵养功能重要性

相比于福建，资源环境系统中各因子在台湾生态保护功能指向资源环境系统与区域发展系统耦合协调不同分区内，所发挥的作用更加复杂（图6-1）。一方面，台湾生态保护功能指向资源环境系统与区域发展系统耦合协调是水土保持功能重要性、水源涵养功能重要性、生态敏感性、生物多样性维护功能重要性共同作用的结果。另一方面，随着耦合协调度的逐渐下降（即由耦合协调向耦合失调的转变），水土保持功能重要性、水源涵养功能重要性、生态敏感性、生物多样性维护功能重要性对台湾生态保护功能指向资源环境系统与区域发展系统耦合协调的重要性逐渐上升（图6-1）。

综上，总结闽台生态保护功能指向资源环境系统与区域发展系统耦合协调分区主控因子，获得闽台在资源环境系统中的共性因素与差异性因素（表6-1）。

[图表：闽台生态保护功能指向资源环境系统各因子分区 q 值对比]

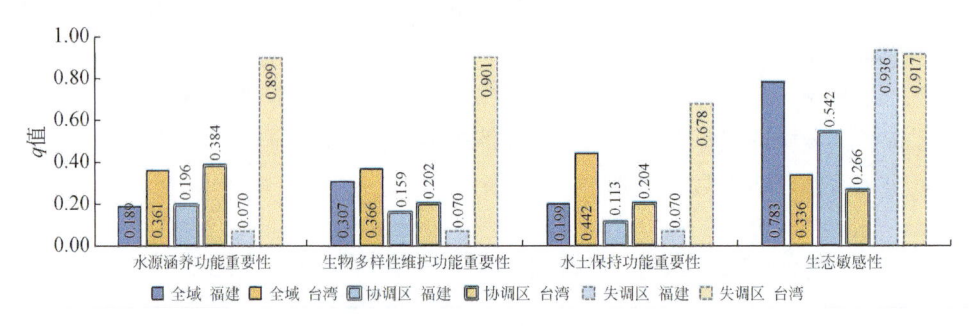

水源涵养功能重要性：全域 0.189，福建 0.361，全域 0.196，台湾 0.384，协调区 福建 0.070，协调区 台湾 （未标），失调区 福建 （未标），失调区 台湾 0.899

生物多样性维护功能重要性：0.307，0.366，0.159，0.202，0.070，0.901

水土保持功能重要性：0.199，0.442，0.113，0.204，0.070，0.678

生态敏感性：0.783，0.336，0.542，0.266，0.936，0.917

图 6-1　闽台生态保护功能指向资源环境系统各因子分区 q 值对比

6.2.1.2　区域发展系统

在福建区域发展系统内部因素中，社会福祉层面指标为影响福建生态保护功能指向资源环境系统与区域发展系统耦合协调的主要指标，但是在不同分区中，社会福祉层面发挥最主要作用的因子各不相同：协调区中特殊教育在校生（C26）影响力最大，失调区中文化支出占政府财政支出比例（C23）影响力最大；居民可支配收入（C18）在福建各分区中均有较高影响力，其次为移动电话年末用户率（C15）。

在台湾区域发展系统内部因素中，各层面的影响力在台湾全域较为平衡，各因子影响力较低且较为接近；而在协调区与失调区中，经济层面与社会福祉层面各因素影响力较为一致，其中影响力均较高的因子与福建一致，为居民可支配收入（C18），其次为移动电话年末用户率（C15）与文化支出占政府财政支出比例（C23）（图 6-2 ~ 图 6-5）。

将闽台各因子绘制成热力图（图 6-2），以更为直观地甄别各因子在闽台不同分区中影响力大小及各层面对各分区总体影响力大小。

在福建热力图中（图 6-2），福建全域各层面因子影响力差异不明显，较为相近且均不突出，显示出各层面互相辅助平衡发展的状态；在协调区中，区域经济层面与部分社会福祉层面因子显示出较为明显的热值区；在失调区中，热值区与冷值区更为显著，即区域经济与区域人口各因子影响力均较低，区域基础设施整体影响力显著，社会福祉层面各因子高低值差异明显，最高值与最低值均出现在该层面。

在台湾热力图中（图 6-2），台湾全域与协调区均表现为明显的冷值区，各层面各因素均显示极低的影响力；在台湾失调区中，区域发展系统的因子作用力增强，表现为区域基础设施层面与社会福祉层面的影响力有较大的提升，其中最高值出现在社会福祉层面。

第6章 | 闽台资源环境系统与区域发展系统耦合协调对比

综合对比福建与台湾区域发展系统各因子 q 值可知，台湾区域发展系统各因子对生态保护功能指向资源环境系统与区域发展系统耦合协调发挥的影响力总体而言较低，各因子之间 q 值较为接近；福建区域发展系统各因子对生态保护功能指向资源环境系统与区域发展系统耦合协调发挥的影响力较高，主控因子显著。

综上，总结区域发展系统中闽台生态保护功能指向资源环境系统与区域发展系统耦合协调分区主控因子，获得闽台在资源环境系统中的共性因素与差异性因素（表6-2）。

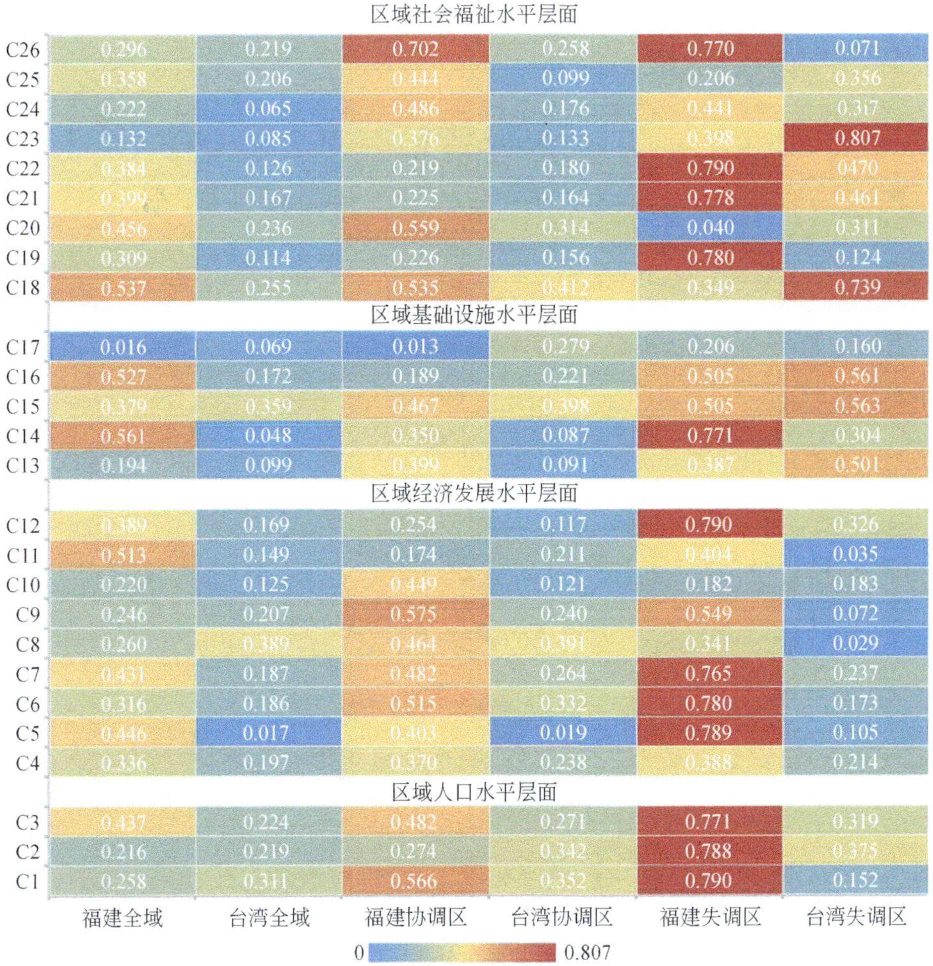

	福建全域	台湾全域	福建协调区	台湾协调区	福建失调区	台湾失调区
区域社会福祉水平层面						
C26	0.296	0.219	0.702	0.258	0.770	0.071
C25	0.358	0.206	0.444	0.099	0.206	0.356
C24	0.222	0.065	0.486	0.176	0.441	0.317
C23	0.132	0.085	0.376	0.133	0.398	0.807
C22	0.384	0.126	0.219	0.180	0.790	0.470
C21	0.399	0.167	0.225	0.164	0.778	0.461
C20	0.456	0.236	0.559	0.314	0.040	0.311
C19	0.309	0.114	0.226	0.156	0.780	0.124
C18	0.537	0.255	0.535	0.412	0.349	0.739
区域基础设施水平层面						
C17	0.016	0.069	0.013	0.279	0.206	0.160
C16	0.527	0.172	0.189	0.221	0.505	0.561
C15	0.379	0.359	0.467	0.398	0.505	0.563
C14	0.561	0.048	0.350	0.087	0.771	0.304
C13	0.194	0.099	0.399	0.091	0.387	0.501
区域经济发展水平层面						
C12	0.389	0.169	0.254	0.117	0.790	0.326
C11	0.513	0.149	0.174	0.211	0.404	0.035
C10	0.220	0.125	0.449	0.121	0.182	0.183
C9	0.246	0.207	0.575	0.240	0.549	0.072
C8	0.260	0.389	0.464	0.391	0.341	0.029
C7	0.431	0.187	0.482	0.264	0.765	0.237
C6	0.316	0.186	0.515	0.332	0.780	0.173
C5	0.446	0.017	0.403	0.019	0.789	0.105
C4	0.336	0.197	0.370	0.238	0.388	0.214
区域人口水平层面						
C3	0.437	0.224	0.482	0.271	0.771	0.319
C2	0.216	0.219	0.274	0.342	0.788	0.375
C1	0.258	0.311	0.566	0.352	0.790	0.152

图6-2 闽台区域发展系统各因子在生态保护功能指向资源环境系统与区域发展系统耦合不同分区中的影响

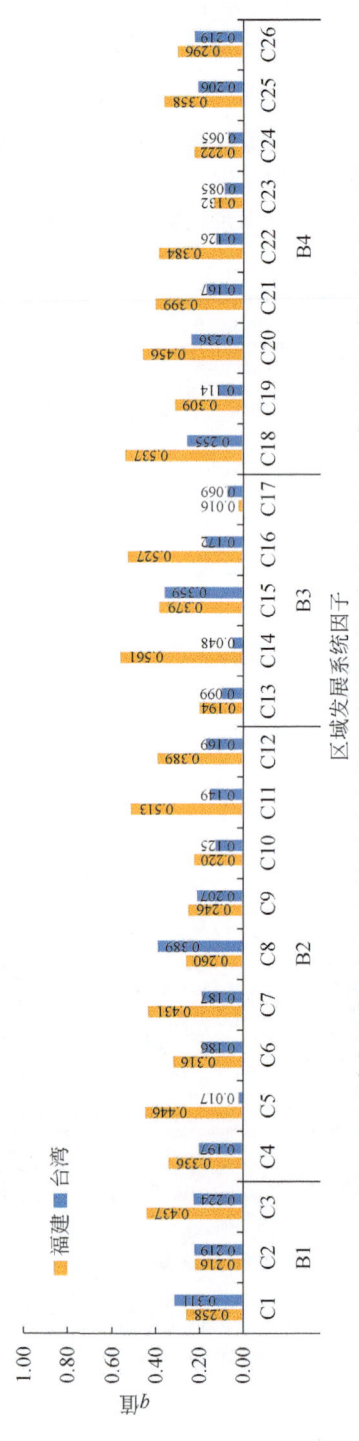

图6-3 区域发展系统各因子对闽台生态保护功能指向资源环境系统与区域发展耦合协调影响力对比

| 第6章 | 闽台资源环境系统与区域发展系统耦合协调对比

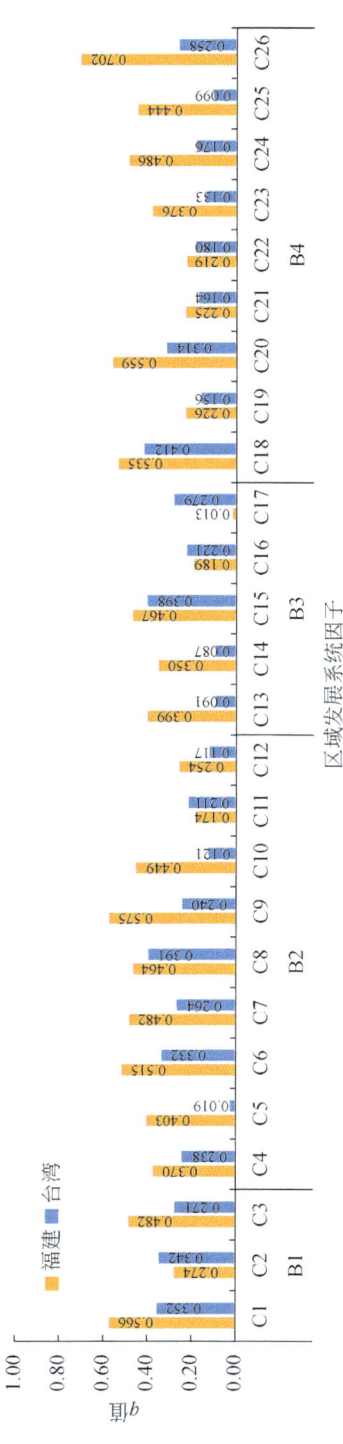

图6-4 区域发展系统各因子对闽台生态保护功能指向资源环境系统与区域发展耦合协调区的影响力对比

图6-5 区域发展系统各因子对闽台生态保护功能指向资源环境系统与区域发展耦合失调区的影响力对比

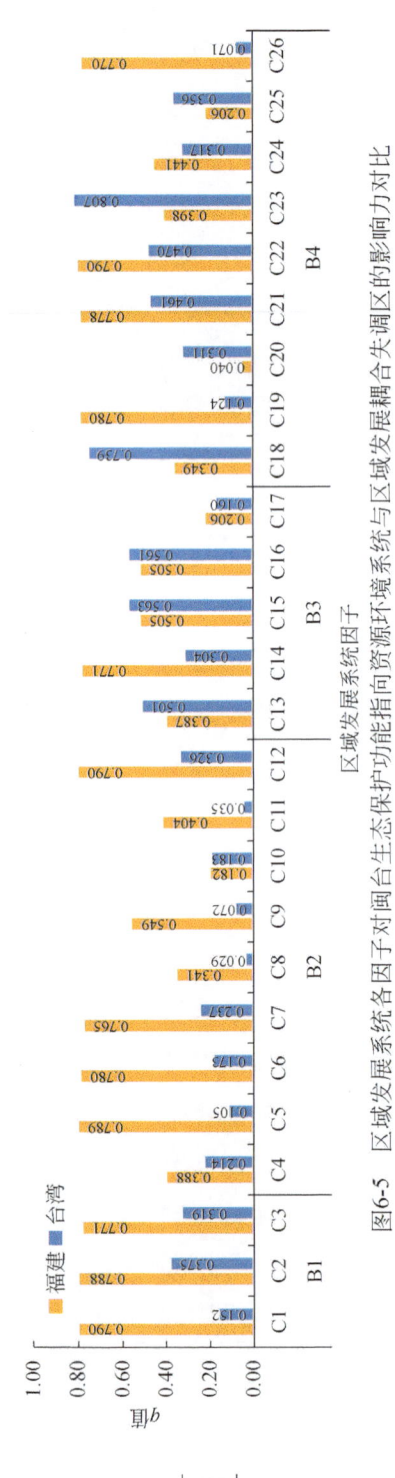

表 6-2　闽台区域发展系统各因子生态保护功能指向资源环境系统与区域
发展系统耦合协调分区对比

分区	福建		台湾	
	主控层面	主控因子	主控层面	主控因子
全域	各层面较平均且影响水平较高	居民可支配收入 移动电话年末用户率	各层面较平均且影响较低	无突出主控因子
协调区	区域经济层面与社会福祉层面	居民可支配收入 特殊教育在校生 移动电话年末用户率		居民可支配收入 文化支出占政府财政支出比例
失调区	基础设施层面	居民可支配收入 文化支出占政府财政支出比例 移动电话年末用户率	区域基础设施层面与社会福祉层面	移动电话年末用户率

6.2.2　闽台城镇建设功能指向下的影响因子对比

6.2.2.1　城镇建设功能指向的资源环境系统

根据前文地理探测器结果，影响福建城镇建设功能指向的资源环境系统与区域发展系统耦合协调进程的因子主要为城镇土地资源、城镇水资源、城镇区位。这三个因子不仅在耦合协调区内发挥重要作用，而且在福建耦合失调区的厦门市与宁德市以"双刃剑"的形式分别发挥重要作用。相比于福建，影响台湾城镇建设功能指向的资源环境系统与区域发展系统耦合协调进程的因子同样主要为城镇土地资源、城镇水资源、城镇区位，此外城镇大气环境与城镇灾害成为台湾区别于福建的其他主控因子，对台湾城镇建设功能指向的资源环境系统与区域发展系统耦合协调进程产生重要影响（图6-6）。

从福建不同分区下的各因子 q 值大小来看，城镇大气环境随着耦合协调度的不断提高，影响力越发减弱；城镇灾害则相反，随着耦合协调度的不断提高，影响力越发增强。从台湾不同分区下的各因子 q 值大小来看，城镇水资源、城镇土地资源、城镇灾害在台湾各个分区中均发挥较为稳定且较高的影响力；城镇区位随着耦合协调度的不断提高，影响力产生较大降低；与福建一致，城镇水环境无论在耦合区还是协调区或者闽台全域均为众多因子中影响力最小的因子。

综上，总结闽台城镇建设功能指向资源环境系统与区域发展系统耦合协调分

| 闽台资源环境承载能力与区域发展耦合机理及调控 |

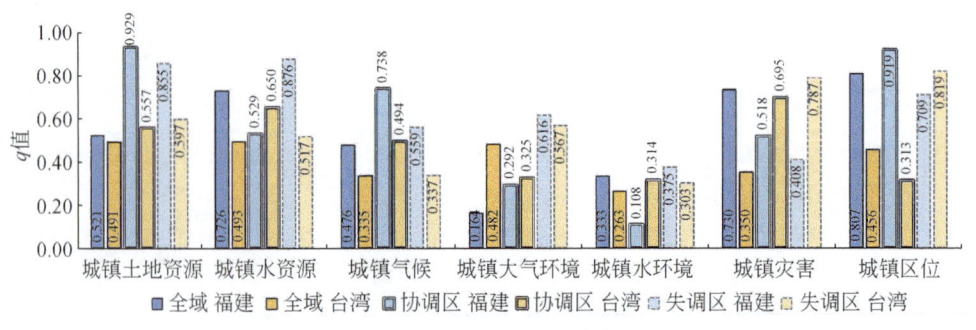

图6-6 闽台城镇功能指向资源环境系统各因子分区 q 值对比

区主控因子，具体如表6-3所示。

表6-3 闽台城镇建设功能指向资源环境系统与区域发展系统耦合协调分区主控因子

分区	福建	台湾
全域	城镇区位	城镇水资源、城镇土地资源、城镇大气环境
协调区	城镇土地资源、城镇区位	城镇灾害、城镇水资源
失调区	城镇水资源、城镇土地资源	城镇区位、城镇灾害

6.2.2.2 区域发展系统影响因子

在福建区域发展系统内部因素中，区域社会福祉大部分指标与区域经济发展大部分指标主导了福建全域与福建耦合协调区的形成。而失调区则恰恰相反，失调区中，区域人口层面的三项因子均具有极强的影响力，其次为区域基础设施层面因子；处在末尾的因子则主要来自区域社会福祉层面。各层面指标中不存在具有绝对主导性的因子，从各因子整体影响力来看，年底常住人口（C1）、进出口总额（C11）、移动电话年末用户率（C15）、居民可支配收入（C18）相对而言具有更强贡献力，且以上四个因子分别来自不同层面，说明各层面对福建城镇建设功能指向资源环境系统与区域发展系统耦合协调的影响力较为平衡。

在台湾区域发展系统内部因素中，批发零售业销售额（C8）、移动电话年末用户率（C15）、公路里程（C13）对台湾全域及台湾协调区城镇建设功能指向资源环境系统与区域发展系统耦合协调均产生最大的影响；在失调区中，则由大部分区域社会福祉因子［如文化支出占政府财政支出比例（C23）、公共图书馆藏书（C24）］给台湾城镇建设功能指向资源环境系统与区域发展系统耦合失调带来更多变化。从各层面整体影响力来看，台湾全域、协调区、失调区一致，均主要受到区域经济与区域社会福祉的影响，且该特点在失调区尤为凸显（图6-7～图6-9）。

| 第6章 | 闽台资源环境系统与区域发展系统耦合协调对比

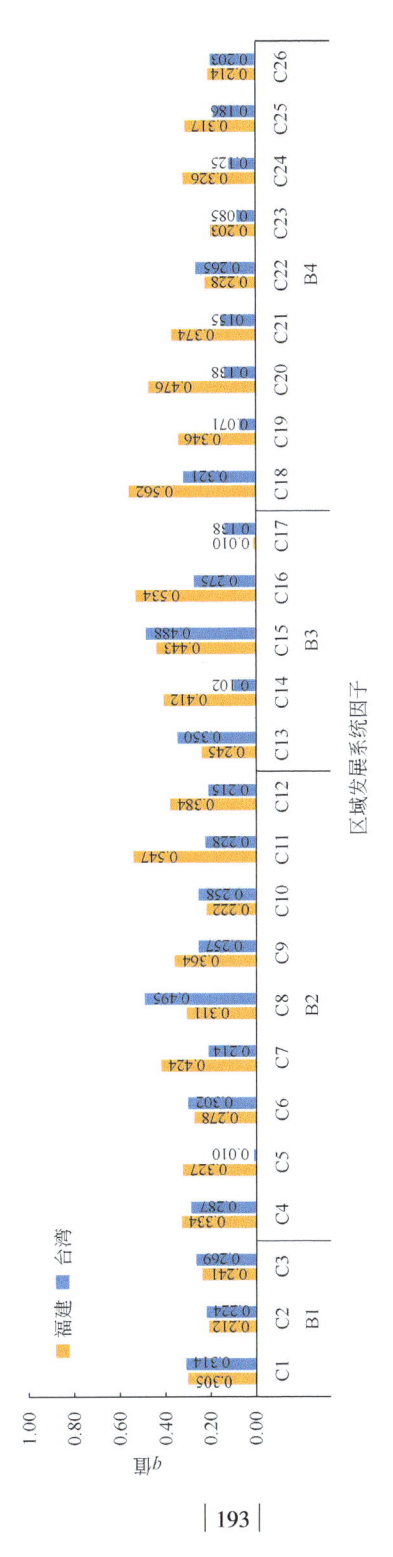

图6-7 区域发展系统各因子对闽台全域城镇建设功能指向资源环境系统与区域发展耦合协调影响力对比

图6-8 区域发展系统各因子对闽台城镇建设功能指向资源环境系统与区域发展耦合协调区的影响力对比

第6章 | 闽台资源环境系统与区域发展系统耦合协调对比

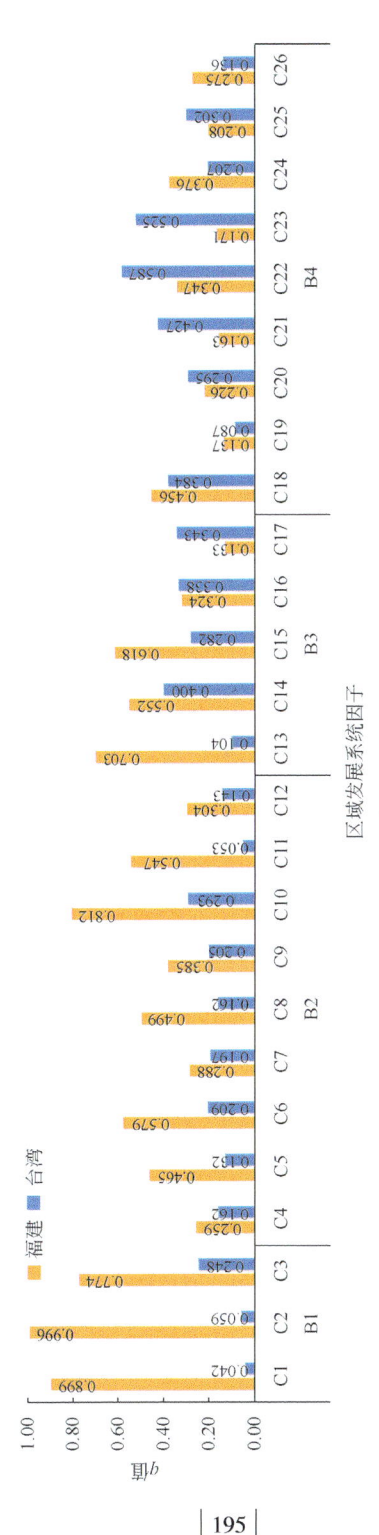

图6-9 区域发展系统各因子对闽台城镇建设功能指向资源环境系统与区域发展耦合失调区的影响力对比

将闽台各因子绘制成热力图（图6-10），可以更为直观地甄别各因子影响力大小及各层面对各分区总体影响力大小。

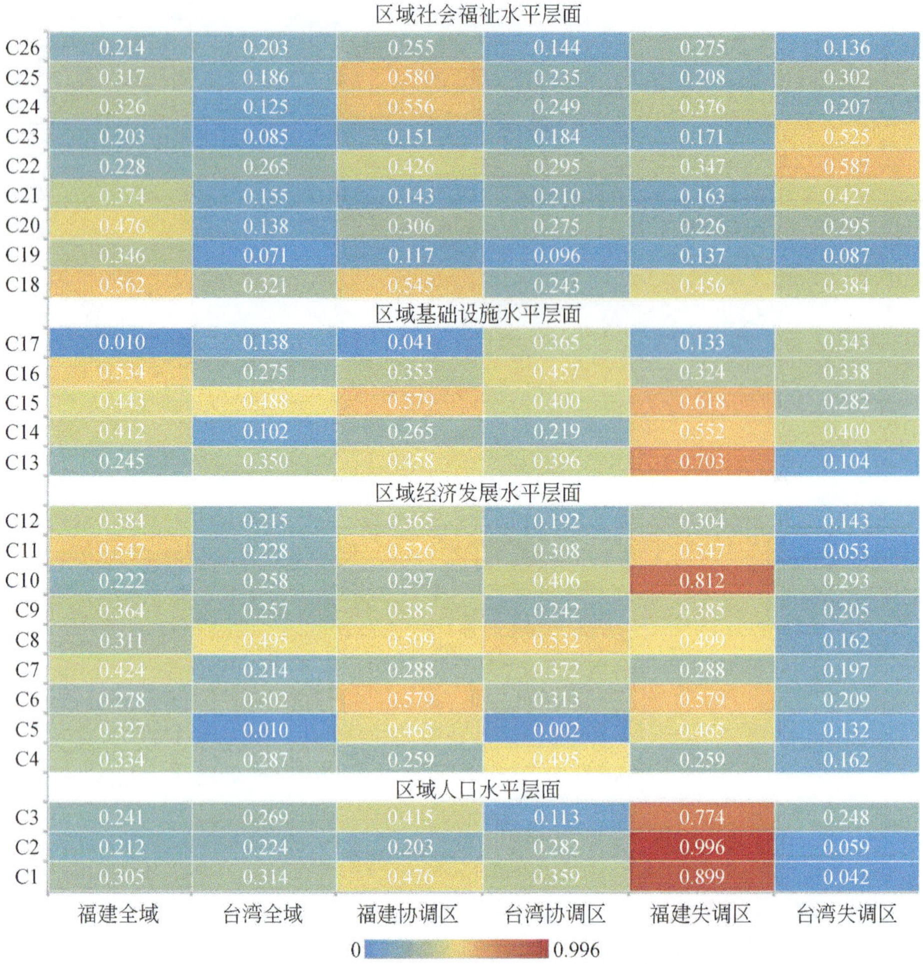

区域社会福祉水平层面

	福建全域	台湾全域	福建协调区	台湾协调区	福建失调区	台湾失调区
C26	0.214	0.203	0.255	0.144	0.275	0.136
C25	0.317	0.186	0.580	0.235	0.208	0.302
C24	0.326	0.125	0.556	0.249	0.376	0.207
C23	0.203	0.085	0.151	0.184	0.171	0.525
C22	0.228	0.265	0.426	0.295	0.347	0.587
C21	0.374	0.155	0.143	0.210	0.163	0.427
C20	0.476	0.138	0.306	0.275	0.226	0.295
C19	0.346	0.071	0.117	0.096	0.137	0.087
C18	0.562	0.321	0.545	0.243	0.456	0.384

区域基础设施水平层面

C17	0.010	0.138	0.041	0.365	0.133	0.343
C16	0.534	0.275	0.353	0.457	0.324	0.338
C15	0.443	0.488	0.579	0.400	0.618	0.282
C14	0.412	0.102	0.265	0.219	0.552	0.400
C13	0.245	0.350	0.458	0.396	0.703	0.104

区域经济发展水平层面

C12	0.384	0.215	0.365	0.192	0.304	0.143
C11	0.547	0.228	0.526	0.308	0.547	0.053
C10	0.222	0.258	0.297	0.406	0.812	0.293
C9	0.364	0.257	0.385	0.242	0.385	0.205
C8	0.311	0.495	0.509	0.532	0.499	0.162
C7	0.424	0.214	0.288	0.372	0.288	0.197
C6	0.278	0.302	0.579	0.313	0.579	0.209
C5	0.327	0.010	0.465	0.002	0.465	0.132
C4	0.334	0.287	0.259	0.495	0.259	0.162

区域人口水平层面

C3	0.241	0.269	0.415	0.113	0.774	0.248
C2	0.212	0.224	0.203	0.282	0.996	0.059
C1	0.305	0.314	0.476	0.359	0.899	0.042

0 —— 0.996

图6-10 闽台区域发展系统各因子在城镇建设功能指向资源环境系统
与区域发展系统耦合不同分区中的影响力热力图

在福建全域中，各层面因子影响力差异不明显，较为相近且均不突出，说明各因子对福建城镇建设功能指向资源环境系统与区域发展系统耦合协调起到的作用较为均衡；在协调区中，热值主要出现在区域经济层面、大部分的区域基础设施层面及小部分的社会福祉层面，总体呈现由区域经济引领区域人口、基础设施、福祉共同促进耦合协调的格局；在失调区中，热值区与冷值区更为显著，以区域人口—区域经济—区域基础设施—区域社会福祉为顺序，影响力逐渐降低，其中人口层面显示出极为明显的对失调区的主导作用。

在台湾热力图中（图6-7），台湾全域与协调区具有一致性：一方面，最热值与最冷值均出现在区域经济水平层面，且分别为批发零售业销售额（C8）与人均财政收入（C5）；另一方面，台湾全域与协调区各层面冷热值分布一致，均为经济层面与人口层面热值最为集中。这一点与失调区刚好相反，台湾失调区的冷值区集中在经济层面，而热值区为社会福祉层面。

综上，总结区域发展系统中闽台城镇功能指向资源环境系统与区域发展系统耦合协调分区主控因子，具体如表6-4所示。

表6-4　闽台区域发展系统各因子城镇建设功能指向资源环境系统与区域发展系统耦合协调分区对比

分区	福建		台湾	
	主控层面	主控因子	主控层面	主控因子
全域	区域经济与社会福祉	年底常住人口 进出口总额 移动电话年末用户率	区域经济与社会福祉	批发零售业销售额 移动电话年末用户率 公路里程
协调区				
失调区	区域人口与基础设施	居民可支配收入	区域人口、区域经济与社会福祉	文化支出占政府财政支出比例 公共图书馆藏书

6.2.3　闽台农业生产功能指向下的影响因子对比

6.2.3.1　农业生产功能指向资源环境系统

根据前文地理探测器结果，在农业生产功能指向资源环境系统中，影响福建农业生产功能指向的资源环境系统与区域发展系统耦合协调进程的主控因子为农业土地资源、农业水资源与农业环境（表6-5）。其中，农业土地资源在福建各区均显示出较高的影响力，成为影响福建农业生产功能指向的资源环境系统与区域发展系统耦合协调水平的主导因素。

表6-5　闽台农业生产功能指向资源环境系统与区域发展系统耦合协调分区主控因子

分区	福建	台湾
全域	农业土地资源	农业环境
协调区	农业土地资源、农业环境	农业土地资源、农业灾害
失调区	农业土地资源、农业水资源	农业环境、农业土地资源

与福建一致，影响台湾农业生产功能指向的资源环境系统与区域发展系统耦合协调进程的主控因子同样为农业土地资源、农业水资源与农业环境，此外，由于台湾各类自然灾害频发，农业灾害亦为制约台湾农业生产功能指向的资源环境系统与区域发展系统耦合协调的重要因素，与此相反，农业灾害对福建农业生产功能指向的资源环境系统与区域发展系统耦合协调进程资源的影响较弱。

如图 6-11 所示，从福建不同分区下的各因子 q 值大小来看，农业水资源、农业气候在福建协调区与失调区表现截然相反的影响力，即随着耦合协调水平的增加，农业水资源、农业气候的影响力逐渐下降。在台湾不同分区中，农业土地资源和农业灾害对台湾农业生产功能指向的资源环境系统与区域发展系统耦合协调与耦合失调均发挥了决定性作用，其余因子也表现出较高的影响力，说明农业生产功能指向资源环境系统各因子对台湾农业生产功能指向资源环境系统与区域发展系统耦合协调与耦合失调均具有较高影响力。

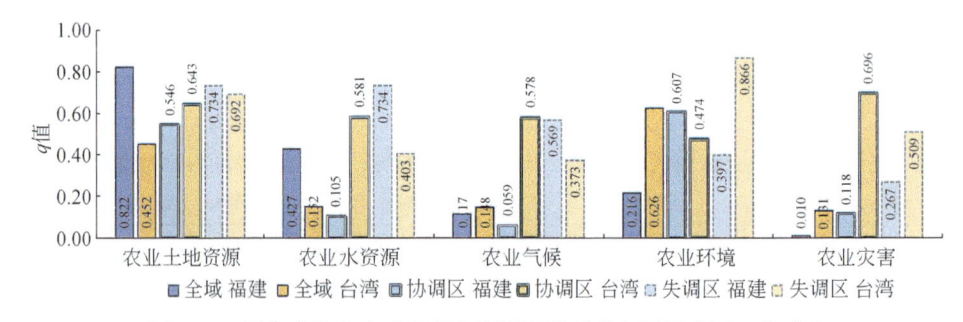

图 6-11　闽台农业生产功能指向资源环境系统各因子分区 q 值对比

综上，总结资源环境系统中闽台农业生产功能指向资源环境系统与区域发展系统耦合协调分区主控因子，获得闽台在资源环境系统的共性因素与差异性因素。

6.2.3.2　区域发展系统

在福建区域发展系统内部，居民可支配收入（C18）对福建农业生产功能指向资源环境系统与区域发展系统耦合协调各个分区均有重要影响，其次为公路货运量（C6）、人均财政收入（C5）、移动电话年末用户率（C15）。在台湾区域发展系统内部，表征二三产业的住宿餐饮业销售额（C9）、批发零售业销售额（C8）、工业固定资产投资额（C7）则发挥更大影响。从各层面来看，区域经济发展层面是影响福建农业生产功能指向资源环境系统与区域发展系统耦合协调的重要层面，在福建各个分区均表现出极高的影响力，其余层面在不同分区的影响力各不相同。与福建一致，区域经济发展层面也是影响台湾农业生产功能指向资源环境系统与区域发展系统耦合协调的重要层面，但与福建不同的是，经济在台湾不同分区中重要性各不相同（图 6-12～图 6-14）。

第6章 闽台资源环境系统与区域发展系统耦合协调对比

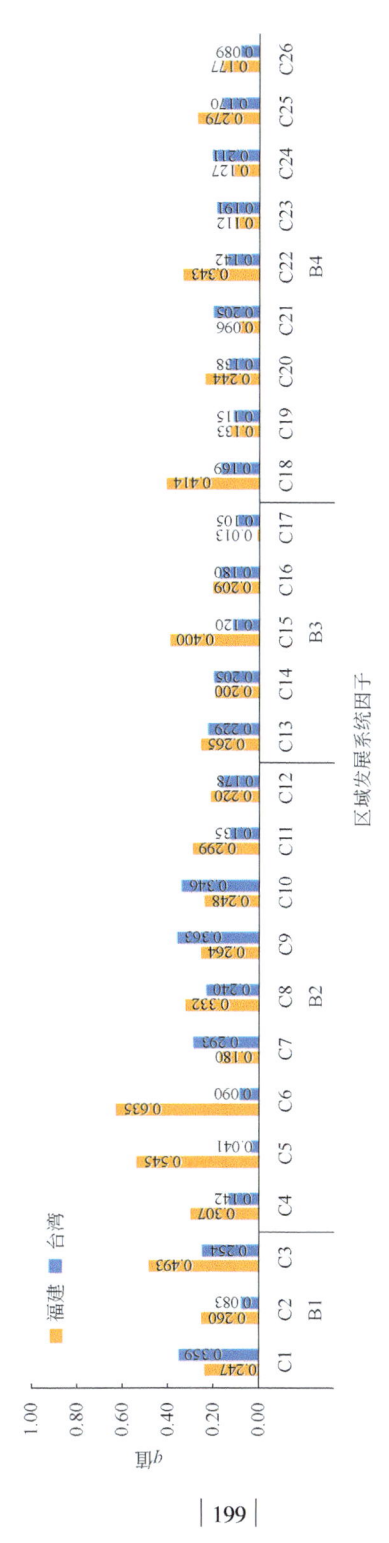

图6-12 区域发展系统各因子对闽台农业生产功能指向资源环境系统与区域发展耦合协调影响力对比

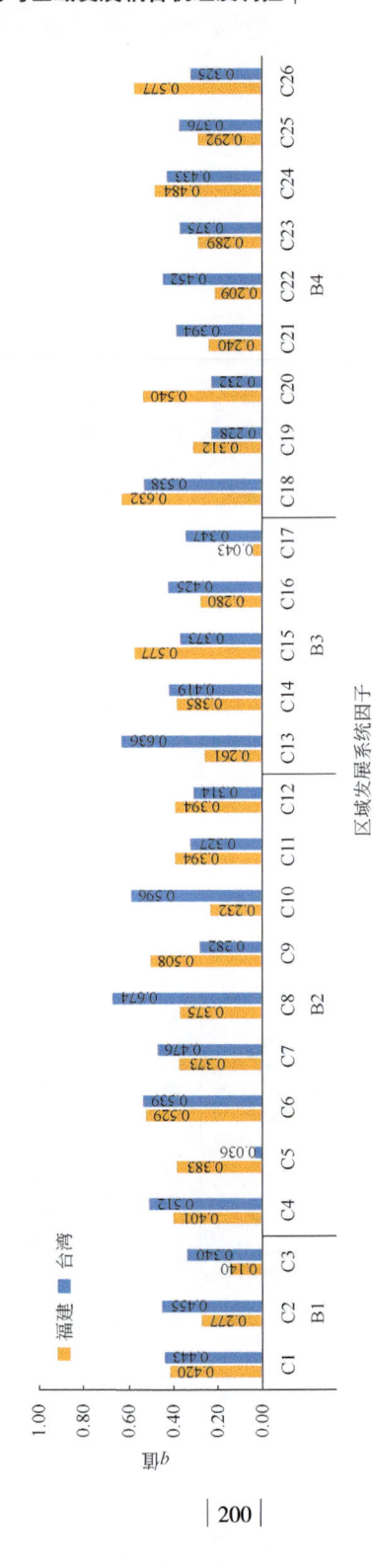

图6-13 区域发展系统各因子对闽台农业生产功能指向资源环境系统与区域发展耦合协调区的影响力对比

第6章 | 闽台资源环境系统与区域发展系统耦合协调对比

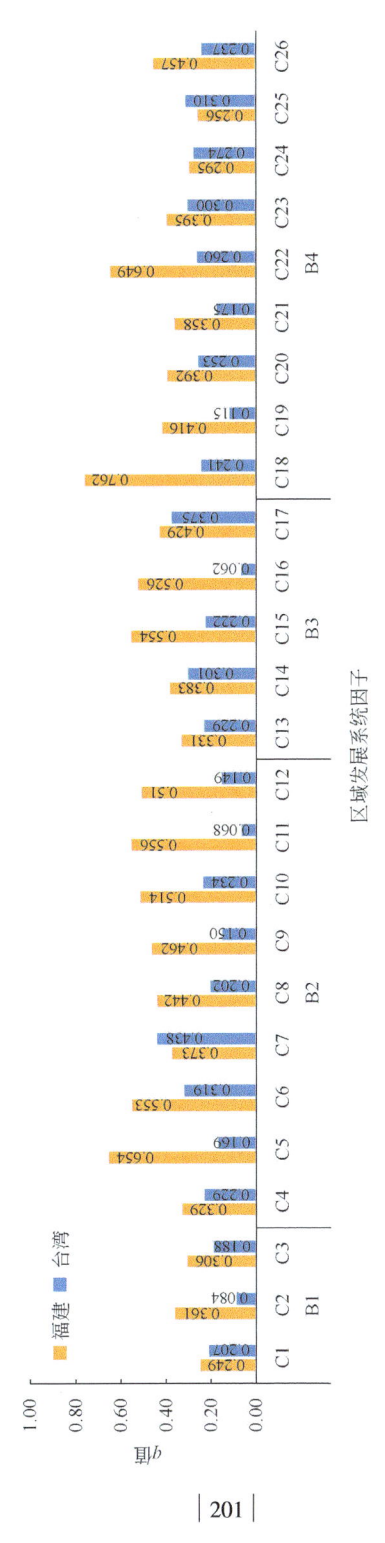

图6-14 区域发展系统各因子对闽台农业生产功能指向资源环境系统与区域发展耦合失调区的影响力对比

|闽台资源环境承载能力与区域发展耦合机理及调控|

将闽台各因子绘制成热力图（图6-15），可以更为直观地甄别各因子影响力大小及各层面对各分区总体影响力大小。

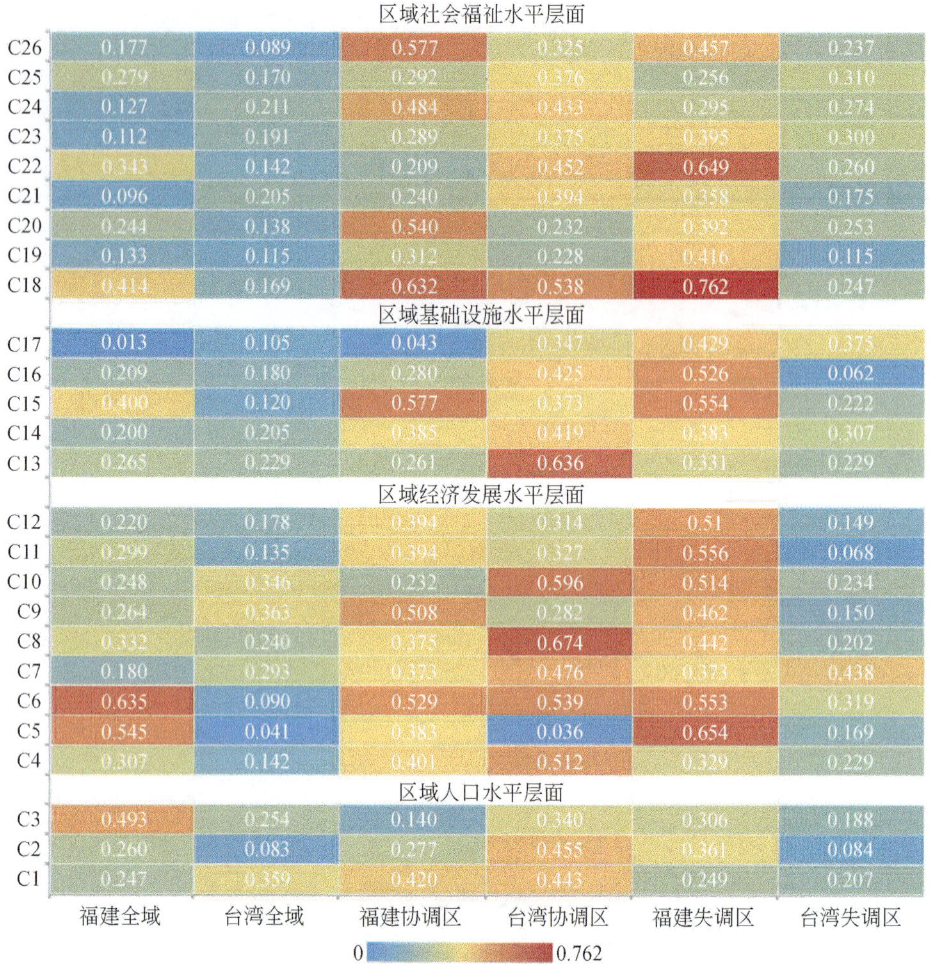

区域社会福祉水平层面

	福建全域	台湾全域	福建协调区	台湾协调区	福建失调区	台湾失调区
C26	0.177	0.089	0.577	0.325	0.457	0.237
C25	0.279	0.170	0.292	0.376	0.256	0.310
C24	0.127	0.211	0.484	0.433	0.295	0.274
C23	0.112	0.191	0.289	0.375	0.395	0.300
C22	0.343	0.142	0.209	0.452	0.649	0.260
C21	0.096	0.205	0.240	0.394	0.358	0.175
C20	0.244	0.138	0.540	0.232	0.392	0.253
C19	0.133	0.115	0.312	0.228	0.416	0.115
C18	0.414	0.169	0.632	0.538	0.762	0.247

区域基础设施水平层面

C17	0.013	0.105	0.043	0.347	0.429	0.375
C16	0.209	0.180	0.280	0.425	0.526	0.062
C15	0.400	0.120	0.577	0.373	0.554	0.222
C14	0.200	0.205	0.385	0.419	0.383	0.307
C13	0.265	0.229	0.261	0.636	0.331	0.229

区域经济发展水平层面

C12	0.220	0.178	0.394	0.314	0.51	0.149
C11	0.299	0.135	0.394	0.327	0.556	0.068
C10	0.248	0.346	0.232	0.596	0.514	0.234
C9	0.264	0.363	0.508	0.282	0.462	0.150
C8	0.332	0.240	0.375	0.674	0.442	0.202
C7	0.180	0.293	0.373	0.476	0.373	0.438
C6	0.635	0.090	0.529	0.539	0.553	0.319
C5	0.545	0.041	0.383	0.036	0.654	0.169
C4	0.307	0.142	0.401	0.512	0.329	0.229

区域人口水平层面

C3	0.493	0.254	0.140	0.340	0.306	0.188
C2	0.260	0.083	0.277	0.455	0.361	0.084
C1	0.247	0.359	0.420	0.443	0.249	0.207

0 — 0.762

图6-15　闽台区域发展系统各因子在农业生产功能指向资源环境系统与区域发展系统耦合不同分区中的影响力热力图

在福建全域中，热区出现在小部分的区域经济水平层面，其余因子均显示较低且较为相近的影响力；在协调区与失调区，热值区出现在区域经济水平层面、区域基础设施层面、区域社会福祉层面。显然，福建农业生产功能指向资源环境系统与区域发展系统耦合协调是由"经济+基础设施+社会福祉"推动的耦合协调。

在热力图中，台湾全域与失调区均显示出较多的冷值区，说明台湾区域发展系统对农业生产功能指向资源环境系统与区域发展系统耦合协调关联度较低。在协调区中，热值出现在经济层面与基础设施层面，且社会福祉层面与人口层面也出现较多的热值区域。总体而言，台湾农业生产功能指向资源环境系统与区域发展系统耦合协调是由"经济+基础设施"引导的耦合协调，社会福祉与人口则辅助之，但就系统外部而言，台湾农业生产功能指向资源环境系统与区域发展系统耦合协调进程由农业生产功能指向的资源环境系统主导。

综上，总结区域发展系统中，闽台农业生产功能指向资源环境系统与区域发展系统耦合协调分区主控因子，获得闽台在区域发展系统的共性因素与差异性因素（表6-6）。

表6-6 闽台区域发展系统各因子农业生产功能指向资源环境系统与区域发展系统耦合协调分区对比

分区	福建 主控层面	福建 主控因子	台湾 主控层面	台湾 主控因子
全域	区域人口与经济发展	公路货运量 人均财政收入	与区域发展系统关联性较低	住宿餐饮业销售额 年底常住人口 公路货运量
协调区	区域经济发展、区域社会福祉	居民可支配收入	区域人口、经济和基础设施	批发零售业销售额 公路里程
失调区	区域经济发展、基础设施和社会福祉	居民可支配收入 人均财政收入 环境保护支出占政府财政支出比例	与区域发展系统关联性较低	工业固定资产投资额

6.3 闽台不同地域功能资源环境系统与区域发展系统耦合机制及对比

6.3.1 闽台生态保护功能指向下的耦合机制对比

根据上述结果，闽台在生态保护功能指向的资源环境系统与区域发展系统的耦合协调或耦合失调过程中显示一定相似性，具体如下。

6.3.1.1 生态保护功能指向的资源环境系统

生态保护功能指向的资源环境系统中，闽台生态保护功能指向的资源环境系统与区域发展系统的耦合协调机制具有一定相似性，均为"一主三副"的耦合协调路径。

福建生态保护功能指向的资源环境承载系统与区域发展系统的耦合协调机制，是以水土流失敏感性为主控地位，平衡协调水土保持功能、水源涵养功能、生物多样性功能，从而推动、维持福建生态保护功能指向的资源环境承载系统与区域发展系统的耦合协调。

台湾生态保护功能指向的资源环境承载系统与区域发展系统的耦合协调机制，是以水源涵养功能为主控地位，平衡协调生态敏感性、水土保持功能重要性、生物多样性功能，从而推动、维持台湾生态保护功能指向的资源环境承载系统与区域发展系统的耦合协调。

闽台生态保护功能指向的资源环境承载系统与区域发展系统的耦合失调发生路径具有较大差异，其中台湾耦合失调脆弱性更加显著。

福建水土保持功能重要性、水土流失敏感性、水源涵养功能、生物多样性功能四者较为平衡，形成生态保护功能指向的资源环境承载系统与区域发展系统的耦合失调的发生路径。

台湾则是以水土流失敏感性、水源涵养功能、生物多样性功能三重抑制下，以水土保持功能辅控，致使台湾生态保护功能指向的资源环境承载系统与区域发展系统的耦合失调。

6.3.1.2 区域发展系统

区域发展系统中，闽台生态保护功能指向的资源环境系统与区域发展系统的耦合协调机制基本一致。

福建生态保护功能指向的资源环境系统与区域发展系统的耦合协调机制，是以区域经济（住宿餐饮、进出口为表征的第三产业等）为基础，以居民可支配收入、特殊教育在校生为表征的区域（主观与客观）福祉为催化剂，在人口、通信为主的辅控因子作用下，推动福建生态保护功能指向的资源环境系统与区域发展系统的耦合协调。

台湾生态保护功能指向的资源环境系统与区域发展系统的耦合协调机制，以区域经济（以批发零售业为表征的第三产业等）为基础，以居民可支配收入、居民教育文化支出为表征的区域（主观）福祉为催化剂，在劳动力、通信为主的辅控因子作用下，推动台湾生态保护功能指向的资源环境系统与区域发展系统

第6章 | 闽台资源环境系统与区域发展系统耦合协调对比

的耦合协调。

闽台生态保护功能指向的资源环境系统与区域发展系统的耦合失调发生路径具有较大差异，其中台湾耦合失调原因更加多元、发生路径更为复杂。

福建生态保护功能指向的资源环境系统与区域发展系统的耦合失调，以通信、交通等基础设施的不完善为主要短板，以居民可支配收入、政府的文化支出为表征的区域主客观福祉的薄弱为弱势，形成生态保护功能指向的资源环境系统与区域发展系统的耦合失调的发生路径。

台湾生态保护功能指向的资源环境系统与区域发展系统的耦合失调，同样以通信、交通等基础设施的不完善为主要短板，以居民可支配收入为表征的主观福祉、多重客观福祉（政府的教育、文化、环保支出等）的薄弱为弱势，以劳动力流失为负面因素，形成生态保护功能指向的资源环境系统与区域发展系统的耦合失调的发生路径。

综上，闽台生态保护功能指向资源环境系统与区域发展系统耦合协调与耦合失调路径见图 6-16、图 6-17。

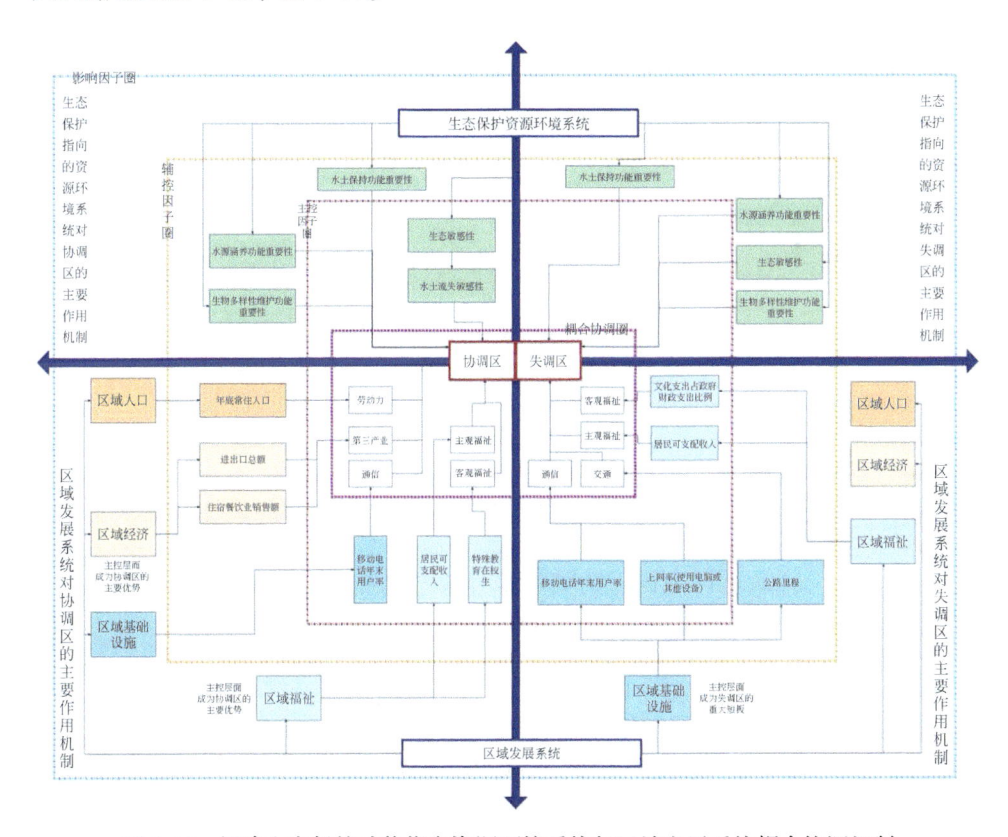

图 6-16　福建生态保护功能指向资源环境系统与区域发展系统耦合协调机制

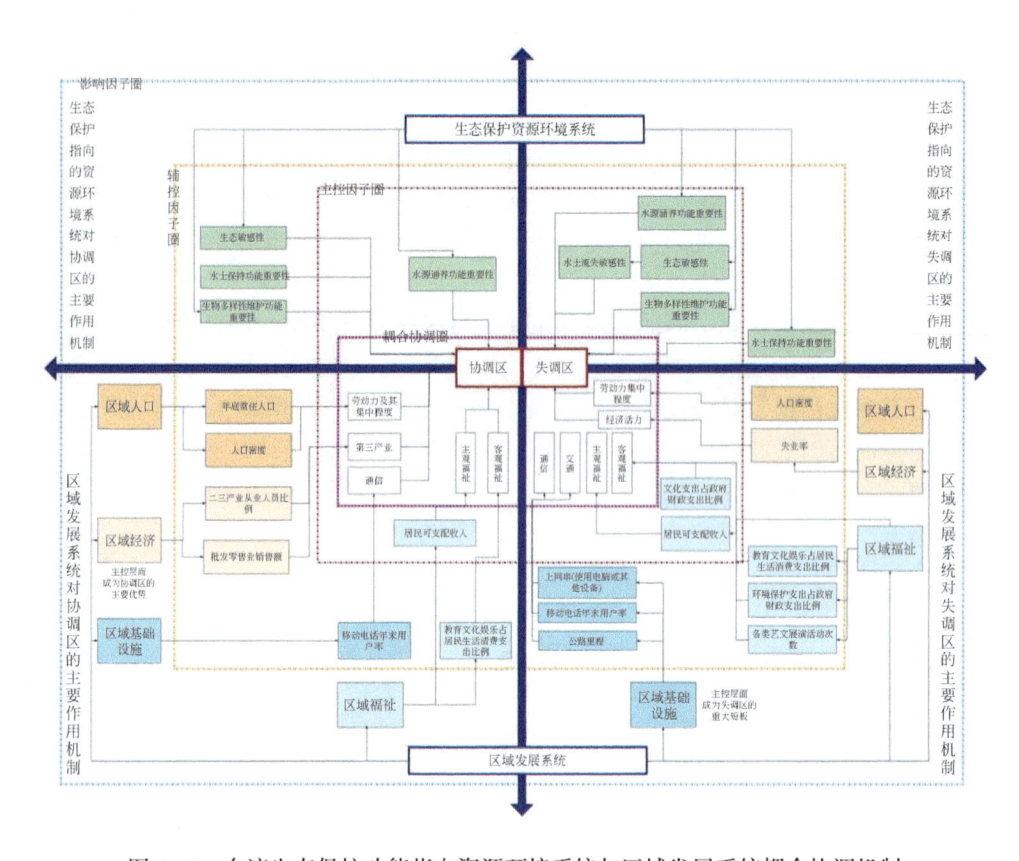

图 6-17 台湾生态保护功能指向资源环境系统与区域发展系统耦合协调机制

6.3.2 闽台城镇建设功能指向下的耦合机制对比

根据闽台对比结果，闽台在城镇建设功能指向的资源环境系统与区域发展系统的耦合协调过程中显示出较为明显的差异性。

6.3.2.1 城镇建设功能指向的资源环境系统耦合路径

城镇建设功能指向的资源环境系统各因子对闽台城镇建设功能指向的资源环境承载系统与区域发展系统的耦合协调机制的作用具有差异性。

在福建城镇建设功能指向的资源环境系统，以城镇土地资源、城镇区位为主控地位，城镇水资源、城镇气候、城镇大气环境、城镇水环境、城镇灾害互相配合平衡，推动、维持福建城镇建设功能指向的资源环境系统与区域发展系统的耦合协调。

在台湾城镇建设功能指向的资源环境系统，科学防控城镇灾害、科学管理城镇水资源，平衡与调控城镇土地资源，治理城镇气候、城镇大气环境，城镇水环境，营造城镇区位优势，从而推动台湾城镇建设功能指向的资源环境系统与区域发展系统的耦合协调。

闽台城镇建设功能指向的资源环境系统与区域发展系统的耦合失调发生路径具有差异：城镇土地资源、城镇水资源的紧约束性是福建资源环境系统与区域发展系统耦合失调的主要短板；城镇地震灾害、城镇地质灾害、城镇区位则是台湾资源环境系统与区域发展系统耦合失调的主要短板。

6.3.2.2 区域发展系统耦合路径

区域发展系统中，闽台城镇建设功能指向的资源环境系统与区域发展系统的耦合协调机制基本一致，即以经济为基础、以社会福祉为催化剂、以劳动力为加速器的耦合路径。

福建区域发展系统对城镇建设功能指向的资源环境系统与区域发展系统的耦合协调的作用机制为，以区域经济（二三产业从业人员为表征的第三产业等）为基础，以居民可支配收入、文艺展演次数、公共图书馆藏书为表征的区域（主观与客观）福祉为催化剂，在以年底常住人口为表征的劳动力的加速作用下，推动福建城镇建设功能指向的资源环境系统与区域发展系统的耦合协调。

台湾区域发展系统对城镇建设功能指向的资源环境系统与区域发展系统的耦合协调的作用机制为，以区域经济（金融机构存款为表征的经济体量、批发零售业为表征的第三产业等）为基础，以区域（主观）福祉为催化剂，在劳动力、通信、交通的辅控因子作用下，推动台湾城镇建设功能指向的资源环境系统与区域发展系统的耦合协调。

闽台城镇建设功能指向的资源环境系统与区域发展系统的耦合失调发生路径具有较大差异，其中台湾耦合失调原因更加多元、发生路径更为复杂。福建区域发展系统对城镇建设功能指向的资源环境系统与区域发展系统的耦合失调的作用机制，以通信、交通等基础设施的不完善，劳动力流失，第三产业水平较为落后为主要短板，形成城镇建设功能指向的资源环境系统与区域发展系统的耦合失调的发生路径。台湾则是以交通、通信、医疗等基础设施不完善，社会福祉（尤其是客观福祉）薄弱为短板，形成城镇建设功能指向的资源环境系统与区域发展系统的耦合失调的发生路径。

闽台城镇建设功能指向资源环境系统与区域发展系统耦合协调与耦合失调路径见图 6-18 和图 6-19。

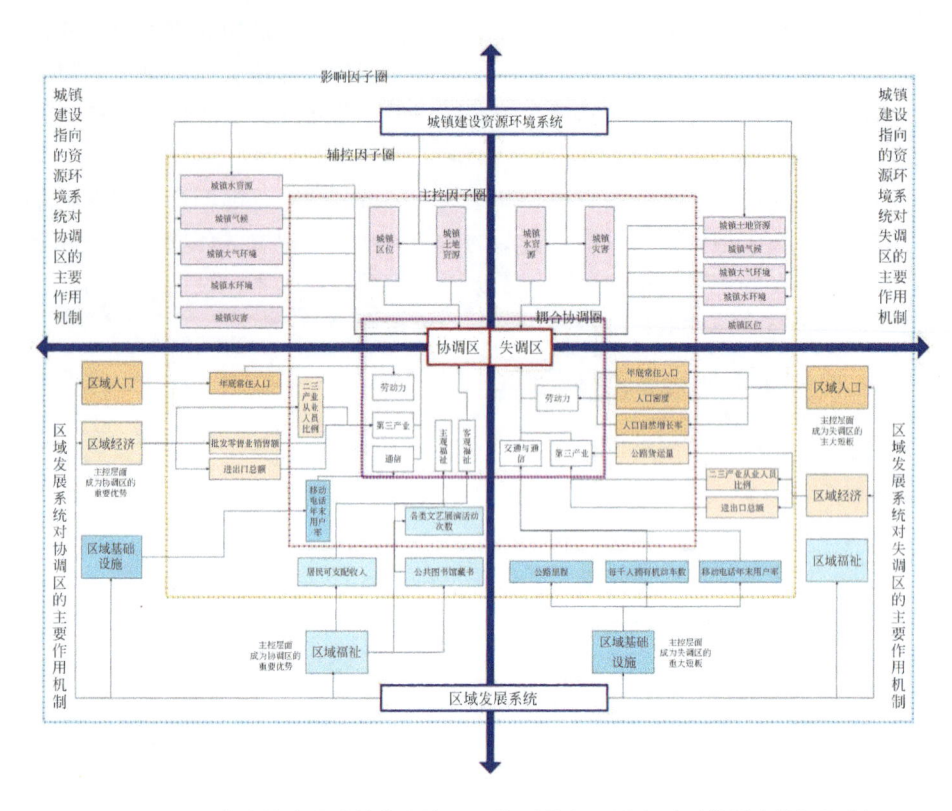

图 6-18　福建城镇建设功能指向资源环境系统与区域发展系统耦合协调机制

6.3.3　闽台农业生产功能导向下的耦合机制对比

闽台在农业生产功能指向的资源环境系统与区域发展系统的耦合协调过程中相似性与差异性并存。

6.3.3.1　农业生产功能指向的资源环境系统

农业生产功能指向的资源环境系统中，闽台农业生产功能指向的资源环境系统与区域发展系统的耦合协调机制具有一定相似性，均为农业土地资源主控下的耦合协调。

福建农业生产功能指向的资源环境系统与区域发展系统的耦合协调机制，以"土地+土壤肥力"为主控，因此科学管理农业水、顺应农业气候、科学治理农业灾害是推动、维持福建农业生产功能指向的资源环境系统与区域发展系统的耦合协调的主要方向。

第6章 | 闽台资源环境系统与区域发展系统耦合协调对比

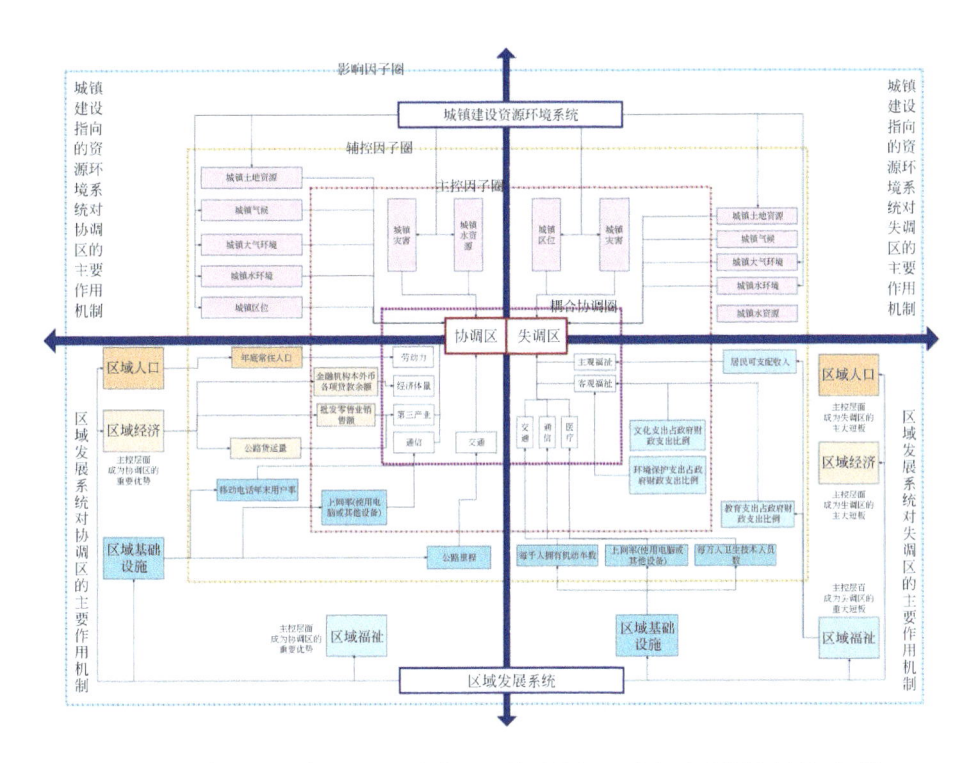

图 6-19 台湾城镇建设功能指向资源环境系统与区域发展系统耦合协调机制

台湾农业生产功能指向的资源环境系统与区域发展系统的耦合协调机制更具脆弱性，是以"土地+灾害"为主控的耦合协调过程，因此在科学管理农业土地资源的基础上，预防、应对农业自然灾害是维持台湾生态保护功能指向的资源环境系统与区域发展系统的耦合协调的主要方向。

闽台农业生产功能指向的资源环境系统与区域发展系统的耦合失调发生路径具有较大差异。福建农业生产功能指向的资源环境系统与区域发展系统的耦合失调的发生路径是以水、土为主要短板的失调路径。台湾则是以"土地+土壤肥力"为主要短板的失调路径。

6.3.3.2 区域发展系统

区域发展系统中，闽台农业生产功能指向的资源环境系统与区域发展系统的耦合协调机制基本一致。

福建农业生产功能指向的资源环境系统与区域发展系统的耦合协调机制，是以区域经济（住宿餐饮、二三产业从业人员为表征的第三产业等）为基础，以居民可支配收入、特殊教育在校生等为表征的区域（主观与客观）福祉为催化

| 209 |

剂，在人口、通信为主的辅控因子作用下，推动福建生态保护功能指向的资源环境系统与区域发展系统的耦合协调。

台湾农业生产功能指向的资源环境系统与区域发展系统的耦合协调机制，以区域经济（以批发零售业为表征的第三产业等）为基础，以居民可支配收入为表征的区域（主观）福祉为催化剂，在劳动力、交通为主的辅控因子作用下，推动台湾农业生产功能指向的资源环境系统与区域发展系统的耦合协调。

闽台农业生产功能指向的资源环境系统与区域发展系统的耦合失调发生路径具有较大差异，其中福建耦合失调原因更多、发生路径更为复杂。福建省农业生产功能导向下的资源环境承载系统与区域发展系统的耦合失调，成因可追溯至其经济规模约束、基础设施短板与社会主客观福祉弱化的结构性矛盾。这种复合性系统失衡本质上是区域经济-社会-环境子系统协调度不足的具象化表征。台湾农业生产功能指向的资源环境系统与区域发展系统的耦合失调，同样是经济、基础设施、社会福祉多重因素下的耦合失调，但其内部短板要素更加集中。

综上，闽台农业生产功能指向资源环境系统与区域发展系统耦合协调与耦合失调路径见图 6-20、图 6-21。

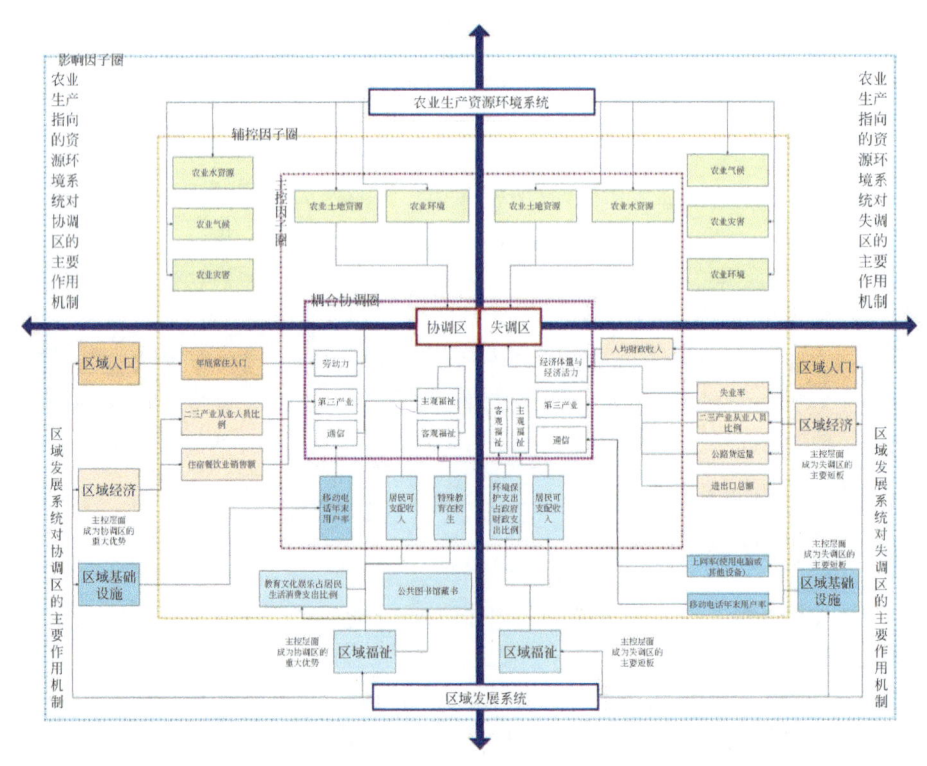

图 6-20 福建农业生产功能指向资源环境系统与区域发展系统耦合协调机制

| 第6章 | 闽台资源环境系统与区域发展系统耦合协调对比

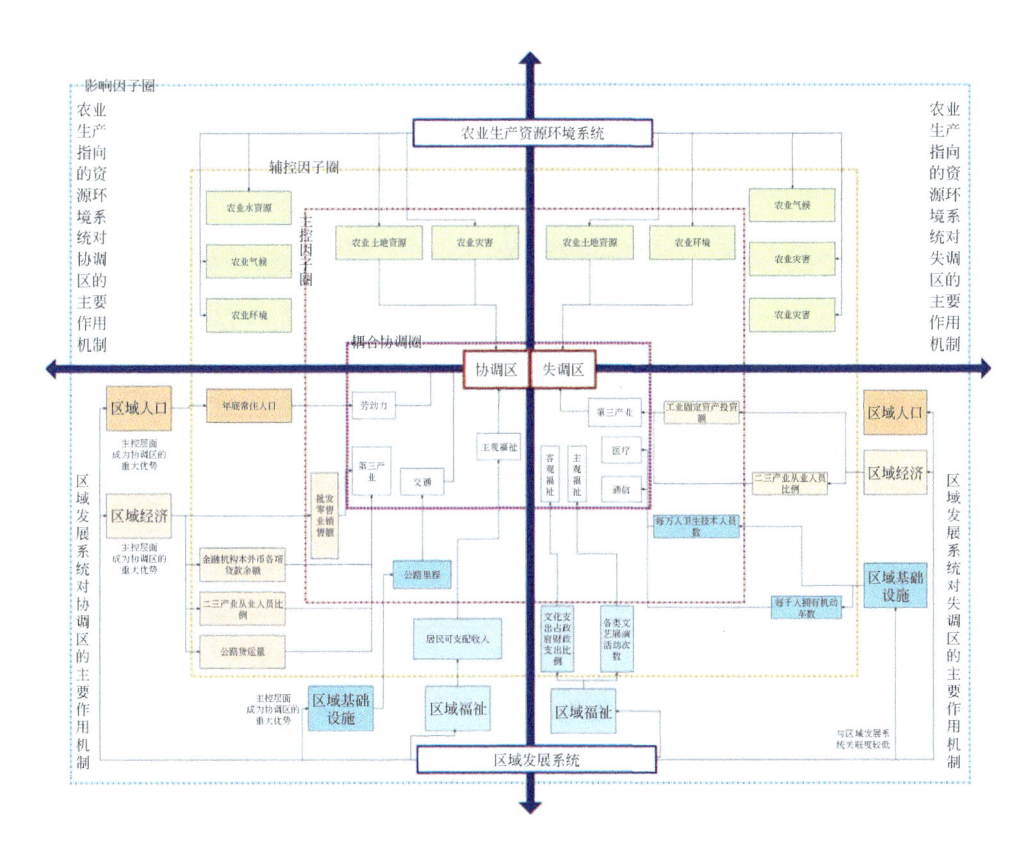

图 6-21　台湾农业生产功能指向资源环境系统与区域发展系统耦合协调机制

第 7 章　政策启示：闽台分区优化与联防联控策略

7.1　协调区优化策略

7.1.1　优化闽台分配制度

通过上文分析可知，居民主观福祉与客观福祉是贯穿闽台不同地域功能资源环境系统与区域发展系统耦合协调全路径的重要催化剂，闽台居民福祉水平的提升是促使闽台不同地域功能资源环境系统与区域发展系统耦合协调的重要途径。在福祉层面，居民可支配收入是影响闽台不同地域功能资源环境系统与区域发展系统耦合协调的重要因素。

居民可支配收入在闽台不同功能指向的耦合协调进程中均发挥重要影响力。居民可支配收入是表征居民消费水平的重要因素，厉以宁对三次国民收入分配进行过解释：通过市场实现的收入分配被称为第一次分配；通过政府调节而进行的收入分配被称为第二次分配；个人出于自愿，在习惯与道德的影响下把可支配收入的一部分或大部分捐赠出去被称为第三次收入分配，即居民可支配收入是在前两次分配结束后还有富余而进行的收入分配行为。因此，对居民可支配收入的调节即是对闽台分配制度的调节，如果居民通过参与经济活动或通过其他间接途径而形成的可支配收入在数量和质量上的表现与经济发展水平相适应，则形成促进资源环境系统与区域发展系统耦合协调的正向因子，反之则造成耦合失调。

闽台分配制度的调节，可通过选择合理的经济发展模式、调整农业分配制度、发展壮大中小企业等方式，调节分配流程中的第一次分配；通过提高受雇人员薪酬占居民所得的份额、建立健全社会保障制度等方式，调节分配流程中的第二次分配；通过提高居民对教育、文化事业的重视意识等方式，调节分配流程中的第三次分配。

7.1.2 持续完善通信与交通等基础设施

以移动电话年末用户率、上网率（使用电脑或其他设备）等为表征的现代通信方式不仅对福建各个分区有重要影响，也是决定台湾耦合协调与失调的重要因素。便捷的通信是区域经济形成发展的物质基础。随着移动数据网络和固定宽带等网络基础设施建设的不断完善，大陆通信普及率不断提高，因此移动电话年末用户率的提高对经济具有正向反馈效用。以"移动电话年末用户率"表征的台湾通信行业具有典型的网络外部性特征，即网络规模越大，消费者的效用也越大，在这种正回馈的作用下，通信业获得了蓬勃的发展，对于经济增长的作用也日益凸显，成为台湾经济大幅增长的动力之一。

交通运输对资源环境系统与区域发展系统都具有"双刃剑"的作用。在耦合协调区中，以交通里程及每千人拥有机动车数表征的公路交通基础的完善是加强耦合协调的重要方式。目前，福建公路总里程达 11 万 km，高速公路通车里程突破 6000km（密度排名大陆第 3 位），普通国省道通车里程达 1.1 万 km；台湾已形成国道 9 条、省道 97 条（其中含快速公路 15 条）、市/县道 158 条（含澎湖县 5 条）、区/乡道约 2243 条、专用公路 35 条。但闽台的交通发展都受限于地形与人口的分布，交通里程数较高的区域与交通网密度较大的区域集中于福建东南沿海与台湾岛西部平原地区，这种交通设施的过度集聚必然造成区域发展极化现象，在科学疏导的情境下，能够促进各功能导向下资源环境系统与区域发展系统的耦合协调，但若无法科学发展，将成为导致耦合失调的重要因素。

为此，闽台可充分利用台湾海峡空运与航运资源，巩固"大三通"，提升"小三通"，加密闽台海空直航连接，推动增开福州、厦门、泉州至台中、高雄空中直航航班，发展平潭、福州、厦门、泉州至台湾客货航线和推动开通东山至澎湖海上直航航线，争取新增开通闽台邮轮航线，打造"两岸邮轮经济圈"，构建闽台立体交通圈，突破交通发展的土地限制，共同促进闽台城镇区位的提升。

7.1.3 区域经济发展方式的转变

区域经济的稳步增长依然是区域发展的综合质量得到同步提升的必要前提。区域经济发展水平（尤其是第三产业发展水平）在闽台城镇建设功能指向与农业生产功能指向的资源环境系统与区域发展系统耦合协调过程中均显示出显著的推动作用。

为了维持并继续提升闽台城镇建设功能指向与农业生产功能指向的资源环境系统与区域发展系统耦合协调，福建应当跟随国家推动经济高质量发展的"三大转变"，从思维惯性、行为定式、发展方式三个层面推动经济高质量发展；提高科技创新能力，加快产业结构调整和转型升级，从而拉动产业结构调整和转型升级；向兄弟省份以及国外先进地区学习先进技术和科技成果，使得绿色经济高质量发展有持续的强大推动力，使现在的短板逐渐变成优势。台湾应正视台湾经济结构的不平衡性，逐渐转变对外贸易占比较高的经济发展局面，调整进出口失衡与对外贸易结构失衡，降低台湾受世界经济波动的风险，提高区域发展系统对耦合机制的关联性。

7.2 失调区调控策略

7.2.1 水土流失敏感性调控

在闽台生态保护功能指向的资源环境系统与区域发展系统的耦合过程中，水土流失为阻碍耦合协调的主要因素。

福建水土流失敏感性是降水、土壤性质、坡度、坡长、植被覆盖因子等单重或多重影响叠加的结果，降水、土壤性质、坡度、高程、植被覆盖因子等自然因子多重叠加，使福建水土流失敏感性更加敏感，因此对水土流失的长效治理是促进福建生态保护功能指向资源环境系统与区域发展系统耦合协调的核心措施。与福建相似，台湾也深受水土流失之害，且台湾由于灾害的复合性，水土流失之害更加严峻。20世纪50年代初，台湾专家学者陆续开展水土保持工作，并在1961年成立负责水土保持工作的专门部门，至今已60余年，开展由政府、大学、科研单位和民众四轮驱动的水土保持工作。福建自1983年起在长汀县开展水土流失治理工作，其成功实践已成为我国南方水土流失治理的典范，从2012年起，福建将长汀经验推广至全省范围，加大水土流失治理力度，并取得了明显成效。但相较于台湾，福建水土保持工作起步较晚，虽然成效卓著，依然存在法律法规制度不完善、水土生态保护监督工作滞后等问题。因此，未来应当持续推进水土保持治理工作，防治闽台资源环境与区域发展耦合分别被水土流失敏感性效用过分掣肘。

7.2.2 水土资源的合理配置

水土资源的紧约束性是闽台城镇建设功能指向的资源环境系统与区域发展系

统的耦合协调的主要短板，该紧约束性尤其出现在福建城镇建设功能指向的资源环境系统与区域发展系统的耦合失调区（厦门市）及台湾城镇建设功能指向的资源环境系统与区域发展系统的耦合失调区（外岛）。因此，科学合理地调配区域水土资源，是城镇建设功能指向与农业生产功能指向资源环境系统与区域发展系统从耦合失调向协调发展的关键。

具体措施上，福建应持续严格执行福建水、土十条污染防治行动计划；共同加快土地利用方式转变，制定完善区域节约集约用地控制标准；按照水资源管理用水总量、用水效率、水功能区水质达标率"三条红线"控制目标进行水资源的科学开发利用，科学管理与配置福建水土资源。台湾则应基于现有水资源管理，有效合理调配现有水资源、统筹规划与开发区域性水资源、协调全岛与局部地区在水资源保育及水权分配方面的冲突；在对潜在水资源的开发上，实施地下水的经营管理，寻求各种水源开发的替代方案；在政策上，制定水权制度与管理策略，实施分级用水等。

7.2.3　台湾自然灾害的防治

台湾以地震灾害、地质灾害、农业灾害为主的自然灾害异常突出，是造成台湾资源环境系统与区域发展系统耦合失调的特异性因素。

台湾位于环太平洋地震带上，且位于亚洲大陆的边缘，四面环海的大气-陆地-海洋交互作用及地质的因素，使台湾成为地质灾害、地震灾害、干旱等农业灾害频发的地区，具有极强的脆弱性，这成为台湾城镇建设功能指向的资源环境系统、农业生产功能指向的资源环境系统与区域发展系统的耦合协调的重要短板。

为此，一方面，台湾应该加强对地震灾害与地质灾害的预警，加强防灾演练。通过扩展重要经济作物作为技术研发目标，通过利用资材或设施、调整生育期及评估适栽性等减少作物受灾风险，完善现有农业灾害风险管理机制，扩充农作物灾害保险可保农作物名单，以及鼓励市场经济提供农业天然灾害保险制度或提拨农业保险基金等更多的避险工具选择等方式，建构台湾整体农业防灾体系。另一方面，强化台湾农业生态的稳定性，转变农业生产方式，延长农业生产产业链，降低"生产型"农业产品，以降低台湾农业对农业气候的依赖性。

7.3 闽台联防联控策略与互鉴预警机制

闽台自然资源本底的相似性与区域发展进程时序上的差异性使得闽台在资源环境系统中与区域发展系统中具有共性短板与差异性短板，为此闽台在分别推进耦合协调进程的过程中，有必要针对共性短板建立一系列成体系的联防联控机制，针对差异性短板，建立互鉴预警机制。

7.3.1 联防联控机制

7.3.1.1 持续推进闽台资源环境的修复与保育

福建应持续遵循山水林田湖草生命共同体的理念，对山上下、地上下、陆地海洋以及流域上下游进行整体保护、系统修复、综合治理；以第一个国家生态文明试验区为依托，通过持续实施全流域水生态环境综合整治、开展水土流失综合治理、建立健全农村污水垃圾治理长效机制等多举措并用、上下游联动的方式修复资源环境承载能力。台湾则应从生物多样性保育入手，重视与鼓励生物多样性资源的永续利用，鉴定确认导致生物多样性衰退的各种威胁，制定生物资源永续使用的方案，重视并保护当地居民在生物多样性的传统知识、推动生物技术及生物安全管理等，以推进资源环境的修复与保育。

7.3.1.2 闽台水土流失敏感性联防联控机制

南方丘陵山地一直是我国水土流失严重的区域之一。闽台作为典型南方丘陵山地区，在生态敏感性上具有一致的困局，即水土流失敏感性。结合闽台已有的水土流失防治措施，通过构建闽台灾害预警联防网，采用大数据定位闽台水土保持地点，定期检验闽台水土流失变化情况，建立完整的资料收集分析体系；大陆与台湾学者形成水土保持智库，联合闽台地方政府、大学、科研单位，共同防治南方丘陵山地区水土流失问题；借鉴台湾从法律制度上对水土流失治理的经验，健全与水土资源相关的法律法规制度，注重水土污染之间及其与其他污染之间的关联关系；建立水土流失风险基金制度、水土保持生态功能恢复保证金制度，形成奖罚分明的制度，扩大环境责任主体承担的环境刑事责任范围等。

7.3.1.3 闽台资源环境承载能力联合预警机制

本研究通过构建闽台资源环境承载能力与区域发展水平的跨域协同定量分析

框架，实证检验了大陆"双评价"理论体系在台湾地区的可行性与可推广性，为构建海峡两岸常态化资源环境承载能力联合预警机制提供学理支撑与实践范本。目前，海峡两岸在保护物种分布数据库、用水总量控制指标、生态保护红线、环境质量底线、环境准入负面清单、农用地土壤污染风险管控标准等资源环境标准均未统一。因此，为使闽台资源环境承载能力评价结果能够切实指导实际的资源环境问题，有必要探索闽台生态环境领域标准共通，加强闽台环境监测比对合作，开展台海两岸环境监测，完善资源环境承载能力预警机制，实现自然灾害预警预报与信息共享，以共同维护台海两岸生态环境。

7.3.2 互鉴预警机制

7.3.2.1 福建加强资源环境承载能力预警过程的科技投入

台湾在监测、预报、预警、模型分析应用等方面，以及充分调动大学、研究机构的力量，联合攻关与生产结合，解决实际问题等方面的做法值得借鉴。福建在 2008 年以前，针对复杂的区域发展状态，特别是与工业化和城市化及生态安全相关联的可持续性问题，缺乏对资源、环境、生态、灾害等多种自然属性的承载力的综合考虑，尚未根据城市化、农业和生态保护等不同地域类型选择差异化的指标体系，更缺乏对承载弹性的充分论证，未能将发展方式及技术进步决定的资源消耗和环境污染趋势纳入其中。以上这些导致资源环境承载能力研究成果难以支撑政府可持续发展的决策和规划，资源环境承载能力研究滞后。2008 年汶川地震之后，国家对资源环境承载能力的预警研究得到飞速发展，目前已在全国范围内开展多轮资源环境承载能力的预警工作，成为全国主体功能区规划、全国国土规划、全国城镇体系规划等一系列重大空间布局规划的基础工作。但是在实际操作层面，囿于评价过程涉及庞大数据，对预警工作的技术开展依靠的平台较为单一，未形成多部门、多技术手段之间的联动预警。因此，福建应通过借鉴台湾在资源环境监测、预报、预警、模型分析应用等方面的科技投入要素，完善资源环境预警机制。

7.3.2.2 台湾完善资源管理机构与管理方式

台湾本岛水土资源的有限性给台湾资源的科学管理带来较大紧迫性与较高难度，并且台湾目前的资源管理方式存在两大弊端：一是自然资源的管理单位过多，造成各单位管理职权混乱；二是自然资源的管理单元过多，各单位无法有效衔接。台湾目前以地方或社区为中心的民意决策型管理模式对各地区的自然资源进行分开管理，总体的生态环境因行政归属的不同而被切割成不同单元，各个单元被施加各种治理方式，无法有效衔接。

为科学管理现有的有限资源以实现资源环境系统的可持续性，台湾有必要遵循大陆行政机构的改革路径，提高资源管理效率。一方面，将职权统一以减少管理单位过多而导致的职权混乱现象；另一方面，统一各基层管理单元的管理理念，统一全局性的资源管理与规划思路，并允许地方化的措施完善。只有通过科学管理与配置台湾有限的水土资源，才能充分发挥自然资源的转化效率，促进台湾资源环境系统与区域发展系统耦合协调进程。

第8章 结论与讨论

8.1 主要研究结论

通过上述研究,本书主要得出以下几个结论。

(1) 福建各功能指向资源环境承载能力高低值交错、分布破碎,总体承载力低于台湾,但稳定性高于台湾。福建城镇建设功能指向资源环境承载能力优于台湾,较之台湾,福建的土地资源、水资源的短板不明显。台湾资源环境系统具有更高的承载力,但高承载力与高脆弱性并存。台湾生态保护功能指向资源环境承载能力与农业生产功能指向资源环境承载能力均整体优于福建,但其优异的资源禀赋与资源禀赋高脆弱性并存,在生态敏感性与农业灾害上表现出极高指数,土地资源、水资源的短板作用显著。闽台十年间各功能指向资源环境承载能力有所波动,但均总体向好。

(2) 福建区域发展水平总体高于台湾,且各城市区域发展水平共同提升,差距缩小;台湾台北市区域发展水平为闽台最高,但台湾各城市区域发展水平差距逐渐扩大。福建区域发展水平总体高于台湾,其中福州市、泉州市、厦门市区域发展水平仅次于台北市,稳定处于闽台区域发展水平上游,对周围地区发挥涓滴效应,带动周围城市实现区域发展水平的总体提升。台湾区域发展水平总体较低,其中台北市为闽台区域发展水平最高城市,其余大部分城市区域发展水平处于闽台中下游水平;各高值区与台湾六大城市重合,对周围地区发挥涓滴效应,使得周边城市区域发展水平差距持续扩大。时间变化上,闽台区域发展水平十年间均不同程度提高,福建增长率更高。

(3) 闽台生态保护功能指向资源环境系统、城镇建设功能指向资源环境系统、农业生产功能指向资源环境系统与区域发展系统之间总体为良性促进的耦合协调关系。福建各城市生态保护功能指向资源环境系统与区域发展系统之间的耦合协调关系稳定而台湾动荡;福建耦合协调面积大,各城市耦合协调度均较高,而台湾耦合协调度高低值交错,高值区分散。闽台城镇建设功能指向资源环境系统与区域发展系统耦合协调度偏低的城市主要分布于远离台湾海峡区域,福建耦合协调度偏低的城市分布于福建西北、西南内陆地区,台湾耦合协调度偏低的城市主要分布于台湾岛东侧。福建整体农业功能指向资源环境系统与区域发展系统耦合失调程度较为轻微，台湾耦合失调程度更为严重；空间分布上，福建以福州市、泉州市为耦合协调度高值点，并向福州市南部、北部、西部递减；而台湾高低值分布交错。

(4) 闽台生态保护功能指向的资源环境系统与区域发展系统的耦合失调发生路径具有较大差异，其中台湾耦合失调脆弱性更加显著。闽台生态保护功能指向的资源环境系统与区域发展系统的耦合过程中，生态保护功能指向的资源环境系统中，闽台均为"一主三副"的耦合协调路径：福建生态保护功能指向的资源环境系统与区域发展系统的耦合协调机制，是以水土流失敏感性为主控因子，平衡协调水土保持功能、水源涵养功能、生物多样性功能，从而推动、维持福建生态保护功能指向的资源环境系统与区域发展系统的耦合协调。台湾以水源涵养功能为主控因子，平衡协调生态敏感性、水土保持功能重要性、生物多样性功能，从而推动、维持台湾生态保护功能指向的资源环境系统与区域发展系统的耦合协调。区域发展系统中，闽台均以区域经济为基础，以福祉为催化剂，在以人口、通信为主的辅控因子作用下，推动闽台生态保护功能指向的资源环境系统与区域发展系统的耦合协调；以通信、交通等基础设施的不完善为主要短板，以居民可支配收入、政府文化支出为表征的区域主客观福祉的薄弱为弱势，形成闽台耦合失调的主要发生路径。

(5) 闽台城镇建设功能指向的资源环境系统与区域发展系统的耦合协调机制：福建城镇土地资源、城镇水资源为决定城镇建设功能指向的资源环境系统与区域发展系统的耦合协调与失调的主控因子；台湾对城镇灾害和城镇水资源短缺的敏感性更强。城镇建设功能指向的资源环境系统中，福建以城镇土地资源、城镇区位为主控因子，台湾则是城镇灾害、城镇水资源；福建是城镇水资源、地质灾害导致的耦合失调，台湾是以城镇灾害、城镇区位为主要短板，以水土保持功能为辅控因子导致的耦合失调。区域发展系统中，闽台城镇建设功能指向的资源环境系统与区域发展系统的耦合协调机制基本一致，即以经济为基础、以社会福祉为催化剂、以劳动力为加速器的耦合机制。

(6) 闽台农业生产功能指向资源环境系统与区域发展系统耦合机制：农业生产功能指向的资源环境系统中，福建是以"土地+土壤肥力"为主控的耦合协调过程，台湾是以"土地+灾害"为主控的耦合协调过程；同时农业土地资源是农业生产功能指向资源环境系统与区域发展系统耦合失调的主要因素，失调路径上，福建是以水、土为主要短板的失调路径，台湾是以"土地+土壤肥力"为主要短板的失调路径。区域发展系统中，福建是区域"经济（基础）+福祉（催化）+人口与通信（辅助）"的耦合协调路径，台湾则是"经济（基础）+福祉

（催化）+人口与交通（辅助）"的耦合协调路径。福建以区域经济为基础，以居民可支配收入、特殊教育在校生等为表征的区域（主观与客观）福祉为催化剂，在人口、通信为主的辅控因子作用下，推动福建耦合协调。台湾以区域经济为基础，以居民可支配收入为表征区域（主观）福祉为催化剂，在劳动力、交通为主的辅控因子作用下，推动台湾耦合协调。失调路径上，福建耦合失调原因更多、发生路径更为复杂；台湾耦合失调内部短板要素更加集中。

（7）分区提出联防联控策略与互鉴预警机制。协调区的优化策略是优化闽台分配制度，持续完善通信与交通等基础设施，推动区域经济发展方式的转变；失调区则应构建系统性调控框架，重点推进水土流失敏感区系统治理与水土资源空间均衡配置，同步构建闽台多灾种联防联控体系以强化区域生态韧性基底。

8.2 研究特色与创新点

（1）构建一个兼顾相似性与差异性的资源环境系统与区域发展系统耦合评估的比较分析框架，并揭示闽台不同地域功能指向的资源环境系统与区域发展系统耦合机制。

任何两个区域都不可能具有完全一致的资源禀赋、区位条件、经济水平、资源配置能力和外部环境。不同地域功能的资源环境系统与区域发展系统的耦合协调演变机制，是资源环境系统与区域发展系统中多重因素、多个层次以交互或单项方式共同作用的结果，需要从不同地域功能、划分区域一一甄别。闽台自然本底相似，资源环境类同，但社会经济发展过程与路径差异较大，在闽台不同体制政策背景下，两地社会经济发展与资源环境耦合的主控因子、结构、功能等既相对独立又相互交融，需要通过划分不同地域功能——甄别主控因子、结构、功能等，才能深入刻画这种典型区域人文-自然复合系统的演化过程。此外，闽台以往资源环境与区域发展相互关系的研究聚焦于土地利用方式、资源类型等单维对比研究，通过建立多维、系统的对比分析框架对闽台资源环境与区域发展相互关系开展的研究较为薄弱。为此，本研究创新性构建一个基于闽台特殊相似性与差异性的比较分析框架，采用现代地域功能理论以及主体功能区理论，在对闽台进行地域功能划分的基础上，以对比的方法由表及里识别影响闽台不同地域功能指向资源环境系统与区域发展系统耦合影响因子，以多层次、全面系统地揭示闽台资源环境与区域发展耦合协调与内在机制，从而丰富现有要素诊断到地域功能提升，再到人地协调的贯通式理论研究。

（2）统筹考量自然与人文地理条件，尝试建立立足于资源环境同源的闽台资源环境承载能力评价体系，弥补闽台资源环境承载能力割裂评估的不足。

不同资源环境要素在不同地形区天然具有不同程度的敏感性，虽然闽台具有生态文化资源同源性，但政治环境差异较大，将闽台视为一体的资源环境承载能力评价研究较为薄弱。本研究在对既有闽台资源环境承载能力研究的梳理上，充分结合闽台同为南方丘陵山地区的资源环境共性，尝试通过对大陆资源环境承载能力评价方法与评价标准科学调整的基础上，建立立足于资源环境同源的闽台资源环境承载能力评价体系。

（3）突破传统人口与经济发展水平的单一刻画，率先将社会福祉理念引入闽台区域发展评估中，借此顺应当前人民对社会福祉的提升需求。

既有的闽台区域发展研究主要聚焦于区域人口与经济发展水平层面，该维度较为单一，无法深入度量与刻画闽台区域发展不平衡的差距、内涵和程度，无法顺应当前人民对社会福祉的提升的需求，评价结果较为片面，评价结果对现实指导意义也较为薄弱。本研究充分考虑闽台不同社会经济制度、经济发展方式、经济发展阶段，结合中国高质量区域发展的科学内涵、居民主观福祉与客观福祉需求、台湾社会福祉建设的经验，率先将社会福祉理念引入闽台区域发展评估中，以多元的视角、全面系统地开展基于社会福祉理念的闽台区域发展水平评价。

8.3 研究不足与后续研究方向

受限于作者学识水平及数据资料获取的困难，本研究仍存在一些不足，有待今后研究的进一步深入。

（1）由于资源环境数据涉及的部门众多，实证研究部分仅采用了 2010 年、2015 年、2019 年 3 个时间截面，使得对资源环境承载能力、区域发展水平、耦合协调度时空演变特征的刻画较为粗浅，缺乏在长时间序列观察下进行演化规律的提炼，后续研究应当通过收集连续的长时间序列数据再次进行刻画与提炼。

（2）研究结论尚存在可继续深入的部分。一方面，资源环境承载能力研究单元为栅格，由于以县域为单元的社会福祉数据缺乏或统计时限较短，区域发展水平研究单元为市级行政区，二者的评价结果在耦合的过程中必然因研究单元的不同而造成一定误差，虽然在计算过程中已经根据现有研究方法与技术手段尽量减少误差，但是对研究结论依然产生一定影响，后续研究中应当通过缩小区域发展水平研究单元，对区域发展水平降尺度传导后再次进行评价。另一方面，本研究重点立足于回答福建与台湾各自是怎样、为何是这样，但对闽台整体是怎样、为何是这样缺乏讨论，未来可将闽台视为一体，跨行政区探讨闽台一体化的影响及彼此推动效用。

（3）随着技术进步与认知提升，部分要素与指标的科学性有待加强。如对资源环境承载能力中城镇功能指向承载力的区位优势度要素进行评价时，本研究默认公路为城镇之间沟通的主要交通方式，但随着动车便捷性的提升，城际的动车交通方式在城镇之间沟通的重要性逐渐提升，仅以公路交通衡量城镇区位水平将有失科学性，因此后续研究有必要将动车车次、人次等数据作为衡量区位优势度的重要数据。又如，闽台的本质区别在于社会制度与经济体制的差异，这种本质差异对区域发展水平的影响尤为重要，但本研究的区域发展水平评价体系仅通过这种本质差异产生的影响来侧面反映这种差异（如通过产业结构侧面反映经济制度的差异），这种方式对本质的折射程度有限，因此在后续研究中可对闽台政府、企业、社会组织、公众等空间治理主体进行访谈或者问卷调查，获取一手资料以直接反映闽台的本质区别。再如，本研究是基于自然资源本底的资源环境承载能力评价，但是资源环境系统具有开放性，因此在后续研究中应当充分考虑资源环境系统的开放性，结合资源环境要素流动带来的资源环境承载能力的变化，再次进行对比研究。

参考文献

陈晓红, 吴广斌, 万鲁河. 2014. 基于 BP 的城市化与生态环境耦合脆弱性与协调性动态模拟研究——以黑龙江省东部煤电化基地为例. 地理科学, 34（11）: 1337-1343.

布伦诺·S. 弗雷, 阿洛伊斯·斯塔特勒. 2006. 幸福与经济学经济和制度对人类福祉的影响. 静也译. 北京: 北京大学出版社.

樊杰, 王亚飞, 汤青, 等. 2015. 全国资源环境承载能力监测预警（2014 版）学术思路与总体技术流程. 地理科学, 35（1）: 1-10.

樊杰. 2014. 人地系统可持续过程、格局的前沿探索. 地理学报, 69（8）: 1060-1068.

方创琳, 任宇飞. 2017. 京津冀城市群地区城镇化与生态环境近远程耦合能值代谢效率及环境压力分析. 中国科学: 地球科学, 47（7）: 833-846.

封志明, 李鹏. 2018. 承载力概念的源起与发展: 基于资源环境视角的讨论. 自然资源学报, 33（9）: 1475-1489.

封志明, 杨艳昭, 闫慧敏, 等. 2017. 百年来的资源环境承载能力研究: 从理论到实践. 资源科学, 39（3）: 379-395.

盖美, 胡杭爱, 柯丽娜. 2013. 长江三角洲地区资源环境与经济增长脱钩分析. 自然资源学报, 28（2）: 185-198.

郝辑. 2022. 中国人类可持续发展水平的空间分异格局与影响因素研究. 长春: 吉林大学.

郝庆, 邓玲, 封志明. 2021. 面向国土空间规划的"双评价": 抗解问题与有限理性. 自然资源学报, 36（3）: 541-551.

姜磊, 柏玲, 吴玉鸣. 2017. 中国省域经济、资源与环境协调分析——兼论三系统耦合公式及其扩展形式. 自然资源学报, 32（5）: 788-799.

姜礼福. 2020. "人类世"概念考辨: 从地质学到人文社会科学的话语建构. 中国地质大学学报（社会科学版）, 20（2）: 124-134.

李玉文, 徐中民, 王勇, 等. 2005. 环境库兹涅茨曲线研究进展. 中国人口·资源与环境,（5）: 11-18.

李裕瑞, 刘彦随, 龙花楼, 等. 2013. 大城市郊区村域转型发展的资源环境效应与优化调控研究——以北京市顺义区北村为例. 地理学报, 68（6）: 825-838.

李桢业. 2008. 城市居民幸福指数的省际差异——沿海地区 12 省（区、市）城市居民统计数据的实证分析. 社会科学研究,（3）: 41-48.

刘殿生. 1995. 资源与环境综合承载力分析. 环境科学研究,（5）: 7-12.

刘刚, 沈镭, 刘晓洁, 等. 2007. 资源富集贫困地区经济发展与生态环境协调互动作用初探——以陕西省榆林市为例. 资源科学,（4）: 18-24.

刘彦随.2020.现代人地关系与人地系统科学.地理科学,40(8):1-14.

马丽,金凤君,刘毅.2012.中国经济与环境污染耦合度格局及工业结构解析.地理学报,67(10):1299-1307.

马世骏,王如松.1984.社会—经济—自然复合生态系统.生态学报,4(1):1-9.

乔旭宁,张婷,杨永菊,等.2017.渭干河流域生态系统服务的空间溢出及对居民福祉的影响.资源科学,39(3):533-544.

施雅风,曲耀光.1992.乌鲁木齐河流域水资源承载力及其合理利用.北京:科学出版社.

史进,黄志基,贺灿飞.2013.城市群经济空间、资源环境与国土利用耦合关系研究.城市发展研究,20(7):26-34.

孙久文,易淑昶.2020.大运河文化带城市综合承载力评价与时空分异.经济地理,40(7):12-21.

田建国,庄贵阳,朱庄瑞.2019.新时代中国人类福祉的理论框架和测量.中国人口·资源与环境,29(12):9-18.

王圣云,罗玉婷,韩亚杰,等.2018.中国人类福祉地区差距演变及其影响因素——基于人类发展指数(HDI)的分析.地理科学进展,37(8):1150-1158.

王亚飞,樊杰,周侃.2019.基于"双评价"集成的国土空间地域功能优化分区.地理研究,38(10):2415-2429.

吴传钧.1991.论地理学的研究核心——人地关系地域系统.经济地理,(3):1-6.

吴大放,胡悦,刘艳艳,等.2020.城市开发强度与资源环境承载能力协调分析——以珠三角为例.自然资源学报,35(1):82-94.

吴玉鸣,张燕.2008.中国区域经济增长与环境的耦合协调发展研究.资源科学,(1):25-30.

谢仁和,曹淑琳.2016.影响地方经济发展因素之差异性分析——北高改制前后之研究.城市学学刊,6(2):27-60.

徐勇,张雪飞,李丽娟,等.2016.我国资源环境承载约束地域分异及类型划分.中国科学院院刊,31(1):34-43.

闫树熙,刘昆,郭利锋.2020.西部资源富集地区资源环境承载能力评价研究——以国家级能源化工基地榆林市为例.中国农业资源与区划,41(7):57-64.

杨立青,梅林,郭艳花,等.2018.我国福祉水平的综合评价与时空演变.资源开发与市场,34(3):355-360,417.

尹怡诚,成升魁,马润田,等.2020.基于"在地性"与"协同性"的丘陵地区县域"双评价"模式探讨——以湖南辰溪县为例.经济地理,40(9):102-113.

余灏哲,李丽娟,李九一.2020.基于量—质—域—流的京津冀水资源承载力综合评价.资源科学,42(2):358-371.

岳文泽,吴桐,王田雨,等.2020.面向国土空间规划的"双评价":挑战与应对.自然资源学报,35(10):2299-2310.

张茂鑫,吴次芳,李光宇,等.2020.资源环境承载能力评价的再认识:资源节约集约利用的视角.中国土地科学,34(8):98-106.

张荣天,焦华富.2015.泛长江三角洲地区经济发展与生态环境耦合协调关系分析.长江流域资源与环境, 24 (5): 719-727.

钟永豪, 林洪, 任晓阳. 2001. 国民幸福指标体系设计. 统计与预测, (6): 26-27.

Allan W. 1949. Studies in African Land Usage in Northern Rhodesia. Cape Town: Oxford University Press.

Brundtland G H. 1987. Our Common Future. World CommissionOn Environment And Development. Environmental Policy & Law, 14: 26-30.

Cobb C W. 1995. The Genuine Progress Indicator: Summary of Data and Methodology. San Francisco: Redefining Progress.

Daly H E, Cobb J J. 1994. For the Common Good. Boston: Beacon Press.

Frey B S, Stutzer A. 2006. Happiness and economics: How the economy and institutions affect human well-being. Princeton: Princeton University Press.

Gasper D. 2007. Human Well-being: Concepts and Conceptualizations. London: Palgrave Macmillan, 23-26.

Grossman G M, Krueger A B. 1991. Economic growth and theenvironment. The Quarterly Journal of Economics, 110: 353-377.

Kahn R L, Juster F T. 2002. Well-Being: Concepts and measures. Journal of Social Issues, 58 (4): 627-644.

Kahn R L, Juste T. 2002. Successful aging and well-being: Interdisciplinary perspectives. New York: Springer.

Kahneman D. 1999. Objective happiness. New York: Russell Sage Foundation.

Leopold A. 1943. Wildlife in American culture. The Journal of Wildlife Management, 7 (1): 1-6.

Lewis S L, Maslin M A. 2015. Defining the Anthropocene. Nature, 519: 171-180.

Liu J G, Dietz T, Stephen R, et al. 2007. Complexity of coupled human and natural systems. Science, 317: 1513-1516.

Meadows D H, Meadows D I, Randers J, et al. 1972. The Limits to Growth: A Report for THE CLUB of ROME's Project on the Predicament of Mankind. New York: Universe Books.

Odum E P. 1959. Fundamentals of Ecology. London: Philadelphia.

Panayotou T. 1993. Empirical Tests and Policy Analysis of Environmental Degradation at Different Stages of Economic Development. Geneva: International Labor Organization.

Parfit D. 1984. Reasons and Persons. Oxford: Clarendon Press.

Pearl R, Reed L J. 1920. On the rate of growth of the population of the United States since 1790 and its mathematical representation. Proceedings of the National Academy of Sciences of the United States of America, (6): 275-288.

Pigou A C. 1920. The Economics of Welfare. London: Macmillan.

Ryff C. 1995. Psychological well-being in adult life. Current Directions in Psychological Science, 4 (4), 99-104.

Saaty T L, Kearns K P, Rodin E Y. 1985. The Analytic Hierarchy Process. Oxford: Pergamon Press.

Shafik N, Bandyopadhyay S. 1992. Economic Growth and Environmental Quality: Time Series and

Cross-Country Evidence, Backgroud Paper for the World Development Report the World Bank. Washington DC: The World Bank.

Verhulst P F. 1838. Notice sur la loi que la populaion suit dans son accroissement. Correspondance Mathématique et Physique, 1838: 113-121.

William V. 1949. Road to Survival. New York: William Sloane Associates.